工业和信息化普通高等教育"十二五"规划教材立项项目
21世纪高等教育计算机规划教材

计算思维与
大学计算机基础

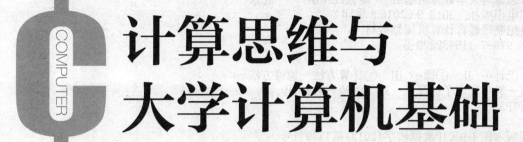

Computational Thinking
And Fundamentals of Computers

谭振江 主编

滕国文 白文秀 蓝鹰 李丽颖 副主编

人民邮电出版社
北 京

图书在版编目（CIP）数据

计算思维与大学计算机基础 / 谭振江主编. -- 北京
：人民邮电出版社，2013.9（2016.8 重印）
21世纪高等教育计算机规划教材
ISBN 978-7-115-32220-3

Ⅰ. ①计… Ⅱ. ①谭… Ⅲ. ①计算方法－思维方法－
高等学校－教材②电子计算机－高等学校－教材 Ⅳ.
①O241②TP3

中国版本图书馆CIP数据核字(2013)第174971号

内 容 提 要

全书共分 12 章，主要包括计算思维与计算机基础、Windows 7 操作系统、Word 2010 基础应用、Word 2010 高级应用、Execl 2010 基础应用、Excel 2010 高级应用、PowerPoint 2010 基础应用、PowerPoint2010 高级应用、数据结构与算法、程序设计基础、软件工程基础和数据库设计基础。

本书内容丰富，通俗易懂，内容安排由浅入深，概念明确，语言简洁，重点突出，可作为高等院校非计算机专业的教材，也可作为教师、学生和计算机爱好者学习计算机基础的参考书。

◆ 主　　编　谭振江
　　副 主 编　滕国文　白文秀　蓝　鹰　李丽颖
　　责任编辑　许金霞
　　责任印制　彭志环　杨林杰

◆ 人民邮电出版社出版发行　　北京市丰台区成寿寺路 11 号
　　邮编　100164　　电子邮件　315@ptpress.com.cn
　　网址　http://www.ptpress.com.cn
　　大厂聚鑫印刷有限责任公司印刷

◆ 开本：787×1092　　1/16
　　印张：20　　　　　　　　2013 年 9 月第 1 版
　　字数：524 千字　　　　　2016 年 8 月河北第 5 次印刷

定价：45.00 元
读者服务热线：(010)81055256　印装质量热线：(010)81055316
反盗版热线：(010)81055315

前　言

随着信息产业的飞速发展和计算机教育的迅速普及，计算机已经应用到社会的各个领域。为了满足社会对计算机知识的广泛需求，全国高校的计算机基础教育已步入了一个新的发展阶段，对各专业学生的计算机应用能力提出了更高的要求，不但要掌握计算机基础知识，还应该具备一定的计算思维。为此，依据《中国高等院校计算机基础教育课程体系》报告，结合教育部计算机基础教学指导委员会《关于进一步加强高等学校计算机基础教学的意见》和全国计算机等级考试（NCRE）对计算机基础知识的要求，我们修订了计算机基础课程的教学大纲，并编写了本书，以满足各高校计算机基础教学的需要。

"大学计算机基础"是高校非计算机专业的公共必修课程，是学习其他计算机技术和利用计算机解决本专业问题的前导和基础课程。

本书的编写是使读者在了解计算思维基本内涵的前提下，全面、系统地了解计算机基础知识，具备计算机实际操作能力，并能够将计算机应用到各自专业领域的学习与研究。所以，本书以计算思维统领全书，兼顾了不同专业、不同层次学生对计算机基础知识的需要，并增加了算法分析、数据库技术及软件工程基础知识，以满足全国计算机等级考试对计算机基础的要求。

全书分为 12 章，主要内容包括：第 1 章介绍了计算思维、计算机的基本知识和基本概念、计算机的组成和工作原理、信息在计算机中的表示形式和编码、操作系统基础知识；第 2 章介绍了 Windows 7 操作系统的使用；第 3 章～第 4 章介绍了文字处理软件 Word 2010 的使用；第 5 章～第 6 章介绍了电子表格处理软件 Excel 2010 的使用；第 7 章～第 8 章介绍了演示文稿软件 PowerPoint 2010 的使用；第 9 章～第 12 章介绍了数据结构与算法、软件工程基础及数据库技术等与全国计算机等级考试相关的基础知识。

本书的编写人员全部是从事一线教学的教师，具有丰富的教学经验。本书在编写过程中注重理论与实践相结合，坚持实用性和操作性的原则；知识点的选取注重从日常学习和工作需要出发并以实际操作为主；文字叙述由浅入深，通俗易懂。另外，与本书配套的《计算思维与大学计算机基础实验教程》，配有同步的实验和大量的习题，以供读者参考。

本书由谭振江教授主编，滕国文、白文秀、蓝鹰、李丽颖副主编。参加编写的有王海燕、刘艳玲、宫豪、李晓佳、李爽。其中，第 1 章和第 2 章由王海燕编写，第 3 章和第 4 章由刘艳玲编写，第 5 章和第 6 章由李晓佳编写，第 7 章和第 8 章由李爽编写，第 9 章由白文秀编写，第 10 章由蓝鹰编写，第 11 章由李丽颖编写，第 12 章由谭振江、滕国文、宫豪编写。滕国文教授认真审阅了书稿，并提出许多宝贵意见。由于本书涉及的知识面较广，知识点多，构成一个完整体系难度较大，不足之处在所难免。为便于本书的再版修订，恳请专家、教师及读者给予宝贵意见。

编　者

2013 年 6 月

目　录

第 1 章
计算思维与计算机基础

    大学通识教育是大学培养人才的重要任务，大学教育不能局限于基本知识传授，还要培养能力和提高素质。这里的能力和素质主要针对的是学生的理性思维能力、学生对科学精神的追求以及学生的高尚人格。复旦大学校长杨玉良曾经说过："通识教育要同时传递科学精神和人文精神；通识教育要展现不同文化、不同学科的思维方式；通识教育要充分展现学术的魅力。"我们这门课程将培养计算思维成为通识教育。

    目前高校计算机基础课堂教学中存在的问题主要有：认为计算机是一门"狭义"工具；学生对计算机课程兴趣不大；教学学时被压缩等。造成这种现状的主要原因是目前教学目标的争议很大，并且整体教学体系不完整。

    计算机科学的教师应当为大学新生讲授一门称为"怎样像计算机科学家一样思维"的课，要面向非专业的，而不仅仅是计算机科学专业的学生。我们应当使大学之前的学生接触计算的方法和模型，设法激发公众对于计算机领域中科学探索的兴趣，而不是悲叹对其兴趣的衰落或者哀泣其研究经费的下降。所以，我们应当传播计算机科学的快乐、崇高和力量，致力于计算思维的常识化。

    许多人将计算机科学等同于计算机编程，有些家长为他们主修计算机科学的孩子看到的只是一个狭窄的就业范围，还有一些人认为计算机科学的基础研究已经完成，剩下的只是工程部分而已。当我们行动起来去改变这一领域的社会形象时，计算思维就是一个引导着计算机教育家、研究者和实践者的宏大远景。我们特别需要走进大学之前的听众，包括老师、父母、学生，向他们传送两个主要信息。

    （1）智力上极有挑战性并且引人入胜的科学问题依旧亟待理解和解决。这些问题的范围和解决方案的范围的唯一局限就是我们自己的好奇心和创造力。

    （2）一个人可以主修计算机科学并且干什么都行。一个人可以主修英语或者数学，接着从事各种各样的职业。计算机科学也一样，一个人可以主修计算机科学，接着从事医学、法律、商业、政治，以及任何类型的科学和工程，甚至艺术工作。

1.1　计算与计算思维

计算机能干什么？

多记一些数据，多接收一些信息，算得快一些,交流更方便些，上亿次的计算，求解繁复的微分方程和方程组，描绘超乎想象的图像，模拟无法实现或耗资巨大的过程等。

计算机不能干什么？

不能替人拿主意、定方案……

人机分界面恰在于"思考"二字，即把计算机所不具备的直觉、综合、机敏，甚至艺术家的灵感留给人，由人来创造性地开发各种所需的算法、模型、方法。计算机是工具，帮助提升人的能力。网络通世界，计算晓天下，存储知古今。

1.1.1　计算思维的提出

1. 计算思维在美国

2005 年 6 月，美国总统信息技术咨询委员会（PITAC）给美国总统提交了报告《计算科学：确保美国竞争力》（Computational Science: Ensuring America's Competitiveness）认为：虽然计算机本身也是一门学科，但是其具有促进其他学科发展的作用；21 世纪科学上最重要的、经济上最有前途的研究前沿都有可能通过熟练地掌握先进的计算机技术和运用计算机科学而得到解决。报告建议，将计算科学长期置于国家科学与技术领域中心的领导地位。

针对"计算学科与日俱增的重要性与学生对计算学科兴趣的下降"，美国 NSF（National Sanitation Foundation，美国全国卫生基金会）组织了计算教育与科学领域以及其他相关领域的专家分四个大区（东北、中西、东南、西北）进行研讨，于 2005 年年底至 2006 年年初形成四份重要报告。报告的主要内容有：大学第一年计算机课程的构建；多学科的融合；加强美国中小学生抽象思维与写作能力的训练，目的是使学生平稳过渡到大学的学习。

2007 年美国 NSF 的 CPATH（Pathways to Revitalized Undergraduate Computing Education，大学计算教育重生的途径）计划认为：计算普遍存在于我们的日常生活之中，培养未来能够参与全球竞争、掌握计算核心概念对美国企业家和员工就变得非常重要。该计划还认为：尽管有的研究机构和大学对此做出了卓越的、开创性的工作，但目前美国更多的大学计算教育仍然沿袭的是几十年前的教学模式。鉴于此，美国 NSF 于 2007 年启动了 CPATH 计划，当年投入 600 万美元，2008 年投入 500 万美元，2009 年投入 1000 万美元，力图改变这种情况。

2008 年，美国 NSF 提出 CDI（Cyber-Enabled Discovery and Innovation,计算使能的科学发现和技术创新）计划，该计划是美国国家科学基金会的一个革命性的、富有独创精神的五年计划，该计划旨在通过"计算思维"领域的创新和进步来促进自然科学和工程技术领域产生革命性的成果。

2. 计算思维在我国

2010 年我国"C9 暑期计算机基础课程研讨会"在西安交通大学召开，会议研讨了国内外计算机基础教学的现状和发展趋势，并就以九校联盟（C9）为代表的我国最高水平研究型大学"如何在新形势下提高计算机基础教学的质量、增强大学生计算思维能力的培养"进行了充分的交流和认真的讨论，形成以下共识。

（1）计算机基础教学是培养大学生综合素质和创新能力不可或缺的重要环节，是培养复合型创新人才的重要组成部分。

我国高校的计算机基础教学成绩显著。然而，在新形势下，计算机基础教学的内涵在快速提升和不断丰富，进一步推进计算机基础教学改革，适应计算机科学技术发展的新趋势，是国家创新工程战略对计算机教学提出的重大要求。我们应该彻底改变长期以来存在的"计算机只是工具"、"计算机就是程序设计"和"计算机基础课程主要是讲解软件工具的应用"等片面认识。

计算科学已经与理论科学、实验科学并列，共同成为推动社会文明进步和促进科技发展的三大手段。不难发现，现在几乎所有领域的重大成就无不得益于计算科学的支持。计算机基础教学应致力于使大学生掌握计算科学的基本理论和方法，为培养复合型创新人才服务。

（2）旗帜鲜明地把"计算思维能力的培养"作为计算机基础教育的核心任务。

培养复合型创新人才的一个重要内容就是要潜移默化地使他们养成一种新的思维方式：运用计算机科学的基础概念对问题进行求解、系统设计和行为理解，即建立计算思维。

无论哪个学科，具有突出的计算思维能力都将成为新时期拔尖创新人才不可或缺的素质。国外一些著名高校已开始尝试基于计算思维的课程改革，就是为了使其继续保持在计算科学研究与科学技术发展中的优势。

（3）进一步确立计算机基础教学的基础地位，加强队伍和机制建设。

当前我国正处在努力建设人才资源强国的关键时期，高等学校更需具备战略性眼光，从造就强国之才的长远观点出发，牢固确立计算机基础教学的基础性地位，使之与数学、物理等课程一样，作为大学通识教育的一个基本组成部分，并贯穿于整个大学教育过程中。

以计算思维能力培养为新目标、新任务的计算机基础教学，需要国家教育主管部门的重视和支持；需要学校在教学时数、教学条件方面给予保障；更需要有一支高素质、稳定的教师队伍来支撑。

（4）加强以计算思维能力培养为核心的计算机基础教学课程体系和教学内容的研究。

① 加快组建相关的协作机构，组织在计算机科研工作和各专业应用领域中有成就的教师参加此项工作研讨，同时发动从事哲学和教育学等领域研究工作的教师积极参与，形成计算机基础教学改革和课程建设的合力，加速推进相关的研究。

② 积极争取国家相关部门和学术团体的大力支持，尽快专门立项，组织国内外调研，开展试点工作，及时总结经验，建立与 C9 高校联盟人才培养目标相适应的计算机基础教学体系。

3. 计算思维的定义

2006 年 3 月，美国卡内基·梅隆大学计算机科学系主任周以真（Jeannette M. Wing）教授在美国计算机权威期刊《Communications of the ACM》杂志上提出并定义计算思维（Computational Thinking）。周教授认为：计算思维是运用计算机科学的基础概念进行问题求解、系统设计以及人类行为理解等涵盖计算机科学之广度的一系列思维活动。

对定义的解释如下。

（1）求解问题中的计算思维，利用计算手段求解问题的过程是首先要把实际的应用问题转换为数学问题，可能是一组偏微分方程（PDE），其次将 PDE 离散为一组代数方程组，然后建立模型、设计算法和编程实现，最后在实际的计算机中运行并求解。前两步是计算思维中的抽象，后两步是计算思维中的自动化。

图 1.1　周以真教授

（2）系统设计中的计算思维，R.Karp 指出：任何自然系统和社会系统都可视为一个动态演化系统，演化伴随着物质、能量和信息的交换，这种交换可以映射为符号变换，使之能用计算机进行离散的符号处理。当动态演化系统抽象为离散符号系统后，就可以采用形式化的规范描述，建立模型、设计算法和开发软件来揭示演化的规律，实时控制系统的演化并自动执行。

（3）理解人类行为中的计算思维，中国科学院自动化研究所副所长，中国科学院复杂系统与智能科学重点实验室主任、研究员、博士生导师王飞跃认为：计算思维是基于可计算的手段，以定量化的方式进行的思维过程，计算思维就是应对信息时代新的社会动力学和人类动力学所要求的思维。在人类的物理世界、精神世界和人工世界等三个世界中，计算思维是建设人工世界需要的主要思维方式。利用计算手段来研究人类的行为可视为社会计算，即通过各种信息技术手段，设计、实施和评估人与环境之间的交互。

图 1.2　dsger_Dijkstra

人工智能四大先驱之一，现代编程语言的主要贡献者之一，第七位图灵奖获得者 dsger_Dijkstra（见图 1.2）曾指出：我们所使用的工具影响着我们的思维方式和思维习惯，从而也将深刻地影响着我们的思维能力。

计算思维吸取了问题解决所采用的一般数学思维方法、现实世界中巨大复杂系统的设计与评估的一般工程思维方法，以及复杂性、智能、心理、人类行为的理解等的一般科学思维方法。

作为一种思维方法，计算思维的优点体现在：计算思维建立在计算过程的能力和限制之上，由人或机器执行。计算方法和模型使我们敢于去处理那些原本无法由个人独立完成的问题求解和系统设计。

计算思维的关键是用计算机模拟现实世界。对计算思维理解可以用用四个字来概括，那就是抽象、算法。如果用八个字来概括就是合理抽象、高效算法。

4. 计算思维的特点

（1）概念化，不是程序化。计算机科学不是计算机编程。像计算机科学家那样去思维意味着远远不只能为计算机编程，它要求能够在抽象的多个层次上思维，就像音乐产业只不是关注麦克风一样。

（2）基础的，不是机械的技能。计算思维是一种基础的技能，是每一个人为了在现代社会中发挥职能所必须掌握的。生搬硬套之机械的技能意味着机械的重复。具有讽刺意味的是，只有当计算机科学解决了人工智能的宏伟挑战——使计算机像人类一样思考之后，思维才会变成机械的生搬硬套。

（3）人的，不是计算机的思维。计算思维是人类求解问题的一条途径，但决非试图使人类像计算机那样地思考。计算机枯燥且沉闷；人类聪颖且富有想象力。我们人类赋予计算机以激情，计算机赋予人类强大的计算能力，人类应该好好的利用这种力量解决各种需要大量计算的问题。配置了计算设备，我们就能用自己的智慧去解决那些计算时代之前不敢尝试的问题，就能建造那些其功能仅仅受制于我们想象力的系统。

（4）数学和工程思维的互补与融合。计算机科学在本质上源自数学思维，因为像所有的科学一样，它的形式化解析基础筑于数学之上。计算机科学又从本质上源自工程思维，因为我们建造的是能够与实际世界互动的系统。基本计算设备的限制迫使计算机学家必须计算性地思考，不能只是数学性地思考。构建虚拟世界的自由使我们能够超越物理世界去打造各种系统。

（5）是思想，不是人造品。不只是我们生产的软件硬件等人造品将以物理形式到处呈现并时时刻刻影响我们的生活，更重要的是还将有我们用以接近和求解问题、管理日常生活、与他人交流和互动之计算性的概念。

（6）面向所有的人，所有地方。当计算思维真正融入人类活动的整体以致不再是一种显式之哲学的时候，它就将成为现实。它作为一个问题解决的有效工具，人人都应当掌握，处处都会被使用。

计算思维最根本的内容，即其本质是抽象（Abstraction）和自动化（Automation）。它反映了计算的根本问题，即什么能被有效地自动进行。计算是抽象的自动执行，自动化需要某种计算机去解释抽象。从操作层面上讲，计算就是如何寻找一台计算机去求解问题，隐含地说就是要确定合适的抽象，选择合适的计算机去解释并执行该抽象，后者就是自动化。计算思维中的抽象完全超越物理的时空观，并用符号来表示，其中数字抽象只是一类特例。

与数学和物理科学相比，计算思维中的抽象显得更为丰富，也更为复杂。数学抽象的最大特点是抛开现实事物的物理、化学和生物学等特性，而仅保留其量的关系和空间的形式，而计算思维中的抽象却不仅仅如此。

计算思维虽然具有计算机的许多特征，但是计算思维本身并不是计算机的专属。实际上，即使没有计算机，计算思维也会逐步发展，甚至有些内容与计算机没有关系。但是，正是由于计算机的出现，给计算思维的发展带来了根本性的变化。这些变化不仅推进了计算机的发展，还推进了计算思维本身的发展。在这个过程中，一些属于计算思维的特点被逐步揭示出来，计算思维与理论思维、试验思维的差别越来越清晰化。

计算思维的几乎所有特征和内容在计算机科学里面得到充分体现，并且随着计算机科学的发展而同步发展。

1.1.2　科学方法与科学思维

1. 科学方法

科学方法是指人们在认识和改造世界中遵循或运用的、符合科学一般原则的各种途径和手段，包括在理论研究、应用研究、开发推广等科学活动过程中采用的思路、程序、规则、技巧和模式。简单地说，科学方法就是人类在所有认识和实践活动中所运用的全部正确方法。

科学方法是人类所有认识方法中比较高级、比较复杂的一种方法。它具有以下特点。

① 鲜明的主体性：科学方法体现了科学认识主体的主动性、认识主体的创造性以及具有明显的目的性。

② 充分的合乎规律性：科学方法是以合乎理论规律为主体的科学知识程序化。

③ 高度的保真性：科学方法是以观察和实验以及它们与数学方法的有机结合对研究对象进行量的考察，保证所获得的实验事实的客观性和可靠性。

科学方法是人们为获得科学认识所采用的规则和手段系统，是科学认识的成果和必要条件。可分为三个层次：

（1）单学科方法，也称专门科学方法；

（2）多学科方法，也称一般科学方法，是适用于自然科学和社会科学的一般方式、手段和原则；

（3）全学科方法，是具有最普遍方法论意义的哲学方法。

科学方法是科学家和发明家用来探索自然的方法，是进行科学研究、描述科学调查、根据证据获得新知识的模式或过程。

科学方法包括以下步骤的叠代和递归。

① 观察：用感应器官去注意自然现象或实验中的种种转变，并记录下来,涉及的活动包括眼看、鼻嗅、耳闻和手的触摸。

② 假说：将从观察得的事实加以解释。

③ 预测：根据假说引申出可能的现象。

④ 确认：透过进一步的观察和实验去证实预测的结果。

2. 科学思维

科学思维是指理性认识及其过程，即经过感性阶段获得的大量材料，通过整理和改造，形成概念、判断和推理，以便反应事物本质和规律。简而言之，科学思维是大脑对科学信息的加工活动。其主要表现为：科学的理性思维、逻辑思维、系统思维与创造性思维。

中国科学院院士陈国良的论点"理论科学、实验科学和计算科学作为科学发现三大支柱，正推动着人类文明进步和科技发展"。该说法已被科学文献广泛引用，并在美国得到国会听证、联邦和私人企业报告的认同。

人类认识世界和改造世界有以下三种科学思维。

（1）以推理和演绎为特征的逻辑思维，以数学学科为代表，开拓者是苏格拉底、柏拉图、亚里士多德、莱布尼兹和希尔伯特等。基本构建了现代逻辑学的体系，其思维结论符合以下原则：有作为推理基础的公理集合；有一个可靠和协调的推演系统（推演规则）；结论只能从公理集合出发，经过推演系统的合法推理达到结论。

理论源于数学，逻辑思维支撑着所有的学科领域。正如数学一样，定义是理论逻辑的灵魂，定理和证明是其精髓，公理化方法是最重要的逻辑思维方法。

（2）以观察和总结（归纳的方式，不是数学归纳）自然规律（包括人类社会活动）为特征的实证思维，以物理学科为代表。其思维结论主要有以下特征：可以解释以往的实验现象；逻辑上自洽；是能够预见的新现象。

实证思维的先驱是意大利科学家伽利略，被人们誉为"近代科学之父"。与逻辑思维不同，实证思维往往要借助于某些特定的设备，使用它们来获取数据以便进行分析。

（3）以设计和构造为特征的计算思维，以计算机学科为代表。计算思维是运用计算机科学的基础概念来进行问题求解、系统设计和人类行为理解，涵盖了计算机科学之广度的一系列思维活动。尽管从人类思维产生的时候，结构、构造、可行性这些意识就已经存在于思维之中，而且是人类经常使用和熟悉的内容，但是作为概念的提出可能是在莱布尼兹、希尔伯特之后，经历了较长的时期。

计算思维是思维过程或功能的计算模拟方法论，其研究目的是提供适当的方法，使人们能借助计算机逐步达到人工智能的较高目标。诸如模式识别、决策、优化和自动控制等算法都可以属于计算思维范畴。

3. 计算思维区别于逻辑思维和实证思维的关键点

与数学和物理科学相比，计算思维中的抽象显得更为丰富，也更为复杂。数学抽象的最大特点是抛开现实事物的物理、化学和生物学等特性，而仅保留其量的关系和空间的形式，而计算思维中的抽象却不仅仅如此。

（1）计算思维是通过约简、嵌入、转化和仿真等方法，把一个看起来困难的问题重新阐释成一个人们知道如何解决的问题。

（2）计算思维是一种递归思维，是一种并行处理，是一种把代码译成数据又能把数据译成代码的多维分析推广的类型检查方法。

（3）计算思维是一种采用抽象和分解的方法来控制庞杂的任务或进行巨型复杂系统的设计，是基于关注点分离的方法。

（4）计算思维是一种选择合适的方式陈述一个问题，或对一个问题的相关方面建模使其易于处理的思维方法。

（5）计算思维是按照预防、保护及通过冗余、容错、纠错的方式，并从最坏情况进行系统恢复的一种思维方式。

（6）计算思维是利用启发式推理寻求解答，即在不确定情况下的规划、学习和调度的思维方法。

（7）计算思维是利用海量数据来加快计算，在时间和空间之间、在处理能力和存储容量之间进行折中的思维方法。

4. 计算机的出现推动了计算思维的发展

尽管计算思维在人类思维的早期就已经萌芽，并且一直是人类思维的重要组成部分。但是对于计算思维的研究却进展缓慢，在很长一段时间里，计算思维的研究是作为数学思维的一部分进行的。其主要的原因是计算思维考虑的是可构造性和可实现性，而相应的手段和工具的进展一直是缓慢的。尽管人们提出了很多对于各种自然现象的模拟和重现方法，设计了复杂系统的构造，但都因缺乏相应的实现手段而束之高阁。由此对于计算思维本身的研究也就缺乏动力和目标。

计算机出现以后带来了根本性的改变。由于计算机对于信息和符号的快速处理能力，使得许多原本只有理论可以实现的过程变成了实际可以实现的过程。海量数据的处理、复杂系统的模拟、大型工程的组织，借助计算机实现了从想法到产品整个过程的自动化、精确化和可控化，大大拓展了人类认知世界和解决问题的能力和范围。

机器替代人类的部分智力活动催发了对于智力活动机械化的研究热潮，凸显了计算思维的重要性，推进了对于计算思维的形式、内容和表述的深入探索。在这样的背景下，作为人类思维活动中以构造性、能行性、确定性为特征的计算思维被前所未有地重视，并且本身作为研究对象被广泛和仔细地研究。一些属于计算思维的特点被逐步揭示出来，计算思维与逻辑思维和实证思维的差别越来越清晰化。计算思维的概念、结构、格式等变得越来越明确，而且也丰富了计算思维的内容。

计算机的出现丰富了人类改造世界的手段，同时也强化了原本存在于人类思维中的计算思维的意义和作用。从思维的角度，计算机科学主要研究计算思维的概念、方法和内容，并发展成为解决问题的一种思维模式，这极大地推动了计算思维的发展。

1.1.3　计算思维在生活中的实例

《论语·宪问》中有人问孔子：以德报怨，何如？子曰：何以报德？以直报怨，以德报德。如何证明孔子的说法是正确的？请给出计算过程。

这个问题类似于囚徒困境（prisoner's dilemma），两个罪犯准备抢劫银行，但作案前失手被擒。警方怀疑他们意图抢劫，若干证据只能够起诉其非法持有枪械，于是将其分开审讯。为离间双方，警方分别对两人说：若都保持沉默（合作），则一同入狱 1 年；若是互相检举（互相背叛），则一同入狱 5 年；若你认罪并检举对方（背叛对方），他保持沉默，他入狱 10 年，你可获释（反之亦然）。结果两个人都选择了招供（最希望的结果）。

孤立地看，这是最符合个体利益的"理性"选择，以 A 为例：若 B 招供，自己招供获刑 5 年，不招供获刑 10 年；若 B 不招供，自己招供可以免刑，不招供获刑 1 年。两种情况下，选择招供都更有利，事实上却比两人都拒不招供的结果糟糕。

由囚徒困境可知，公共生活中，如果每个人都从眼前利益、个人利益出发，结果会对整体的利益（间接对个人的利益）造成伤害。

为解决"囚徒困境"的难题，美国曾组织竞赛，要求参赛者根据"重复囚徒困境"（双方不只一次相遇，"背叛"可能在以后遭到报复）来设计程序。将程序输入计算机后反复博弈，以最终得分评估优劣（双方合作各得 3 分，双方背叛各得 1 分，一方合作一方背叛合作者得 0 分，背叛方得 5 分），有些程序采用"随机"对策，有些采用"永远背叛"对策，有些采用"永远合作"对策。

结果，加拿大多伦多大学的阿纳托尔·拉帕波特教授的"一报还一报"策略夺得了最高分。我方在第一次相遇时选择"合作"，之后就采取对方上一次的选择。这意味着：在对方每次背叛后，我方就"以牙还牙"，也背叛一次；对方每一次合作后，我方就"以德报德"一次。该策略有别于"善良"的"永远合作"或"邪恶"的"永远背叛"对策，和对方一旦"背叛"，我方就不再给机会，长久对抗的策略。

如果你选择"永远背叛"策略，或许在第一局会拿到最高分，但之后的各局可能都只能拿到低分，最后虽然可能"战胜"不少对手，但由于总分很低，最终难逃被淘汰出局的命运。所以除非很难与对方再次相遇，不用担心其日后的反应，才可选择对抗与背叛；在长期互动、博弈的关系中，一报还一报是最佳策略：它是善意的，从不首先背叛；它不迂腐，不管过去相处多好，仍然对背叛是有反应的；它是宽容的，不因一次背叛而选择玉石俱焚。

计算思维应用及其广泛，比如大量复杂问题求解、宏大系统建立、大型工程组织都可以通过计算模拟核爆炸、蛋白质生成、大型飞机、核舰艇设计等（见图1.3～图1.6）。

图 1.3　模拟原子弹爆炸

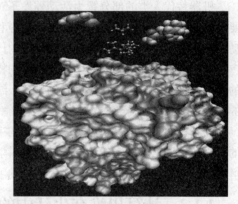

图 1.4　蛋白质合成

图 1.5　概念飞机

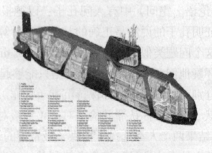

图 1.6　核潜艇设计

计算思维是利用启发式推理来寻求解答，是利用海量的数据来加快计算，是在时间和空间之间、在处理能力和存储容量之间的权衡。

考虑以下日常中的事例。

（1）当你女儿早晨去学校时，她把当天需要的物品放进背包，这就是预置和缓存。

（2）当你儿子弄丢他的手套时，你建议他沿走过的路回寻，这就是回推。

（3）在什么时候你停止租用滑雪板而为自己买一对呢？这就是在线算法。

（4）在超市付账时你应当去排哪个队呢？这就是多服务器系统的性能模型。

（5）为什么停电时你的电话仍然可用？这就是失败的无关性和设计的冗余性。

（6）完全自动的大众图灵测试（简称 CAPTCHA）是如何区分计算机和人类的，即 CAPTCHA 是怎样鉴别人类的？这就是充分利用求解人工智能难题之艰难来挫败计算代理程序。

计算思维将渗入到我们每个人的生活之中，那时诸如算法和前提条件已成为每个人日常词汇的一部分，非确定论和垃圾收集已含有计算机学家所指的含义，而树已常常被倒过来画了。

我们已见证了计算思维在其他学科中的影响。例如，机器学习已经改变了统计学。就数据尺度和维数而言，统计学用于各类问题的规模仅在几年前还是不可想象的。现在，各种组织的统计部门都聘请了计算机科学家。

计算机学家们近来对生物科学的兴趣是由他们坚信生物学家能够从计算思维中获益的信念驱动的。计算机科学对于生物学的贡献决不限于其能够在海量时序数据中搜索寻找模式规律的本领。最终的希望是数据结构和算法——我们的计算抽象和方法——能够以阐释其功能的方式表示蛋白质的结构。计算生物学正在改变着生物学家的思考方式。类似的，计算博弈理论正改变着经济学家的思考方式，纳米计算改变着化学家的思考方式，量子计算改变着物理学家的思考方式。

这种思维将成为不仅仅是其他科学家，而且是其他每一个人的技能组合之部分。普适计算之于今天就是计算思维之于明天。普适计算是已变为今日之现实的昨日之梦，计算思维就是明日之现实。

1.1.4　计算思维能力

1. 什么是计算思维能力

爱因斯坦说过：提出一个问题往往比解决一个问题更重要。因为解决一个问题也许仅是一个数学上的证明或实验上的技能而已。而提出新的问题、新的可能性，从新的角度看旧的问题，却需要有创造性的想象力，而且标志着新的进步。

计算思维能力可以定义为：面对一个新问题，运用所有资源将其解决的能力。"新问题"可能对所有人都是新问题，比如各种尚未解决的科学问题；也可能只对自己是新问题，比如尚未学过排序的学生面对排序问题。无论是哪种问题，其解决途径都是阅读资料，运用储备的知识，发挥智力与经验，再加上一点点运气和灵感，只不过前者的难度更高、结果更不确定。

计算思维能力的核心是问题求解的能力（即发现问题）、寻求解决问题的思路、分析比较不同的方案、验证方案。

思维属于哲学范畴。计算思维是一种科学思维方法，所有大学生都应学习和培养。计算思维不是悬空的抽象概念，是体现在各个环节中的。人们在学习和应用计算机过程中不断学习和培养计算思维。正如学习数学的过程就是培养理论思维的过程。大学并没有开设"理论思维课"或"实证思维课"，但是学生通过有关课程培养了理论思维和实证思维。学习程序设计，算法思维就是计算思维，要从不自觉到自觉地培养。

2. 计算思维能力的培养

培养和推进计算思维能力包含两个方面。

（1）深入掌握计算机解决问题的思路，更好地用好计算机。

（2）把计算机处理问题的方法用于各个领域，推动在各个领域中运用计算思维，更好地与信息技术相结合。

不要把计算思维想象得高不可攀，难以捉摸。学习和应用计算机，在培养计算思维的同时，也培养了其他的科学思维。不必死扣哪个算计算思维，哪个是其他什么思维。

大多数人认为应当通过各种途径、渗透在各个环节中，自然地培养计算思维。不能只知道结论，还要知道结论怎么来的。要遵循认知规律，善于把复杂的问题简单化，用通俗易懂的方法阐述复杂的现象。

求解能力是"教"不会也"学"不会的，只能"练"会。求解是一个复杂且综合的过程，口口相传的课堂教学无法表现其精髓，只可能教授求解知识和一点片面的求解经验。真正的求解能力是在求解的实践中锻炼、体会出来的。因此，教学中培养求解能力的根本途径是引出问题，激励学生的主动性，让学生自己动手解决问题。

（1）课堂

课堂学习的首要任务是改变思想，为问题求解建立一个良好的氛围。可以让学生更快地了解并适应新的教学形式，也能在第一堂课就体会到什么是"不同的声音"。首先要改变"师者，传道授业解惑也"的观念，变其为"评道演业启惑"。大学的教师已经不再是"教"师，而应首先是一个"导"师，去引导学生自学与探索。学生的整体视野会比教师宽得多，也细致得多。学生的反馈中有很多是教师以前所不了解的，这样使教师的水平也获得了提高。所以教师的终极角色应该是学生的"同学"。其次要改变"学以致用"的观念，知道在社会实践的高级活动中，"用以致学"才是更常见的，也是最重要的，从而接受各种"用以致学"教学活动。最后要改变"学得明白就是学得好"的观念，以"越学越不明白"为目标，这样才能体会到科学的博大精深，激发更强的自学愿望，进行更广阔的科学探索。在课堂上，主要了解知识的"来龙去脉"，包括知识形成的目的、过程及其中的趣闻轶事，还有未来的发展方向。每个观点不论正确与否最重要的是要有强有力的综述、深入的剖析、精彩的演示和总结。总之，不要把课堂时间花在对知识表面的记忆上，要放在兴趣的培养和视野的开拓。

（2）实验

实验是程序设计课程最重要的部分，是问题求解全过程的综合体现。实验题目应是真实有趣的问题，有多样的解决办法和无限的发挥空间。实验开始前不要看题目的解决办法和思路，至多只能提示一下思考方向，要完全自己通过问题求解的手段来解决问题。在做实验过程中通过个人实践获得判别能力。

（3）讨论

锻炼思考能力的只有讨论，提出要讨论的问题的同时，必须首先给出自己对此问题的思考；每个人都参与讨论，只要参考建议和参考资料，不要标准答案。这些制度可以放弃依赖心理，努力思考，勇于表达，乐于讨论。

（4）考试

考试刺激平时的学习热情，在期末考试中，因为问题求解能力不强调记忆力，而且真实的问题求解环境就是一个"开卷"的环境，所以每一次期末考试都应当是开卷形式，这样"考试"作为指挥棒就引导学生不要死记硬背，而要用心感受。试题内容灵活，重在考察思维和对知识的理解。评卷过程中也注意用心体会学生的思想，不以"标准答案"为唯一准绳。事实上，每次考试都能得到若干比标准答案更具创意，考虑更周全的答案。考试并不是课程的终结，而是一个新的起点。

（5）课外

上好一门课，决不是完成所有教学任务那么简单，在课程结束后，还要开拓无限的想象空间，凭借兴趣与主动性去继续探索。

ACM-ICPC 国际大学生程序设计竞赛作为世界最高水平的竞赛，其独特的氛围和形式吸引了无数的爱好者，锻炼了无数具有超强问题求解能力的人才。每道题都兼具趣味性和挑战性，并有一个具体的应用背景，内容涵盖数据结构、组合数学、离散数学、数论、计算几何和搜索等众多的计算机科学基础算法，要设计算法并编程实现来解决问题，并以排名等手段鼓励参与者解答更多的题目。现在已有很多学生在无任何利益驱使的情况下乐此不疲地在这里做题。

1.2　计算机概述

本节主要对计算机的概念、产生、发展、特点、分类及用途做一简单介绍。

1.2.1　计算机的概念

电子计算机是一种能高速、精确、自动处理信息的现代化电子设备，简称为计算机。它所接受和处理的对象是信息，处理的结果也是信息。信息是能够被人类（或仪器）接受的以声音、图像、图形、文字、颜色和符号等形式表现出来的一切可以传递的知识内容。计算机接受信息之后，不仅能迅速、准确地对其进行运算，还能进行推理、分析、判断等，从而帮助人类完成部分脑力劳动，所以，人们又把它称为"电脑"。

随着信息时代的到来，信息高速公路的兴起，全球信息化进入了一个新的发展时期。人们越来越认识到计算机的强大信息处理功能，计算机已成为信息产业的基础和支柱。在人们物质需求不断得到满足的同时，对信息的需求也日益增强，这就是信息业和计算机业发展的社会基础。

1.2.2　计算机发展简史

1. 计算工具发展简述

计算是人类与自然做斗争过程中的一项重要活动。我们的祖先在史前时期就已经知道用石子和贝壳进行计数。随着生产力的发展，人类创造了简单的计算工具。在两千多年前中国的春秋战国时代，由中国人发明的算筹是有实物作证的人类最早的计算工具。我国在唐、宋时期开始使用算盘，在当时算盘是一种高级的计算工具。

17 世纪，由于天文学家承受着大量繁重的计算工作，促使人们致力于计算工具的改革。1642 年，法国科学家帕斯卡（Blaise Pascal，1623-1662），制造出世界上第一台机械式计算机，它可做八位数的加减运算，用来计算法国的税收，取得了很大成功，这是人类第一次用机器来模拟人脑处理数据信息。1673 年，德国数学家莱布尼兹（Gottfriend Wilhelm Von Leibniz，1646-1716）在前人研究的基础上，制造出一台可以做四则运算和开平方运算的机械式计算机。

在第二次世界大战中，美国陆军为了编制弹道特性表，向该项目投入了 40 万美元。于 1946 年，由宾夕法尼亚大学莫尔电工学院与阿伯丁弹道研究所合作研制出世界上第一台电子计算机 ENIAC(Electronic Numerical Integrator And Calculator，即电子数字积分计算机)，如图 1.7 所示，该电子计算机共用了 18800 个电子管，1500 个继电器，重达 30 吨，占地 170 平方米，耗电 150 千瓦，每秒钟能做 5 千次加法运算，1946 年 2 月正式交付使用，从此开始了电子计算机的发展时代。

图 1.7 第一台电子计算机 ENIAC

2. 电子计算机发展的阶段

从第一台电子计算机的诞生至今，计算机得到了飞速的发展。最杰出的代表人物是英国科学家阿兰·麦席森·图灵（Alan Mathison Turing，1912-1954）和美籍匈牙利科学家冯·诺依曼（John Von Neuman，1903-1957），如图 1.8、图 1.9 所示。

图 1.8 阿兰·麦席森·图灵

图 1.9 冯·诺依曼

图灵是计算机科学的奠基人，他对计算机的主要贡献是：建立了图灵机的理论模型，发展了可计算性理论；提出图灵测试，阐述了机器智能的概念。现在人们为了纪念这位伟大的科学家将计算机界的最高奖定名为"图灵奖"，图灵奖最早设立于 1966 年，是美国计算机协会在计算机技术方面所授予的最高奖项，被喻为计算机界的诺贝尔奖。

冯·诺依曼历来被誉为"电子计算机之父"，他对计算机的主要贡献是：采用二进制作为数字计算机的数制基础；预先编制程序用于数值计算以及提出计算机由五个部件构成（运算器、控制器、存储器、输入设备和输出设备）的重要思想，同时与同事研制出了人类第二台计算机 EDVAC（Electronic Discrete Variable Automatic Computer，即离散变量自动电子计算机）。

人们根据组成计算机的主要电子器件的不同把计算机分为以下四代。

第一代计算机（1946-1958 年）

第一代计算机是电子管数字计算机。采用电子管组成基本逻辑电路，主存储器采用延迟线、磁芯，外存储器采用磁鼓、磁带，输入输出装置落后，主要使用穿孔卡片，速度慢，并且使用不便，没有系统软件，使用机器语言和汇编语言编制程序，主要用于科学计算。

第二代计算机（1958-1964 年）

第二代计算机是晶体管数字计算机。采用晶体管组成基本逻辑电路，一个晶体管和一个小爆竹同样大小，而且可靠、省电、发热量少、寿命长。

第三代计算机（1964-1971 年）

第三代计算机的逻辑元件采用中小规模集成电路。所谓集成电路，是将由晶体管、电阻、电容等电子元件构成的电路微型化，并集成在一块如同指甲大小的硅片上。

第四代计算机（1971 年以后）

第四代计算机的逻辑元件和主存储器都采用大规模集成电路（LSI，Large-scale integration），所谓大规模集成电路是指在单块硅片上集成 100 个以上的门电路或 1000～20000 个晶体管，其集成度比中、小规模集成电路提高了 1～2 个数量级。一方面出现了运算速度超过每秒十亿次的巨型计算机，另一方面又出现了体积小、价格低廉、使用灵活方便的微型计算机。此外，计算机网络、多媒体技术的发展正在把人类社会带入一个新的时代。软件的发展也很迅速，对高级语言的编译系统、操作系统、数据库管理系统以及应用软件的研究更加深入，日趋完善，软件行业已成为一个重要的现代工业分支。第四代计算机的特点是微型化、耗电极少、可靠性更高、运算速度更快、成本更低。

新一代计算机

从 20 世纪 80 年代开始，日本、美国等发达国家都宣布开始新一代计算机的研究。新一代计算机是把信息采集、存储、处理、通信和人工智能结合在一起的计算机系统，它不仅能进行一般信息处理，而且能面向知识处理，具有形式推理、联想、自然语言理解、学习和解释能力，能帮助人类开拓未知领域和获取新知识。

新一代计算机的研究领域包括人工智能、系统结构、软件工程、支援设备以及对社会的影响等。新一代计算机的核心思想是把程序设计变为逻辑设计，突破传统的冯·诺依曼体系结构，实现高度并行处理。

科学家们在研制智能计算机的同时，也开始探索更新一代的计算机，包括光子计算机、生物计算机和神经网络计算机。它们将不再采用传统的电子元件，光子计算机采用光技术和光子器件；生物计算机采用生物芯片，以生物工程技术产生的蛋白分子为主要材料；神经网络计算机是模仿人大脑的判断能力和适应能力，并具有可并行处理多种数据功能的神经网络计算机。

新一代计算机目前还不成熟，离实际应用还很遥远，但相信其研究前景将很美好。

世界最快计算机

美国国际商用机器公司（IBM，International Business Machines Corporation）和美国能源部于 2008 年 6 月 9 日发布消息，美国历时 6 年研制出新一代全球最快计算机"走鹃（roadrunner）"，最大运算速度每秒 1015 万亿次，比此前全球最快计算机——IBM 研制的"蓝色基因/L"快 1 倍多。"走鹃"眼下放置于 IBM 位于纽约波基普西的实验室中，占地 557 平方米，连接光纤长 91.7 公里，重 226.8 吨，存储空间 80 万亿字节。"走鹃"一天的计算量相当于地球上 60 亿人每周 7 天、每天 24 小时不吃不喝用计算器算 46 年。

3. 计算机的发展趋势

目前，计算机技术正在向以下几个方向发展。

（1）微型化

由于超大规模集成电路技术的进一步发展，微型机的发展日新月异，大约每 3～5 年换代一次；一个完整的计算机已经可以集成在火柴盒大小的硅片上。新一代的微型计算机由于具有体积小、价格低、对环境条件要求少、性能迅速提高等优点，大有取代中、小型计算机之势。

（2）巨型化

在一些领域，运算速度要求达到每秒 10 亿次，这就必须发展功能特强、运算速度极快的巨型计算机。巨型计算机体现了计算机科学的最高水平，反映了一个国家科学技术的实力。现代巨型计算机的标准是运算速度每秒超过 10 亿次，比 20 世纪 70 年代的巨型机提高一个数量级。为了提高速度而设计的多处理器并行处理的巨型计算机已经商品化，如多处理器按超立方结构连接而成的巨型计算机。

（3）网络化

计算机网络是计算机的又一发展方向。所谓计算机网络，就是把分布在各个地区的许多计算机通过通讯线路互相连接起来，以达到资源共享的目的。这是计算机技术和通讯技术相结合的产物，它能够有效地提高计算机资源的利用率，同时形成一个规模大、功能强、可靠性高的信息综合处理系统。目前，计算机网络在交通、金融、管理、教育、商业和国防等各行各业中都得到了广泛应用，覆盖全球的 Internet（因特网）已进入普通家庭，正在改变着世界的面貌。

（4）智能化

智能化是让计算机模拟人类的智能活动。人工智能是研究、开发用于模拟、延伸和扩展人的智能的理论、方法、技术及应用系统的一门新的技术科学，它企图了解智能的实质，并生产出一种新的能以人类智能相似的方式做出反应的智能机器，该领域的研究包括机器人、语言识别、图像识别、自然语言处理和专家系统等。

（5）多媒体化

多媒体技术是将计算机系统与图形、图像、声音、视频等多种信息媒体综合于一体进行处理的技术。它扩充了计算机系统的数字化声音、图像输入输出设备和大容量信息存储装置，能以多种形式表达和处理信息，使人们能以耳闻、目睹、口述、手触等多种方式与计算机交流信息，使人与计算机的交互更加方便、友好和自然。有人预言，多媒体计算机将进入人们生产、生活的各个领域，为计算机技术的发展和应用开创一个新的时代。

1.2.3　计算机的特点

计算机已应用于社会的各个领域，成为现代社会不可缺少的工具。它之所以具备如此巨大的能力，是由它自身的特点所决定的。

电子计算机具有以下其他计算工具所不具备的特点。

1．运算速度极快

一般电子计算机每秒钟进行加减基本运算的次数可达几十万次，目前最高达到千万亿次。如果一个人在一秒钟内能作一次运算，那么一般的电子计算机一小时的工作量，一个人得做 100 多年。

电子计算机出现以前，在一些科技部门中，虽然人们从理论上已经找到了一些复杂的计算公式，但由于计算工作太复杂，其中不少公式实际上仍无法应用。落后的计算技术拖了这些学科的后腿。

例如，人们早就知道可以用一组方程来推算天气的变化，但是，用这种公式预报 24 小时以内的天气，如果用手工计算，一个人要算几十年，这样，就失去了预报的意义。而用一台小型电子计算机，只需 10 分钟就能算出一个地区 4 天以内的天气预报。

2．计算精确度高

电子计算机在进行数值计算时，其结果的精确度在理论上不受限制。一般的计算机可保留 15 位有效数字，这是其他计算工具达不到的。

计算机不像人那样工作时间稍长就会疲劳。由于现代技术进步，特别是大规模、超大规模集成电路的应用，使计算机具有极高的可靠性，可以连续工作几个月、甚至十几年而不出差错。

3．记忆能力惊人

计算机能把运算步骤、原始数据、中间结果和最终结果等牢牢记住。人们把计算机的这种记忆能力的大小称为存储容量，目前的计算机可以存储数亿个数据。

4．具有逻辑判断能力

计算机在处理信息时，还能做逻辑判断。例如判断两数的大小，并根据判断的结果，自动地完成不同的处理。计算机还可以做出非常复杂的逻辑判断。

数学中的"四色问题"是著名的难题，这是一个拓扑学问题，即找出给球面（或平面）地图着色时所需用的不同颜色的最小数目。着色时要使得没有两个相邻（即有公共边界线段）的区域有相同的颜色。

1852 年英国的弗南西斯·格思里（Francis Guthrie）推测：四种颜色是充分必要的。1878 年英国数学家凯利（Arthur Cayley，1821-1895）在一次数学家会议上呼吁大家注意解决这个问题。

直到 1976 年，美国数学家阿佩哈尔、哈肯和考西利用高速电子计算机运算了 1200 个小时，才证明了格思里的推测。

5．高度自动化

电子计算机具有记忆能力和逻辑判断能力，这是与其他计算工具之间的本质区别。正是因为它具有上述能力，所以，只要将解决某一问题所需要的原始数据和处理步骤预先存储在计算机内，一旦向计算机发出指令，它就能自动按规定步骤完成指定的任务。

1.2.4　计算机的分类

在时间轴上，"分代"代表了计算机纵向的发展，是以制造计算机使用的元器件来划分的。而"分类"可用来说明横向的发展，从应用范围分为：通用机、专用机以及工业控制机。从计算机中信息的表示形式分为：电子数字计算机、电子模拟计算机和数模混合计算机。目前常用的分类方法是从功能上分为：巨型机、大型机、中型机、小型机、微型机以及工作站。

巨型机（Supercomputer）：巨型机是一种超大型电子计算机。具有很强的计算和处理数据的能力，主要特点表现为高速度和大容量，配有多种外部和外围设备及丰富的、高功能的软件系统。

巨型计算机实际上是一个巨大的计算机系统，主要用来承担重大的科学研究、国防尖端技术和国民经济领域的大型计算课题及数据处理任务。如大范围天气预报，整理卫星照片，原子核物的探索，研究洲际导弹、宇宙飞船等，制定国民经济的发展计划，项目繁多，时间性强，要综合考虑各种各样的因素，依靠巨型计算机能较顺利地完成。

一些国家这样规定巨型计算机的指标：首先，计算机的运算速度平均每秒 1000 万次以上；其次，存储容量在 1000 万位以上。如由我国研制成功的"银河"计算机，就属于巨型计算机。巨型计算机的发展是电子计算机的一个重要发展方向。它的研制水平标志着一个国家的科学技术和工业发展的程度，体现着国家经济发展的实力。一些发达国家正在投入大量资金和人力、物力，研制运算速度达几百亿次甚至上千亿次的超级大型计算机。

大型机（Mainframe）：一般用在尖端的科研领域，主机非常庞大，通常由许多中央处理器协同工作，超大的内存，海量的存储器，使用专用的操作系统和应用软件。

中型机（Medium-sized Machine）：中型机规模介于大型机和小型机之间。

小型机（Minicomputer）：小型机是指运行原理类似于 PC（个人电脑）和服务器，但性能及用途又与它们截然不同的一种高性能计算机，它是 20 世纪 70 年代由 DEC（数字设备公司）首先开发的一种高性能计算产品。

微型机（Microcomputer）：采用微处理器、半导体存储器和输入输出接口等芯片组装，具有体积更小、价格更低、通用性更强、灵活性更好、可靠性更高、使用更加方便等优点。

工作站（Workstation）：是一种以个人计算机和分布式网络计算为基础，主要面向专业应用领域，具备强大的数据运算与图形、图像处理能力，为满足工程设计、动画制作、科学研究、软件开发、金融管理、信息服务、模拟仿真等专业领域而设计开发的高性能计算机。

1.2.5　计算机的应用领域

计算机的高速发展，使信息产业以史无前例的速度持续增长。在世界第一产业大国——美国，信息产业已跃居最大的产业。归根结底，这是由社会对计算机应用的需求决定的，随着计算机文化的推广，用户不断为计算机开辟新的应用领域；反过来，应用的扩展又持续地推动了信息产业的新增长，应用与生产相互促进，形成了良性循环。

以下将首先说明计算机在科学计算、数据处理和过程控制三个方面的传统应用，然后简要叙述它在近 20 年来取得较大进展的新应用领域，以便读者对计算机在现代社会中的作用有比较全面的印象。

1. 科学计算

科学计算是计算机最早的应用领域，第一批问世的计算机最初取名 Calculator，以后又改称 Computer，就是因为它们当时全都用作快速计算的工具，同人工计算相比，计算机不仅速度快，而且精度高。有些要求限时完成的计算，使用计算机可以赢得宝贵的时间。例如，天气预报需要做大量的运算，如果用人工进行计算，计算未来一天的天气情况需要几个星期，这就使预报失去了时效。若改用 1MIPS（Million Instructions Per Second，每秒钟执行百万条指令）的计算机，取得 10 天的预报数据只需要计算数分钟，这就使中、长期天气预报成为可能。

2. 数据处理

早在 20 世纪 50 年代，人们就开始把登记账目等单调的事务工作交给计算机处理。20 世纪 60 年代初期，大银行、大企业和政府机关纷纷用计算机来处理账册、管理仓库或统计报表，从数据的收集、存储、整理到检索统计，应用的范围日益扩大，很快就超过了科学计算，成为最大的计算机应用领域。直到今天，数据处理在所有计算机应用中仍稳居第一位，耗用的机时约占全部计算机应用的三分之二。

3. 实时控制

由于计算机不仅支持高速运算，还具有逻辑判断能力，所以从 20 世纪 60 年代起，就在冶金、机械、电力、石油化工等产业中用计算机进行实时控制。其工作过程是：首先用传感器在现场采集受控制对象的数据，求出它们与设定数据的偏差；接着由计算机按控制模型进行计算；然后产生相应的控制信号，驱动伺服装置对受控对象进行控制或调整。它实际上是自动控制原理在生产过程中的应用，所以有时也称为"过程控制"。

4. 办公自动化

办公自动化简称 OA（Office Automation），是 20 世纪 70 年代中期首先从发达国家发展起来的一门综合性技术。其目的在于建立一个以先进的计算机和通信技术为基础的高效人-机信息处理系统，使办公人员能充分利用各种形式的信息资源，全面提高管理、决策和事务处理的效率。

5. 生产自动化

生产自动化包括计算机辅助设计（CAD-Computer Aided Design）、计算机辅助制造（CAM-Computer Aided Manufacturing）和计算机集成制造系统（CIMS-Computer Integrated Manufacturing Systems）等内容，它们是计算机在现代生产领域特别是制造业中的广泛应用，不仅能提高自动化水平，而且提高了生产效率，缩短了生产周期，使传统的生产技术发生了革命性的变化。

6. 数据库应用

数据库应用，在计算机现代应用中占有十分重要的地位。以上介绍的办公自动化和生产自动化，都离不开数据库的支持。事实上，今天在任何一个发达国家，大到国民经济信息系统和跨国的科技情报网，小到个人的银行储蓄账和亲友通信，无一不与数据库打交道。了解数据库，已成为学习计算机应用的一项基本内容。

7. 网络应用

计算机网络是计算机技术和通信技术相结合的产物。是当今计算机科学和通信工程中迅速发展起来的新兴技术之一，也是计算机应用中一个空前活跃的领域。其主要功能是实现通信、资源共享，并提高计算机系统的可靠性。广泛应用于办公自动化、企业管理与生产过程控制、金融与电子商务、军事、科研、教育信息服务、医疗卫生等领域。特别是随着 Internet 技术的迅速发展，计算机网络正在改变着人们的工作方式与生活方式。

8. 人工智能

人工智能简称 AI（Artificial Intelligence），有时也译作"智能模拟"，就是用计算机来模拟人脑的智能行为，包括感知、学习、推理、对策、决策、预测、直觉和联想等。通过计算机技术模拟人脑智能，可替代人类解决生产、生活中的具体问题，从而提高人类改造自然的能力。其应用主要表现在：机器人、专家系统、模式识别、智能检索、自然语言处理、机器翻译、定理证明等方面。

计算机的无线化越来越普及，网络化也已经慢慢走入生活，各种家用电器也开始具备了智能化。家庭网络分布式系统将逐渐取代目前单机操作的模式，计算机可以通过网络控制着各种家电的运行，并且通过互联网下载各种新的家电应用程序，以增加家电的功能，改善家电的性能等，也可以通过互联网远程遥控家中的家电等。

计算机的未来将会更加贴近人们的工作和生活，预计它将朝着模块化、无线化、个性化、网络化、环保化和智能化等方向发展。我们完全有理由相信，随着科学技术的进步，尤其是计算机相关技术的进步，计算机的应用领域也将进一步拓宽，呈现出更加蓬勃发展的局面。

1.3　计算机中的信息表示

计算机是一种信息处理的自动机。计算机要进行大量的数据运算和数据处理，而所有的数据信息在计算机中都是以数字编码形式表示的。因此，人们就会产生这样的问题：以哪种形式表示这些数字编码，如何表示字符、汉字等。这些问题的解决将有助于我们更好地使用计算机。

1.3.1 进位计数制

人们的生产和生活离不开数，人类在长期的实践中创造了各种数的表示方法，我们把数的表示系统称为数制。在进位计数制中，表示数值大小的数码与它在数中所处的位置有关。例如，很久很久以前，人类就用十个手指来计数，每数到 10 就向前一位进一，这就是我们最熟悉的十进制；每小时是 60 分，每分种是 60 秒，这就是六十进制；每周有 7 天，这就是七进制；每日 24 小时，这就是二十四进制等。计算机使用二进制。

1. 十进制数表示

人们最熟悉最常用的数制是十进制。一个十进制数有两个主要特点。

① 它有十个不同的数字符号，即 0、1、2、…、9。

② 它采用"逢十进一"的进位原则。

因此，同一个数字符号在不同位置（或数位）代表的数值是不同的。例如，在 999.99 这个数中，小数点左面第 1 位的 9 代表个位，就是它本身的数值 9，或写成 9×10^0；小数点左面第 2 位的 9 代表十位，它的值为 9×10^1；小数点左面第 3 位的 9 代表百位，它的值为 9×10^2；而小数点右面第 1 位的 9 代表十分位，它的值为 9×10^{-1}；小数点右面第 2 位的 9 代表百分位，它的值为 9×10^{-2}。所以，十进制数 999.99 可以写成：

$$999.99 = 9 \times 10^2 + 9 \times 10^1 + 9 \times 10^0 + 9 \times 10^{-1} + 9 \times 10^{-2}$$

一般地，任意一个十进制数 $D = d_{n-1}d_{n-2}\ldots d_1 d_0 d_{-1}\ldots d_{-m}$ 都可以表示为：

$$D = d_{n-1} \times 10^{n-1} + d_{n-2} \times 10^{n-2} + \cdots + d_1 \times 10^1 + d_0 \times 10^0 + d_{-1} \times 10^{-1} + \cdots + d_{-m} \times 10^{-m} \qquad (1\text{-}1)$$

式（1-1）称为十进制数的按权展开式，其中：$d_i \times 10^i$ 中的 i 表示数的第 i 位；d_i 表示第 i 位的数码，它可以是 0 到 9 中的任一个数字，由具体的 D 确定；10^i 称为第 i 位的权（或数位值），数位不同，其"权"的大小也不同，表示的数值也就不同；m 和 n 为正整数，n 为小数点左面的位数，m 为小数点右面的位数；10 为计数制的基数，所以称它为十进制数。

2. 二进制数表示

与十进制数类似，二进制数有两个主要特点。

① 它有两个不同的数字符号，即 0、1。

② 它采用"逢二进一"的进位原则。

因此，同一数字符号在不同的位置（或数位）所代表的数值是不同的。例如，二进制数 1101.11 可以写成：

$$1101.11 = 1 \times 2^3 + 1 \times 2^2 + 0 \times 2^1 + 1 \times 2^0 + 1 \times 2^{-1} + 1 \times 2^{-2}$$

一般地，任意一个二进制数 $B = b_{n-1}b_{n-2}\cdots b_1 b_0 b_{-1}\cdots b_{-m}$ 都可以表示为：

$$B = b_{n-1} \times 2^{n-1} + b_{n-2} \times 2^{n-2} + \cdots + b_1 \times 2^1 + b_0 \times 2^0 + b_{-1} \times 2^{-1} + \cdots + b_{-m} \times 2^{-m} \qquad (1\text{-}2)$$

式（1-2）称为二进制数的按权展开式，其中：$b_i \times 2^i$ 中的 b_i 只能取 0 或 1，由具体的 B 确定；2^i 称为第 i 位的权；m、n 为正整数，n 为小数点左面的位数，m 为小数点右面的位数；2 是计数制的基数，所以称为二进制数。十进制数与二进制数的对应关系，如表 1.1 所示。

表 1.1 十进制数与二进制数的对应关系

十进制数	二进制数
0	0
1	1
2	10

续表

十进制数	二进制数
3	11
4	100
5	101
6	110
7	111
8	1000
9	1001

3. 八进制数和十六进制数表示

八进制数的基数为 8，使用 8 个数字符号（0、1、2、…、7），"逢八进一，借一当八"，一般地，任意的八进制数 $Q = q_{n-1}q_{n-2}\cdots q_1 q_0 q_{-1}\cdots q_{-m}$ 都可以表示为：

$$Q = q_{n-1}\times 8^{n-1}+q_{n-2}\times 8^{n-2}+\cdots+q_1\times 8^1+q_0\times 8^0+q_{-1}\times 8^{-1}+\cdots+q_{-m}\times 8^{-m} \quad （1\text{-}3）$$

十六进制数的基数为 16，使用 16 个数字符号（0、1、2、…、9、A、B、C、D、E、F），"逢十六进一，借一当十六"，一般地，任意的十六进制数 $H = h_{n-1}h_{n-2}\cdots h_1 h_0 h_{-1}\cdots h_{-m}$ 都可表示为：

$$H = h_{n-1}\times 16^{n-1}+h_{n-2}\times 16^{n-2}+\cdots+h_1\times 16^1+h_0\times 16^0+h_{-1}\times 16^{-1}+\cdots+h_{-m}\times 16^{-m} \quad （1\text{-}4）$$

4. 进位计数制的基本概念

归纳以上讨论，可以得出进位计数制的一般概念。

若用 j 代表某进制的基数，k_i 表示第 i 位数的数符，则 j 进制数 N 可以写成如下多项式之和：

$$N = k_{n-1}\times j^{n-1}+k_{n-2}\times j^{n-2}+\cdots+k_1\times j^1+k_0\times j^0+k_{-1}\times j^{-1}+\cdots+k_{-m}\times j^{-m} \quad （1\text{-}5）$$

式（1-5）称为 j 进制的按权展开式，其中：$k_i\times j^i$ 中 k_i 可取 $0\sim j^{-1}$ 之间的值，取决于 N；j^i 称为第 i 位的权；m 和 n 为正整数，n 为小数点左面的位数，m 为小数点右面的位数。

1.3.2　数制间的转换

数制间转换的实质是进行基数的转换。不同数制间的转换是依据如下规则进行的：

如果两个有理数相等，则两数的整数部分和小数部分一定分别相等。

1. 二进制数转换为十进制数

二进制数转换成十进制数的方法是：根据有理数的按权展开式，把各位的权（2 的某次幂）与数位值（0 或 1）的乘积项相加，其和便是相应的十进制。这种方法称为按权相加法。为说明问题起见，我们将数用小括号括起来，在括号外右下角加一个下标以表示数制。

【例 1.1】求 $(110111.101)_2$ 的等值十进制数。

【解】基数 j=2 按权相加，得：

$(110111.101)_2 = 1\times 2^5+1\times 2^4+0\times 2^3+1\times 2^2+1\times 2^1+1\times 2^0+1\times 2^{-1}+0\times 2^{-2}+1\times 2^{-3}$

$= 32+16+4+2+1+0.5+0.125$

$=(55.625)_{10}$

2. 十进制数转换为二进制数

要把十进制数转换为二进制数，就是设法寻找二进制数的按权展开式（1-2）中系数 b_{n-1}，b_{n-2}，…，b_1，b_0，b_{-1}，…，b_{-m}。

（1）整数转换

假设有一个十进制整数 215，试把它转换为二进制整数。

即：

$$(215)_{10} = (b_{n-1}b_{n-2}\cdots b_1b_0)_2$$

问题就是要找到 b_{n-1}、b_{n-2}、$\cdots$、b_1、b_0 的值，而这些值不是 1 就是 0，取决于要转换的十进制数（例中即为 215）。

根据二进制的定义：

$$(b_{n-1}b_{n-2}\cdots b_1b_0)_2 = b_{n-1}\times 2^{n-1}+b_{n-2}\times 2^{n-2}+\cdots+b_1\times 2^1+b_0\times 2^0$$

于是有：

$$(215)_{10} = b_{n-1}\times 2^{n-1}+b_{n-2}\times 2^{n-2}+\cdots+b_1\times 2^1+b_0\times 2^0$$

显然，上面等式右边除了最后一项 b_0 以外，其他各项都包含有 2 的因子，它们都能被 2 除尽。所以，如果用 2 去除十进制数$(215)_{10}$，则它的余数即为 b_0。

所以：

$$b_0=1$$

并有：

$$(107)_{10} = b_{n-1}\times 2^{n-2}+b_{n-2}\times 2^{n-3}+\cdots+b_2\times 2^1+b_1$$

显然，上面等式右边除了最后一项 b_1 外，其他各项都含有 2 的因子，都能被 2 除尽。所以，如果用 2 去除$(107)_{10}$，则所得的余数必为 b_1，即：$b_1=1$。

用这样的方法一直继续下去，直至商为 0，就可得到 b_{n-1}、b_{n-2}、$\cdots$、b_1、b_0 的值。整个过程如图 1.10 所示。

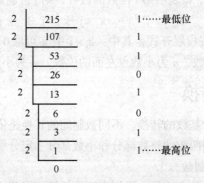

图 1.10　十进制转二进制过程

因此：

$$(215)_{10}=(11010111)_2$$

上述结果也可以用公式（1-2）来验证，即：

$$(11010111)_2=2^7+2^6+2^4+2^2+2^1+2^0=(215)_{10}$$

总结上面的转换过程，可以得出十进制整数转换为二进制整数的方法如下：

用 2 不断地去除要转换的十进制数，直至商为 0；每次的余数即为二进制数码，最初得到的为整数的最低位 b_0，最后得到的是 b_{n-1}。

这种方法称为"除二取余法"。

（2）纯小数转换

将十进制小数 0.6875 转换成二进制数，即：

$$(0.6875)_{10} = (0.b_{-1}b_{-2}\ldots b_{-m+1}b_{-m})_2$$

问题就是要确定 $b_{-1} \sim b_{-m}$ 的值。按二进制小数的定义，可以把上式写成：

$$(0.6875)_{10} = b_{-1} \times 2^{-1} + b_{-2} \times 2^{-2} + \cdots + b_{-m+1} \times 2^{-m+1} + b_{-m} \times 2^{-m}$$

若把上式的两边都乘以 2，则得：

$$(1.375)_{10} = b_{-1} + (b_{-2} \times 2^{-1} + \cdots + b_{-m+1} \times 2^{-m+2} + b_{-m} \times 2^{-m+1})$$

显然等式右边括号内的数是小于 1 的（因为乘以 2 以前是小于 0.5 的），两个数相等，必定是整数部分和小数部分分别相等，所以有：

$$b_{-1} = 1$$

等式两边同时去掉 1 后，剩下的为：

$$(0.375)_{10} = b_{-2} \times 2^{-1} + (b_{-3} \times 2^{-2} + \cdots + b_{-m+1} \times 2^{-m+2} + b_{-m} \times 2^{-m+1})$$

两边都乘以 2，则得：

$$(0.75)_{10} = b_{-2} + (b_{-3} \times 2^{-1} + \cdots + b_{-m+1} \times 2^{-m+3} + b_{-m} \times 2^{-m+2})$$

于是有：

$$b_{-2} = 0$$

如此继续下去，直至乘积的小数部分为 0，就可逐个得到 b_{-1}，b_{-2}，$\cdots$，b_{-m+1}，b_{-m} 的值。因此得到结果：

$$(0.6875)_{10} = (0.1011)_2$$

上述结果也可以用公式（1-2）来验证，即：

$$(0.1011)_2 = 2^{-1} + 2^{-3} + 2^{-4} = 0.5 + 0.125 + 0.0625 = (0.6875)_{10}$$

整个过程如图 1.11 所示。

0.6875		取整数部分
× 2		
1.3750		$b_{-1}=1$……最高位
0.375		
× 2		
0.7500		$b_{-2}=0$
× 2		
1.50		$b_{-3}=0$
0.5		
× 2		
1.0		$b_{-4}=1$……最低位

图 1.11　小数转换过程

总结上面的转换过程，可以得到十进制纯小数转换为二进制小数的方法如下：

不断用 2 去乘要转换的十进制小数，将每次所得的整数（0 或 1）依次记为 b_{-1}、b_{-2}、$\cdots$、b_{-m+1}、b_{-m}，这种方法称为"乘 2 取整法"。

但应注意以下两点。

① 若乘积的小数部分最后能为 0，那么最后一次乘积的整数部分记为 b_{-m}，则 $0.b_{-1}$、$b_{-2}\cdots b_{-m}$ 即为十进制小数的二进制表达式。

② 若乘积的小数部分永不为 0，表明十进制小数不能用有限位的二进制小数精确表示。则可根据精度要求取 m 位而得到十进制小数的二进制近似表达式。

（3）混合小数转换

对十进制整数小数部分均有的数，转换只需将整数，小数部分分别转换，然后用小数点连接起来就行了。

【例 1.2】求十进制数 15.25 的二进制数表示。

【解】对整数部分和小数部分分别进行转换，然后相加得：

$$(15.25)_{10}=(1111.01)_2$$

3. 十进制数与八进制数之间的相互转换

（1）八进制数转换为十进制数

与上面所讲的二进制数转换为十进制数的方法相同，只需把相应的八进制数按它的加权展开式展开就可求得该数对应的十进数。

【例 1.3】分别求出 $(155.65)_8$ 和 $(234)_8$ 的十进制数表示。

【解】

$$(155.65)_8=1 \times 8^2 + 5 \times 8^1 + 5 \times 8^0 + 6 \times 8^{-1} + 5 \times 8^{-2}$$
$$=64 + 40 + 5 + 0.75 + 0.078125$$
$$=109+0.828125$$
$$=(109.828125)_{10}$$
$$(234)_8=2 \times 8^2 + 3 \times 8^1 + 4 \times 8^0$$
$$=128 + 24 + 4$$
$$=(156)_{10}$$

（2）十进制数转换为八进制数

与上面所讲的十进制数转换为二进制数的方法相同，对于十进制整数通过"除八取余"就可以转换成对应的八进制数，第一个余数是相应八进制数的最低位，最后一个余数是相应八进数的最高位。

【例 1.4】$(125)_{10}$ 的八进制数表示。

【解】

按着除八取余的方法得到：

$$(125)_{10}=(175)_8$$

对于十进制小数，则同前面介绍的十进制数转换为二进制数的方法相同，那就是"乘八取整"，但是要注意，第一个整数为相应八进制数的最高位，最后一个整数为最低位。

【例 1.5】求 $(0.375)_{10}$ 的八进制数表示。

【解】

$$(0.375)_{10}=(0.3)_8$$

对于混合小数，只需按上面的方法，将其整数部分和小数部分分别转换为相应的八进制数，然后再相加就是所求的八进制数。

4. 十进制数与十六进制数之间的相互转化

同理，十六进制数转换为十进制数，只需按其加权展开式展开即可。

【例 1.6】求 $(12.A)_{16}$ 的十进制表示。

【解】

$$(12.A)_{16}=1 \times 16^1+2 \times 16^0+10 \times 16^{-1}=(18.625)_{10}$$

十进制数转换为十六进制数，同样是对其整数部分按"除 16 取余"，小数部分按"乘 16 取整"的方法进行转换。

【例 1.7】求 $(30.75)_{10}$ 的十六进制表示。

【解】

$$(30.75)_{10}=(1E.C)_{16}$$

表 1.2 给出了十进制、二进制、八进制、十六进制数间的对应关系。

表 1.2   常用数制对照表

十进制数	二进制数	八进制数	十六进制数
0	0	0	0
1	1	1	1
2	10	2	2
3	11	3	3
4	100	4	4
5	101	5	5
6	110	6	6
7	111	7	7
8	1000	10	8
9	1001	11	9
10	1010	12	A
11	1011	13	B
12	1100	14	C
13	1101	15	D
14	1110	16	E
15	1111	17	F

5. 二进制数与八进制数、十六进制数间的转换

计算机中实现八进制数、十六进制数与二进制数的转换很方便。

由于 $2^3=8$，所以一位八进制数恰好等于三位二进制数。同样，因为 $2^4=16$，使得一位十六进制数可表示成四位二进制数。

（1）八进制与二进制的相互转换

把二进制整数转换为八进制数时，从最低位开始，向左每三位为一个分组，不足三位的用 0 补足高位，然后按表 1.2 中对应关系将每三位二进制数用相应的八进制数替换，即为所求的八进制数。

【例 1.8】求 $(11101100111)_2$ 的等值八进制数。

【解】按三位分组，得：

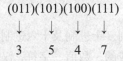

$$(011)(101)(100)(111)$$
$$\downarrow \quad \downarrow \quad \downarrow \quad \downarrow$$
$$3 \quad 5 \quad 4 \quad 7$$

所以

$$(11101100111)_2=(3547)_8$$

对于二进制小数，则要从小数点开始向右每三位为一个分组，不足三位时在后面补 0，然后写出对应的八进制数即为所求的八进制数。

【例 1.9】求 $(0.01001111)_2$ 的等值八进制数。

【解】按三位分组，得

$$0.(010)(011)(110)$$
$$\downarrow \quad \downarrow \quad \downarrow$$
$$2 \quad 3 \quad 6$$

所以

$$(0.01001111)_2=(0.236)_8$$

由上面例 1.8 和例 1.9 可得到如下等式：

$$(11101100111.01001111)_2=(3547.236)_8$$

将八进制数转换成二进制数，只要上述方法逆转，即把每一位八进制数用所对应的三位二进制替换，就可完成转换。

【例 1.10】分别求$(17.721)_8$和$(623.56)_8$的二进制表示。

【解】

$(17.721)_8=(001)(111).(111)(010)(001)$

　　　　$=(1111.111010001)_2$

$(623.56)_8=(110)(010)(011).(101)(110)$

　　　　$=(110010011.10111)_2$

（2）二进制与十六进制的转换

和二进制数与八进制数之间的相互转换相仿，二进制数转换为十六进制数是按每四位分一组进行的，而十六进制数转换为二进制数是每位十六进制数用四位二进制数替换，即可完成相互转换。

【例 1.11】将二进制数$(1011111.01101)_2$转换成十六进制数。

【解】

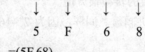

$(1011111.01101)_2=(0101)(1111).(0110)(1000)$
$$\downarrow \quad \downarrow \quad \downarrow \quad \downarrow$$
$$5 \quad F \quad 6 \quad 8$$

　　　　$=(5F.68)_{16}$

【例 1.12】把十六进制数$(D57.7A5)_{16}$转换为二进制数。

【解】

$(D57.7A5)_{16}=(1101)(0101)(0111).(0111)(1010)(0101)$

　　　　$=(1101O1010111.011110100101)_2$

可以看出，二进制数与八进制数、二进制数与十六进制数之间的转换很方便。八进制数和十六进制数基数大，书写较简短直观，所以许多情况下，人们采用八进制数或十六进制数书写程序和数据。

以上我们介绍了二进制、八进制、十进制及十六进制数和他们之间的转换，其实在计算机内部数据的表示都是采用二进制数完成的，数值、字符、汉字等都是通过二进制数形式表示的，以下两节将做详细介绍。

1.3.3 计算机中的数据单位

位（也称比特，Bit）：是计算机存储数据的最小单位，也就是二进制数的一位，一个二进制位只能表示 2 种状态，可用 0 和 1 来表示一个二进制数位。

字节（也称拜特，Byte）：是计算机进行数据处理的基本单位，规定 1 个字节包含 8 个二进制位。存放在一个字节中的数据所能表示的值的范围是 00000000～11111111，其变化最多有 256 种。

通常用 2^{10} 来表示存储容量的单位，把 2^{10}（即 1024）个字节记为 1KB，读作千字节；把 2^{20}（即 1024K）个字节记为 1MB，读作兆字节；把 2^{30}（即 1024M）个字节记为 1GB，读作吉字节或者千兆字节；把 2^{40}（即 1024G）个字节记为 1TB，读作太字节；把 2^{50}（即 1024T）个字节记为 1PB，读作帕字节。

字（Word）：在计算机中作为一个整体进行运算和处理的一组二进制数码，一个字由若干字节组成。计算机中每个字所包含的二进制位数，叫字长（Word size）。它直接关系到计算机的计算精度、功能和速度，字长越大，计算机处理速度就越快、精度越高、功能越强。常见的微型计算机的字长有 8 位、16 位、32 位和 64 位之分，现在的 CPU 大部分都是 64 位机，也就是说 CPU 一次可处理 64 位的二进制数。

1.3.4　二进制编码

由于二进制数有很多优点，所以在计算机内部都采用二进制数。因而，要在计算机中表示的字符、汉字都要用特定的二进制编码来表示，这就是二进制编码。

1. 字符编码

字符与字符串是控制信息和文字信息的基础。字符的表示涉及选择哪些常用的字符，采用什么编码来表示等。目前字符的编码多采用美国标准信息交换代码（American Standard Code for Information Interchange）简称 ASCII 码。我国的 GB-1988-80（信息处理交换用 7 位码字符集）与此基本相同。ASCII 码包括 26 个大写英文字母、26 个小写英文字母、0～9 的数字，还有一些运算符号、标点符号、一些基本专用符号及控制符号等。ASCII 码是 7 位代码，即用 7 位二进制数表示，一个字节由 8 个二进制位构成，用一个字节存放一个 ASCII 码，只占用低 7 位而最高位空闲不用，一般用"0"补充，但现在最高位也用于奇偶校验位、用于扩展的 ASCII 码或用作汉字代码的标记。

2. 汉字编码

用计算机处理汉字时，必须先将汉字代码化，即对汉字进行编码。由于汉字种类繁多，编码比拼音文字困难，而且在一个汉字处理系统中，输入、内部存储和处理、输出等各部分对汉字编码的要求不尽相同，使用的编码也不尽相同。因此，在处理汉字时，需要进行一系列的汉字代码转换。

由于电子计算机现有的输入键盘与英文打字机键盘完全兼容。因而如何输入非拉丁字母的文字（包括汉字）便成了多年来人们研究的课题。汉字信息处理系统一般包括编码、输入、存储、编辑、输出和传输。编码是关键，不解决这个问题，汉字就不能进入计算机。

汉字进入计算机的的途径有以下三种。

① 机器自动识别汉字：计算机通过"视觉"装置（光学字符阅读器或其他），用光电扫描等方法识别汉字。

② 通过语音识别输入：计算机利用人们给它配备的"听觉器官"，自动辨别汉语语音要素，从不同的音节中找出不同的汉字，或从相同音节中判断出不同汉字。

③ 通过汉字编码输入：根据一定的编码方法，由人借助输入设备将汉字输入计算机。

机器自动识别汉字和汉语语音识别，国内外都在研究，虽然取得了不少进展，但由于难度大，预计还要经过相当一段时间才能得到解决。在现阶段，比较现实的就是通过汉字编码的方法使汉字进入计算机。

汉字编码的困难主要有三点。

① 数量庞大：随着社会的发展，新字不断出现，死字没有淘汰，汉字总数不断增多。一般认为，现在汉字总数已超过 6 万个（包括简化字）。虽有研究者主张规定 3000 多或 4000 字作为当代通用汉字，但仍比处理由二三十个字母组成的拼音文字要困难得多。

② 字形复杂：有古体、今体，繁体、简体；正体、异体；而且笔画相差悬殊，少的只有一笔，多的达 36 笔，简化后平均为 9.8 笔。

③ 存在大量一音多字和一字多音的现象：汉语音节 416 个，分声调后为共有 1295 个（根据《现代汉语词典》统计，轻声 39 个未计）。以 1 万个汉字计算，每个不带调的音节平均超过 24 个汉字，每个带调音节平均超过 7.7 个汉字。有的同音同调字多达 66 个。一字多音现象也很普遍。

汉字输入码主要分为三类：区位码（数字编码）、拼音码和字形码。无论采用何种方式输入汉字，所输入的汉字都在计算机内部转换为机内码，从而把每个汉字与机内的一个代码唯一地对应起来，便于计算机处理。

如前所述，ASCII 码采用七位编码，一个字节中的最高位总是 0。因此，可以用一个字节表示 ASCII 码。汉字采用两个字节来编码，采用双字节可有 256×256 种状态。如果用每个字节的最高位来区别是汉字编码还是 ASCII 编码，则每个字节还有七位可供汉字编码使用。采用这种方法进行汉字编码，共有 128×128=16384 种状态。又由于每个字节的低七位中不能再用控制字符位，只能有 94 个可编码。因此，只能表示 94×94=8836 种状态。

我国于 1981 年公布了国家标准 GB 2312-80，即信息交换用汉字编码字符基本集。这个基本集收录了汉字共 6763 个，分为两级。第一级汉字为 3755 个，属常用字，按汉语拼音顺序排列；第二级汉字为 3008 个，属非常用字，按部首排列。汉字编码表共有 94 行（区）、94 列（位）。其行号称为区号，列号称为位号。用第一个字节表示区号，第二个字节表示位号，一共可表示汉字 6763 个，加上一般符号、数字和各种字母，共计 7445 个。

为了使中文信息和英文信息相互兼容，用字节的最高位来区分西文或汉字。通常字节的最高位为 0 时表示 ASCII 码；为 1 时表示汉字。可以用第一个字节的最高位为 1 表示汉字，也可以用两个字节最高位为 1 表示汉字。目前采用较多是两个字节的最高位都为 1 来表示汉字。

汉字的国标码是 GB 2312-80 图形字符分区表规定的汉字信息交换用的基本图形字符及其二进制编码，国标码是直接把第一字节编码和第二字节编码拼起来得到的，通常用十六进制数表示。在一个汉字的区码和位码上分别加十六进制数 20H，即构成汉字的国标码。例如，汉字"啊"的区位码为十进制数 1601D（即十六进制数 1001H），位于 16 区 01 位；对应的国标码为十六进制数 3021H。其中"D"表示十进制数，"H"表示十六进制数。

汉字的内码（机内码）是在计算机内部进行存储、传输和加工时所用的统一机内代码，包括西文 ASCII 码。在一个汉字的国标码上加上十六进制数 8080H，就构成该汉字的机内码（内码）。例如，汉字"啊"的国标码为 3021H，其机内码为 B0A1H（3021H+8080H=B0A1H）。

汉字字形码是表示汉字字形的字模数据（又称字模码），是汉字输入的形式，通常用点阵、矢量函数等方式表示，根据输出汉字的要求不同，点阵的多少也不同，常见的有 16×16 点阵、24×24 点阵、32×32 点阵、48×48 点阵等。字模点阵所需占用存储空间很大，只能用来构成汉字字库，显示汉字，不能用于机内存储。汉字字库中存储了每个汉字的点阵代码，只有在显示汉字时才检索字库，输出字模点阵得到汉字字形。

3. 数据存储的组织形式

为了便于对计算机内数据有效地管理和存储，需要对内存单元编号，即给每个存储单元一个地址。每个存储单元存放一个字节的数据。如果需要对某一个存储单元进行存储，必须知道该单元的地址，然后才能对该单元进行信息的存取。应该注意，存储单元的地址和内容是不同的。

1.4　计算机系统概述

计算机系统是由硬件系统和软件系统两部分组成的。硬件系统是计算机进行工作的物质基础，软件系统是指在硬件系统上运行的各种程序及有关资料，用以管理和维护好计算机，方便用户，使计算机系统更好地发挥作用。计算机系统中的硬件系统和软件系统的构成如图 1.12 所示。

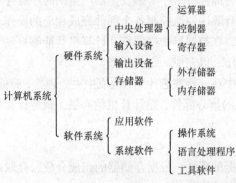

图 1.12　计算机系统的组成

1.4.1　计算机硬件系统

计算机硬件系统是指构成计算机的物理实体和物理装置的总和。不管计算机为何种机型，也不论它的外形、配置有多大的差别，计算机的硬件系统都是由五大部分组成的：运算器、控制器、存储器、输入设备和输出设备，即冯·诺依曼体系结构。

计算机的五大部分通过系统总线完成指令所传达的任务。系统总线由地址总线、数据总线和控制总线组成。当计算机在接受指令后，由控制器指挥，将数据从输入设备传送到存储器存储起来；再由控制器将需要参加运算的数据传送到运算器，由运算器进行处理，处理后的结果由输出设备输出，其过程如图 1.13 所示。

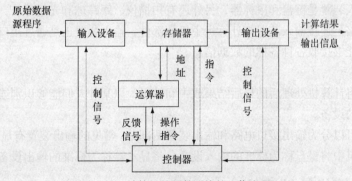

图 1.13　计算机的硬件系统的工作流程

下面简单介绍构成计算机硬件系统的五大部件。

1. 运算器

运算器又称为算术逻辑部件，英文名称的简称为 ALU（Arithmetic Logic Unit），它的主要功能是完成各种算术运算、逻辑运算和逻辑判断。运算器主要由一个加法器、几个寄存器和一些控制线路组成，加法器的作用是接收寄存器传来的数据并进行运算，并将运算结果传送到某寄存器；寄存器的作用是存放即将参加运算的数据和计算的中间结果和最后结果，以减少访问存储器的次数。

2. 控制器

控制器是计算机的指挥系统。主要由指令寄存器、译码器、时序节拍发生器、操作控制部件和指令计数器组成。指令寄存器存放由存储器取得的指令，由译码器将指令中的操作码翻译成相应的控制信号，再由操作控制部件将时序节拍发生器产生的时序脉冲和节拍电位同译码器的控制信号组合起来，有时间性、有顺序性地控制各个部件完成相应的操作；指令计数器的作用是指出下一条指令的地址。就这样，在控制器的控制下，计算机就能够自动、连续地按照人们编制好的程序，实现一系列指定的操作，以完成一定的任务。

控制器和运算器通常集中在一整块芯片上，构成中央处理器，简称为 CPU（Central Processing Unit）。中央处理器是计算机的核心部件，是计算机的心脏。微型计算机的中央处理器又称为微处理器。

3. 存储器

存储器是计算机存储数据的部件，根据存储器的组成介质、存取速度的不同又可以分为内存储器（简称内存）和外存储器（简称外存）两种。

内存是由半导体器件构成的存储器，是计算机存放数据和程序的地方，计算机所有正在执行的程序指令，都必须先调入内存中才能执行，其特点是存储容量较小，存取速度快。

外存是由磁性材料构成的存储器，用于存放暂时不用的程序和数据。其特点是存储容量大，存取速度相对较慢。

在 1.3.3 小节中介绍过，存储容量的基本单位是字节（B），还有 KB（千字节）、MB（兆字节）、GB（吉字节）、TB（太字节）等，它们之间的换算关系是：

1KB=1024B；1MB=1024KB；1GB=1024MB；1TB=1024GB。

4. 输入设备

输入设备是计算机用来接收用户输入的程序和数据的设备。输入设备由两部分组成：输入接口电路和输入装置。

最常见的输入装置是键盘和鼠标器，另外还有扫描仪、跟踪球和光笔等。

输入接口电路是连接输入装置与计算机主机的部件，输入装置正是通过接口电路才能与主机连接起来，从而能够接收各种各样的数据信息。

5. 输出设备

输出设备是将计算机处理后的最后结果或中间结果，以某种人们能够识别或其他设备所需要的形式表现出来的设备。

输出设备也可以分为输出接口电路和输出装置两部分。常见的输出装置有显示器、打印机等。

在微型计算机中将键盘称为标准的输入设备，将显示器称为标准的输出设备。

1.4.2 计算机软件系统

软件是指程序、程序运行所需要的数据和与程序相关的文档资料的集合。

程序是一系列有序的指令集合。计算机之所以能够自动而连续地完成预定的操作，就是运行特定程序的结果。计算机程序通常是由计算机语言来编制，编制程序的工作被称为程序设计。

对程序进行描述的文本称为文档。因为程序是用抽象化的计算机语言编写的，如果不是专业的程序员是很难看懂它们的，因此就需用自然语言来对程序进行解释说明，形成程序的文档。

所以，从广义上说，软件是程序和文档的集合体。

计算机的软件系统可以分为系统软件和应用软件两大部分，下面分别对它们进行介绍。

1. 系统软件

系统软件能够管理、监控和维护计算机资源，是计算机能够正常高效工作的程序及相关数据的集合。它主要由下面几部分组成。

① 操作系统（控制和管理计算机的平台）；

② 各种程序设计语言及其解释程序和编译程序；

③ 各种服务性程序（如监控管理程序、调试程序、故障检查和诊断程序等）；

④ 各种数据库管理系统（如 FoxPro、Oracl 等）。

系统软件的核心部分是操作系统、程序设计语言以及各种服务程序，一般都是作为计算机系统的一部分提供给用户的。

2. 应用软件

应用软件是为了解决用户的各种问题而编制的程序及相关资料的集合，因此应用软件都是针对某一特定问题或某一特定需要而编制的软件。

现在市面上应用软件的种类非常多，例如，各种财务软件包、统计软件包、用于科学计算的软件包、用于进行人事管理的管理系统、用于对档案进行管理的档案系统等。应用软件的丰富与否、质量的好坏，都直接影响到计算机的应用范围与实际经济效益。

人们通常用以下几个方面来衡量一个应用软件的质量。

① 占用存储空间的多少；

② 运算速度的快慢；

③ 可靠性和可移植性。

以系统软件作为基础和桥梁，用户就能够使用各种各样的应用软件，让计算机完成各种所需要的工作，而这一切都是由作为系统软件核心的操作系统来管理控制的。

1.4.3　硬件系统与软件系统的关系

计算机硬件系统与软件系统存在着相辅相成、缺一不可的关系，没有软件的计算机被称为"裸机"（Bare Machine），只是一个壳体而已，是没有什么作用的。同样，如果没有硬件的依托，计算机软件也就失去了用武之地。

1. 硬件是软件的基础

计算机系统包含着硬件系统和软件系统。只有硬件的计算机称为"裸机"，不能直接为用户所使用。任何软件都是建立在硬件基础之上的。离开硬件，软件则无地栖身，无法工作。

2. 软件是硬件功能的扩充与完善

如果没有软件的支持，那么硬件只能是一堆废铁。因为硬件只提供了一种使用工具，而软件则提供了使用这种工具的方法和手法。有了软件的支持，硬件才能运转并提高运转效率。系统软件支持着应用软件的开发，操作系统支持着应用软件和系统软件的运行。各种软件通过操作系统的控制和协调，完成对硬件系统各种资源的利用。

3. 硬件和软件相互渗透、相互促进

从功能上讲，计算机硬件和软件之间并不存在一条固定的或一成不变的界限。从原则上讲，一个计算机系统的许多功能，既可以用硬件实现，也可以用软件实现。用硬件实现，往往可以提高速度和简化程序，但将使硬件的结构复杂，造价提高；用软件实现，则可以降低硬件造价，而会使程序变得复杂，运行速度降低。

软件、硬件功能的相互渗透，也促进了软件、硬件技术的发展。一方面，硬件的发展和硬件性能的改善，为软件的应用提供了广阔的前景，促进了软件的进一步发展，也为新软件的产生奠定了基础；另一方面，软件技术的发展，给硬件提出了新的要求，促进新硬件的产生和发展。

1.4.4　指令和程序设计语言

计算机软件着重研究如何管理计算机和使用计算机的问题，也就是研究怎样通过软件的作用更好地发挥计算机的能力，扩大计算机的功能、提高计算机的效率。计算机软件是一种逻辑实体，而不是物理实体，因而它具有抽象性。这一特点使得它与计算机硬件有着明显的差别。

如前所述，只有硬件的计算机还不能工作，要使计算机解决各种实际问题，必须有软件的支持。

1. 指令和指令系统

人类利用语言进行交流，但那是"自然语言"，是人类在生产实践中为了交流思想逐渐演变形成的。人们要使用计算机就要向其发出各种命令，使其按照人的要求完成所规定的任务。

指令是指示计算机执行某种操作的命令。每条指令都可完成一个独立的操作。指令是硬件能理解并能执行的语言，一条指令就是机器语言的一个语句，是程序员进行程序设计的最小语言单位。

一条指令通常应包括两个方面的内容：操作码和操作数。操作码表示计算机要执行的基本操作，操作数则表示运算的数值或该数值存放的地址。在微机的指令系统中，通常使用单地址指令、双地址指令、三地址指令。

指令系统是指一台计算机所能执行的全部指令的集合。指令系统决定了一台计算机硬件的主要性能和基本功能。指令系统是根据计算机使用要求设计的，一旦确定了指令系统，硬件上就必须保证指令系统的实现，所以指令系统是设计一台计算机的基本出发点。

2. 程序设计语言

（1）机器语言

早期的计算机不配置任何软件，这时的计算机称为"裸机"。裸机只认识"0"和"1"两种代码，程序设计人员只能用一连串的"0"和"1"构成的机器指令码来编写程序，这就是机器语言程序。机器语言具有如下特点：

① 采用二进制代码，指令的操作码（如+、−、×、÷等）和操作数地址均用二进制代码表示；

② 指令随机器而异（称为"面向机器"），不同的计算机有不同的指令系统。

众所周知，计算机采用二进制，其逻辑电路也是以二进制为基础的。因此，这种用二进制代码表示的程序，不经翻译就能够被计算机直接理解和执行。效率高、执行速度快，是机器语言的最大优点。然而，机器语言存在着严重的缺点，表现为以下几点。

① 易于出错：用机器语言编写程序，程序员要熟练地记忆所有指令的机器代码，以及数据单元地址和指令地址，出错的可能性比较大。

② 编程繁琐：工作量大。

③ 不直观：人们不能直观地看出机器语言程序所要解决的问题。读懂机器语言程序的工作量是非常大的，有时比编写程序还难。

（2）汇编语言

为了克服机器语言的缺点，后来人们想出了用符号（称为助记符）来代替机器语言中的二进制代码的方法，设计了"汇编语言"。这些符号都由英语单词或其缩写组成，这样一看就知道什么意思，且容易记忆和辨别。汇编语言又称符号语言，其指令的操作码和操作数地址全都用符号表示，大大方便了记忆，但它仍然具有机器语言所具有的那些缺点（如缺乏通用性、繁琐、易出错、不够直观等），只不过程度上不同罢了。

用汇编语言书写的程序（称为汇编语言源程序）保持了机器语言执行速度快的优点。但它送入计算机后，必须被翻译成用机器语言形式表示的程序（称为目标程序），才能由计算机识别和执行。完成这种翻译工作的程序（软件）叫汇编程序（Assembler）。汇编语言源程序的执行过程如图 1.14 所示。

（3）高级语言

汇编语言比机器语言前进了一大步，但程序员仍须记住许多助记符，加上程序的指令数很多，所以编制汇编语言程序仍是一项繁琐的工作。为克服汇编语言的缺点，高级语言应运而生，并在用户中迅速推广。与汇编语言相比，高级语言有三大优点。

① 更接近于自然语言，一般采用英语单词表示短语，便于理解、记忆和掌握。

② 高级语言的语句与机器指令并不存在一一对应关系，一个高级语言语句通常对应多个机器指令，因而用高级语言编写的程序（称为高级语言源程序）短小精悍，不仅便于编写，而且易于查找错误和修改。

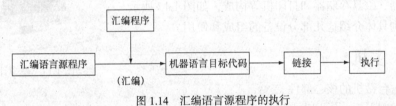

图 1.14　汇编语言源程序的执行

③ 基本上与具体的计算机无关，即通用性强。程序员不必了解具体机器的指令系统就能编制程序，而且所编的程序稍加修改或不用修改就能在不同的机器上运行。但高级语言源程序也是不能被计算机直接识别和执行的，所以必须先翻译成用机器指令表示的目标程序才能执行。

翻译的方法有两种：一是解释方式，二是编译方式。

解释方式使用的翻译软件是解释程序（Interpreter）。它把高级语言源程序一句句地译为机器指令，每译完一句就执行一句，当源程序翻译完后，目标程序也执行完毕。

高级语言源程序执行的解释过程如图 1.15 所示。

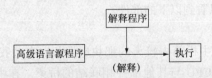

图 1.15　高级语言源程序执行的解释过程

编译方式使用的翻译软件是编译程序（Compiler）。它将高级语言源程序全部翻译成用机器指令表示的目标程序，使目标程序和源程序在功能上完全等价，然后执行目标程序，得出运算结果。

高级语言源程序执行的编译过程如图 1.16 所示。

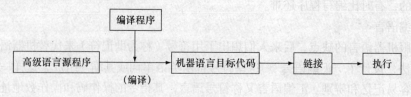

图 1.16　高级语言源程序执行的编译过程

解释方式和编译方式各有优缺点。

解释方式的优点是灵活，占用的内存少，但比编译方式占用更多的机器时间，并且执行过程一步也离不开翻译程序。

编译方式的优点是执行速度快，但占用内存多，且不灵活，若源程序有错误，必须修改后重新编译，从程序的开始重新执行。

1.5　微型计算机的硬件组成

我们日常所见的计算机大都是微型计算机，简称为微机。它由微处理器 CPU、存储器、接口电路、输入输出设备组成。从微机的外观看，它是由以下几个部分组成的：主机、显示器、键盘、鼠标器、磁盘存储器和打印机等构成，如图 1.17 所示。

下面分别具体介绍这几部分设备的组成和使用。

图 1.17　微型计算机外观

1.5.1　主机

主机是一台微机的核心部件。

主机从外观上看，分为卧式和立式两种。通常在主机箱的正面有 Power 和 Reset 按钮。Power 是电源开关，Reset 按钮用来重新冷启动计算机系统。早期的主机箱正面都有一个或两个软盘驱动器的插口，用来插入软盘，以便从软盘中读取数据或将有用的数据存储在软盘上。现在的主机箱上一般都配置了光盘驱动器和音箱、麦克风、U 盘等插孔。

在主机箱的背面配有电源插座用来给主机及其外部设备提供电源，一般的微机都有一个并行接口和两个串行接口。并行接口用于连接打印机，串行接口用于连接鼠标器、数字化仪等串行设备，但现在多用 USB 口连接。另外，通常微机还配有一排扩展卡插口，用来连接其他的外部设备。

打开主机箱后，我们可以看到以下的部件。

1. 主板

主板（Mainboard）就是主机箱内较大的那块电路板，有时我们也称母板（Motherboard），是微机的核心部件之一，是 CPU 与其他部件相联结的桥梁。在主板上通常有 CPU、内存条、CMOS、BIOS、时钟芯片、扩展槽、键盘接口、鼠标接口、串行口、并行口、电池以及各种开关和跳线，还有与软盘驱动器、硬盘驱动器、光盘驱动器和电源相连的接口。主板的构成如图 1.18 所示。

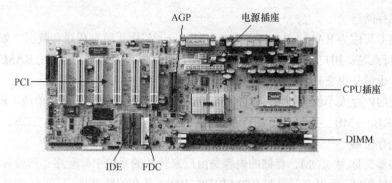

图 1.18　主板的结构

为了实现 CPU、存储器和输入输出设备的连接，微机系统采用了总线结构。所谓总线（BUS）就是系统部件之间传送信息的公共通道。总线通常由三部分组成：数据总线（DB）、控制总线（CB）和地址总线（AB）。

数据总线：用于在 CPU 与内存或输入输出接口电路之间传送数据。

控制总线：用于传送 CPU 向内存或外设发送的控制信号，以及由外设或有关接口电路向 CPU 送回的各种信号。

地址总线：用于传送存储单元或输入输出接口的地址信息。地址总线的根数与内存容量有关，如：CPU 芯片有 16 根地址总线，那么可寻址的内存单元数为 65536（2^{16}），即内存容量为 64KB，如果有 20 根地址总线，那么内存容量就可以达到 1MB（2^{20}B）。

2．中央处理器

中央处理器（CPU）是整台微机的核心部件，微机的所有工作都要通过 CPU 来协调处理，完成各种运算、控制等操作，而且 CPU 芯片型号直接决定着微机档次的高低，如图 1.19 所示。

目前常见的微机类型有：PC/XT、286、386、486 和 Pentium（586），其中 486 以下型号的微机已基本被淘汰。微机的主频主要有：60MHz、75MHz、90MHz、100MHz、120MHz、133MHz、150MHz、166MHz、180MHz、200MHz、233 MHz 及 1GHz、2GHz、3GHz 等。随着 CPU 型号的不断更新，微机的性能也不断提高。

图 1.19　中央处理器（CPU）

3．内存储器

内存储器简称内存（也称主存储器），是微机的记忆中心，用来存放当前计算机运行所需要的程序和数据。内存的大小是衡量计算机性能的主要指标之一。根据它作用的不同，可以分为以下几种类型。

图 1.20　随机存储器（RAM）

（1）随机存储器

随机存储器简称为 RAM（Random Access Memory），用于暂存程序和数据，如图 1.20 所示。RAM 具有的特点是：用户既可以对它进行读操作，也可以对它进行写操作；RAM 中的信息在断电后会消失，也就是说它具有易失性。

通常所说的内存大小就是指 RAM 的大小，一般以 KB、MB 或 GB 为单位。RAM 内存的容量一般有 640KB、1MB、4MB、16MB、32MB、64MB、128MB、256MB、1GB、2GB 或更多。

（2）只读存储器

只读存储器简称为 ROM，存储的内容是由厂家装入的系统引导程序、自检程序、输入输出驱动程序等常驻程序，所以有时又叫 ROM BIOS。ROM 具有的特点是：只能对 ROM 进行读操作，不能进行写的操作；ROM 中的信息在写入后就不能更改，在断电后也不会消失，也就是说它具有永久性。

（3）扩展内存

扩展内存是具有永久地址的物理内存，它只有在 80286、80386、80486、80586 及其以上的机型中才有。在这些机型中超过 1M 字节的存储器都称为扩展内存。扩展内存的多少只受 CPU 地址线的限制。使用它的目的是为了加快系统运行的速度，以便能让计算机运行大型的程序。

一般程序无法直接使用扩展内存，为使大家有一个共同遵循的使用扩展内存的标准，Lotus、Intel、Microsoft、AST 四家公司共同拟定了 XMS（eXtended Memory Specification）规范，所以扩展内存也称 XMS。微软的 HIMEM.SYS 就是一个符合 XMS 的扩展内存管理程序。

（4）扩充内存

在 286、386、486 PC 机上，还可以配备扩充内存，以增加系统的内存容量。

扩充内存是由 EMS（Expanded Memory Specification）规范定义的内存。扩充内存与扩展内存的区别是：第一，扩充内存不具有永久性地址；第二，扩充内存是由符合 EMS 规范的内存管理程序将其划分为 16KB 为一页的若干内存页，所以把扩充内存又称为页面内存；第三，扩充内存的位置和扩展内存不同，它是在一块扩充板上，并且可使用的范围也有限。

4. 扩展槽

主机箱的后部是一排扩展槽，用户可以在其中插上各种功能卡，有些功能卡是微机必备的，而有些功能卡则不是必需的，用户可以根据实际的需要进行安装。

微机必须具备的功能卡有显示卡和多功能卡。

（1）显示卡

显示卡是显示器与主机相连的接口。显示卡的种类很多，如：单色、CGA、EGA、CEGA、VGA、CVGA 等。不同类型的显示器配置不同的显示卡，显示卡如图 1.21 所示，现在的显示卡一般都集成在主板上了。

图 1.21 显示卡

（2）多功能卡

在 486 以前，电脑主板的集成度相对较低，基本上没有集成显卡、声卡、网卡。那时的主板，最多也只提供一个 IDE 接口供硬盘用，所以，为了扩展的需要，多功能卡就应运而生了，多功能卡多为 ISA 接口，提供一个串口和一个并口，另还提供一个 IDE 接口以便加装光驱，现在一般都集成在主板上了。

5. 高速缓冲存储器

内存与快速的 CPU 相配合，使 CPU 存取内存时经常等待，降低了整个机器的性能。在解决内存速度这个瓶颈问题时通常采用的一种有效方法就是使用高速缓冲存储器。

高速缓冲存储器（Cache）从 486 机开始就已经应用的比较成熟，现在奔腾都用 Level-1 Cache（一级 Cache）和 Level-2 Cache(2 级 Cache)。一级 Cache 可达 32KB 或更多，一般在 CPU 芯片内部，二级 Cache 可达 512KB 或更多，一般插在主板上（高能奔腾 Level-2 Cache 在芯片内）。

6. 协处理器

在一些较低档次的微机（如，80486SX 及以下档次的微机）的主板上通常配有浮点协处理器接口，浮点处理器的使用可以在一定的程度上提高系统的数学运算速度。

7. CMOS 电路

在微机的主板上配置了一个 CMOS（Complementary Metal Oxide Semiconductor）电路，如图 1.22 所示，它的作用是记录微机各项配置的重要信息。CMOS 电路由充电电池维持，在微机关掉电源时电池仍能工作。在每次开机时，微机系统都首先按 COMS 电路中记录的参数检查微机的各部件是否正常，并按照 CMOS 的指示对系统进行设置。

图 1.22　CMOS 电路

8. 其他接口

在主板上还存在其他一些接口，如：键盘接口、协处理器接口、喇叭接口等。键盘接口用来连接键盘与主机。在协处理器接口上，可以插入 287、387、487 等数学浮点协处理器。另外在主机箱内有一个小喇叭，可以发出各种风鸣声响。

1.5.2　显示器、键盘和鼠标

1. 显示器

显示器是计算机系统最常用的输出设备。由监视器（Monitor)和显示控制适配器（Adapter）两部分组成，显示控制适配器又称为适配器或显示卡，不同类型的监视器应配备相应的显示卡。人们习惯直接将监视器称为显示器。目前广泛使用的监视器是阴极射线管（CRT）监视器，CRT 监视器的工作原理与电视机相似，但是比电视机具有更高的分辨率，因而显示效果更好。

显示器的类型很多，分类的方法也各不相同。如果按照显示器显示的颜色，可以分为三种。

（1）低分辨率显示器：分辨率约为 300 像素×200 像素。

（2）中分辨率显示器：分辨率约为 600 像素×350 像素。

（3）高分辨率显示器：分辨率为 640 像素×480 像素、1024 像素×768 像素、1440 像素×900 像素等。

适配器的分辨率越高、颜色种数越多、字符点阵数越大，所显示的字符或图形就越清晰，效果也更逼真。

2. 键盘

键盘是人们向微机输入信息的最主要的设备，各种程序和数据都可以通过键盘输入到微机中。

键盘通过一根五芯电缆连接到主机的键盘插座内，键盘通常有 101 个键或 104 个键。104 个键的键盘如图 1.23 所示。

图 1.23　104 键的键盘

3. 鼠标

鼠标是近年来逐渐流行的一种输入设备，如图 1.24 所示。在某些环境下，使用鼠标比键盘更直观、方便。而有些功能则是键盘所不具备的。例如，在某些绘图软件下，利用鼠标可以随心所欲地绘制出线条丰富的图形。

图 1.24　鼠标器

根据结构的不同，鼠标可以分为机电式和光电式两种。

Windows 环境下只需正确地安装鼠标，无需人工驱动，启动 Windows 后就可以直接使用。

1.5.3　磁盘存储器、光盘、打印机

1. 磁盘

磁盘存储器简称为磁盘，分为硬盘和软盘两种。相对于内存储器，磁盘存储器又称为外存储器（外存）。内存在微机运行时只作为临时处理存储数据的设备，而大量的数据、程序、资料等都存储在外存上，使用时再调入内存。

（1）软盘驱动器

早期的微机一般都配有 1.44MB 的软盘驱动器（软驱），可使用软盘为 3.5 英寸，现在很少使用了。

（2）硬盘

硬盘位于主机箱内，硬盘的盘片通常由金属、陶瓷或玻璃制成，上面涂有磁性材料，如图 1.25 所示。硬盘的种类很多，按盘片的结构可以分为可换盘片和固定盘片两种。整个硬盘装置都密封在一个金属容器内，这种结构把磁头与盘面的距离减少到最小，从而增加了存储密度，加大了存储容量，并且可以避免外界的干扰。

图 1.25　硬盘

硬盘相对于软盘所具有的特点是：存储容量大、可靠性高。

2. 光盘

随着多媒体技术的推广，光盘的使用日趋广泛。光盘存储器是激光技术在计算机领域中的一个应用。光盘最大的特点是存储容量大，通常可以将光盘分为以下三种类型。

（1）只读光盘

其中存储的内容是由生产厂家在生产过程中写入的，用户只能读出其中的数据而不能进行写操作。

（2）一次写入光盘

允许用户写入信息，但只能写入一次，一旦写入就不能再进行修改，也就是现在市场上的刻录光盘。

（3）可抹光盘

允许多次写入信息或擦除。对光盘的读写操作是由光盘驱动器来完成的，通过激光束可以在光盘盘片上记录信息读取信息以及擦除信息。

3. 可移动外存储器

（1）U 盘

U 盘是一种可读写非易失的半导体存储器，通过 USB 接口与主机相连。存储容量为 16MB～8GB，不需要外接电源，即插即用。它体积小，容量大，存取快捷、可靠。

（2）可移动硬盘

可移动硬盘采用计算机外设标准接口（USB），是一种便携式的大容量存储系统。它容量大、速度快，即插即用，使用方便，存储容量在几百 GB。

4．打印机

打印机是计算机系统的输出设备，如果要把某些信息显示在纸上，就要将它们通过打印机打印出来。

打印机可以分为击打式和非击打式两种。击打式打印机主要是针式打印机；非击打式打印机主要有热敏打印机、喷墨打印机和激光打印机等。下面分别介绍一下目前常用的针式打印机、喷墨打印机和激光打印机。

（1）针式打印机

针式打印机在打印机历史的很长一段时间上曾经占有着重要的地位，从 9 针到 24 针，可以说针式打印机的历史贯穿着这几十年的始终。针式打印机之所以在很长的一段时间内能长时间的流行不衰，这与它极低的打印成本和很好的易用性以及单据打印的特殊用途是分不开的。当然，它很低的打印质量、很大的工作噪声也是它无法适应高质量、高速度的商用打印需要的根结，所以现在只有在银行、超市等用于票单打印的地方还可以看见它的踪迹。

（2）喷墨打印机

喷墨打印机没有打印头，打印头用微小的喷嘴代替。按打印机打印出来的字符颜色，可以将它分为黑白和彩色两种，按照打印机的大小可以分台式和便携式两种。

喷墨打印机的主要性能指标有：分辨率、打印速度、打印幅面、兼容性以及喷头的寿命等。

喷墨打印机的主要优点是打印精度较高、噪音较低、价格较便宜。主要缺点是打印速度较慢、墨水消耗量较大。

彩色喷墨打印机因其有着良好的打印效果与较低价位的优点因而占领了广大中低端市场。此外喷墨打印机还具有更为灵活的纸张处理能力，在打印介质的选择上，喷墨打印机也具有一定的优势：既可以打印信封、信纸等普通介质，还可以打印各种胶片、照片纸、光盘封面、卷纸、T恤转印纸等特殊介质。

（3）激光打印机

激光打印机是近年来发展很快的一种输出设备，也是有望代替喷墨打印机的一种机型，分为黑白和彩色两种，由于它具有精度高、打印速度快、噪音低等优点，已越来越成为办公自动化的主流产品，受到广大用户的青睐。随着它普及性的提高，激光打印机的价格也有了大幅度的下降。激光打印机如图 1.26 所示。

图 1.26　激光打印机

它的打印原理是利用光栅图像处理器产生要打印页面的位图，然后将其转换为电信号等一系列的脉冲送往激光发射器，在这一系列脉冲的控制下，激光被有规律地放出。与此同时，反射光束被接收的感光鼓所感光。激光发射时就产生一个点，激光不发射时就是空白，这样就在接收器上印出一行点来。然后接收器转动一小段固定的距离继续重复上述操作。当纸张经过感光鼓时，鼓上的着色剂就会转移到纸上，印成了页面的位图。最后当纸张经过一对加热辊后，着色剂被加热熔化，固定在了纸上，就完成打印的全过程，整个过程准确而且高效。

分辨率的高低是衡量打印机质量好坏的标志，分辨率通常以 DPI（每英寸的点数）为单位。

现在国内市场上的打印机分辨率以 300DPI、400DPI 和 600DPI 为主。一般来说，分辨率越高，打印机的输出质量就越好，其价格也越昂贵，用户可以根据自己的实际需要选择。

1.6 操作系统基础知识

操作系统（Operating System，简称 OS）是管理电脑硬件与软件资源的程序，同时也是计算机系统的内核与基石。操作系统是一个庞大的管理控制程序，大致包括 5 个方面的管理功能：进程与处理机管理、作业管理、存储管理、设备管理、文件管理。目前微机上常见的操作系统有 DOS、OS/2、UNIX、XENIX、Linux、Windows、Netware 等。

操作系统在微机的发展中起到了重要作用，本节主要介绍操作系统的概念、功能、分类、特征，最后介绍微机常用的几类操作系统。

1.6.1 操作系统的概念及功能

1. 操作系统的概念

操作系统是一种特殊的计算机系统软件，它管理和控制计算机系统的软、硬件资源，使它们充分高效地工作，它是使用户方便、合理有效地利用这些资源的程序的集合，是用户与计算机物理设备之间的接口，是各种应用软件赖以运行的基础。可以这么说，操作系统是计算机的灵魂。操作系统与硬件、软件的关系如图 1.27 所示。

图 1.27 操作系统和硬件、软件的关系

2. 操作系统的功能

如果从资源管理和用户接口的观点看，通常可把操作系统的功能分为以下几点。

（1）处理机管理

在单道作业或单用户的情况下，处理机为一个作业或一个用户所独占，对处理机的管理十分简单。但在多道程序或多个用户的情况下，进入内存等待处理的作业通常有多个，要组织多个作业同时运行，就要靠操作系统的统一管理和调度，来保证多个作业的完成和最大限度地提高处理机的利用率。

（2）存储管理

是指对内存空间的管理，内存中除了操作系统，可能还有一个或多个程序，这就要求内存管理应具有以下几个方面的功能。

① 内存分配：当有作业申请内存时，操作系统就根据当时的内存使用情况分配内存或使申请内存的作业处于等待内存资源的状态，以保证系统及各用户程序的存储区互不冲突。

② 存储保护：系统中有多个程序在同时运行，这样就必须采用一定的措施，以保证一道程

序的执行不会有意无意地破坏另一道程序，保证用户程序不会破坏系统程序。

③ 内存扩充：通过采用覆盖、交换和虚拟存储等技术，为用户提供一个足够大的地址空间。

（3）设备管理

它的主要任务是根据一定的分配策略，把通道、控制器和输入/输出设备分配给请求输入、输出的操作程序，并启动设备完成实际的输入/输出操作。为了尽可能发挥设备和主机的并行工作能力，常采用虚拟技术和缓冲技术。此外，设备管理程序为用户提供了良好的界面，而不必去涉及具体设备特性，以使用户能方便、灵活地使用这些设备。

（4）文件管理（信息管理）

计算机中所有数据都是以文件的形式存储在磁盘上的，操作系统中负责文件的管理模块是文件系统。它的主要任务是解决文件在存储空间上的存放位置、存放方式、存储空间的分配与回收等有关文件操作的问题，此外，信息的共享、保密和保护也是文件系统所要解决的问题。

文件系统具有以下特点。

① 友好的用户接口，用户只对文件进行操作，而不管文件结构和存放的物理位置。

② 对文件按名存取，对用户透明。

③ 某些文件可以被多个用户或进程所共享。

文件系统大都使用磁盘、磁带和光盘等大容量存储器作为存储介质，因此，可存储大量信息。

（5）作业管理

用户指示计算机系统完成的一个独立任务叫作业(Job)，作业管理主要完成作业的调度和作业的控制两项任务。一般来说，操作系统提供两种方式的接口为用户服务。一种用户接口是系统级的接口，即提供一级广义指令供用户去组织和控制自己作业的运行；另一种用户接口是"作业控制语言"，用户使用它来书写控制作业执行的操作说明书，然后将程序和数据交给计算机，操作系统就按说明书的要求控制作业的执行，不需要人为干预。

1.6.2　操作系统的分类和特征

1. 操作系统的分类

操作系统的分类方法很多，具体如下。

（1）按计算机的机型分类

大型机操作系统、中型机操作系统、小型机操作系统和微型机操作系统。

（2）按计算机用户数目的多少分类

单用户操作系统和多用户操作系统。

（3）按操作系统的功能分类

批处理操作系统、实时操作系统和分时操作系统。

随着计算机技术和计算机体系结构的发展，又出现了许多新型的操作系统，例如：通用计算机操作系统、微机操作系统、多处理机操作系统、网络操作系统以及分布式操作系统等。

2. 操作系统的特征

（1）并发性

在多道程序环境下，并发性是指宏观上在一段时间内有多道程序同时运行。

（2）共享性

共享性是指多个并发运行的程序共享系统中的资源。资源共享可分为互斥共享和同时访问共享两种。

（3）异步性

异步性又称随机性，在多道程序环境中，虽然允许多个进程并行执行，但由于资源有限，进程的执行并不是一帆风顺的，而是断断续续走走停停的。

1.6.3 微机常用操作系统

自从 PC 机问世以后，PC 操作系统就成为操作系统中最活跃的一个分支。

PC 操作系统在 PC 硬件发展的推动下功能日益强大，从最早的 DOS 操作系统，逐步发展到 Windows 操作系统、Unix 操作系统和 Linux 操作系统等。

1. DOS 操作系统

DOS（Disk Opeating System）最初是 Microsoft 公司为 IBM PC 机开发的操作系统。它是在 8 位操作系统 CP/M-80 的基础上，结合 UNIX 的很多特点开发出来的 16 位操作系统。实际上，DOS 主要有两种类型：PC-DOS 和 MS-DOS。PC-DOS 指的是 IBM 开发的 DOS 版本，MS-DOS 则是 Microsoft 公司的 DOS 版本。已经历了 7 次大的版本升级，从 1.0 版到 7.0 版。

DOS 是一种单用户、单任务的操作系统，对内存的管理局限在 640KB 的范围内。在 20 世纪 80 年代曾风靡一时，现在使用者较少了。

2. Windows 操作系统

Windows 是 Microsoft 公司 1985 年推出的，以其友好的图形用户界面及对多任务和扩展内存的支持，很快在 PC 机上获得流行。1990 年推出了 Windows 3.X 版，1995 年 Windows 95 问世，1998 年 6 月 25 日发行了 Windows 98，1999 年 12 月 19 日推出了 Windows 2000 版，2001 年 11 月 Windows XP 中文版在中国发布。它的功能进一步增强，具有强大的内存管理，并且提供了大量的 Windows 应用软件，因此成为 PC 机的主流操作系统。2003 年推出了 Windows Server 2003，并于 2006 年 11 月 30 日发布了全新的 Windows Vista 系统，在 2009 年 1 月 9 日微软公司发布 Windows 7 客户端测试版，2012 年 10 月 25 日又正式推出 Windows 8，本书第 2 章将对 Windows 7 做详细介绍。

3. UNIX 和 XENIX

UNIX 起源于 20 世纪 70 年代初美国电报电话公司（AT&T）的贝尔(Bell)实验室。UNIX 是一种相对复杂的操作系统，具有多任务、多用户特点。Unix 主要用于小型以上的计算机上，但它的某些版本也可用在 PC 机上。

XENIX 是 Microsoft 公司与 SCO 公司联合开发的基于 Intel 80X86 系列芯片系统的微机 UNIX 版本。由于开始没有得到 AT&T 的授权，所以另外命名为 XENIX，采用的标准是 AT&T 的 UNIX SVR3（System V Release 3）。由于当时 PC 机尚未流行，XENIX 的市场很小。1981 年 IBM PC 问世后，随之而来的 DOS 系统又迅速占据了 PC 市场，XENIX 这个分时多用户操作系统一度被人遗忘。随着 Intel 80286 的出现以及 PC 机性能的提高和体系结构的改进，XENIX 系统又逐渐为人们所接受。1986 年，Microsoft 公司发表了 XENIX 系统 V，SCO 公司也公布了它的 XENIX 系统 V 的版本。1987 年，AT&T 公司和 Intel 公司联合推出 UNIX 系统 V/386 3.0 版。随后，SCO 公司又把 SCO XENIX 系统 V 和 AT&T 的 UNIX 系统 V 结合起来，推出了 SCO UNIX 系统 V/386。

二十余年来，UNIX 操作系统已在大型主机、小型机以及工作站上成为一种工业标准操作系统。目前在 PC 机领域，也正以其多用户分时、多任务处理的特点及强大的文字处理和网络支持性能，开始得到广泛应用。

4. Linux

Linux 是一类 UNIX 计算机操作系统的统称。Linux 操作系统的内核名字也是 Linux。Linux 操作系统也是自由软件和开放源代码发展中最著名的例子。严格来讲，Linux 这个词本身只表示 Linux 内核，但在实际上人们已经习惯了用 Linux 来形容整个基于 Linux 内核，并且使用 GNU 工程各种工具和数据库的操作系统。Linux 得名于著名电脑程序员 Linus Benedict Torvalds。

其特点如下。

（1）具备多人多任务：这表示 Linux 可以在同一时段内服务许多人个别的需求。形象一点讲，你可以一边听铁达尼号的原声 CD，一边编辑文书，一边又在打印档案，还可以随时玩 X 版的俄罗斯方块。

（2）支持多 CPU：这绝不是 NT 的专利，Linux 也支持这种硬件架构，代表着更快速的运算和革命性的算法即将成为时代的主流。

（3）RAM 保护模式：程序之间不会互相干扰，保证系统能常久运作无误。根据多人下载系统评价程序以测试 Linux 的执行效能，结果发现单单是配备 486CPU 的 PC，其效能便足堪媲美升阳或是迪吉多的中级工作站了。

（4）动态加载程序：当程序加载 RAM 执行时，Linux 仅将磁盘中相关程序模块加载，有效地提升了执行的速率和 RAM 的管理。

（5）采用页式存储管理：页式存储管理使 Linux 能更有效地利用物理存储空间，页面的换入换出为用户提供了更大的存储空间。

（6）支持多种档案系统：如 Minix、Xenix、System V 等著名的操作系统。

（7）看得见 DOS：这是所谓的透明化，把 DOS 的档案系统视为特殊的远程档案系统，不需任何特别的指令便可以灵活运用，就如同一个在 Linux 底下存在的目录一样。

近几年，Linux 已经成为微软的另一大敌手，以其低廉的价格、良好的品质与稳定的竞争优势，正无形无影地扩散至众多以 PC 机为主的工作平台上。KDE、Gimp、Gnome 等计划相继地开展，为其提供了更多图形接口的桌面操作环境和应用软件。

习 题 一

一、选择题

1. 第三代计算机采用（　　）的电子逻辑元件。
   A. 晶体管　　　　　　　　　　　　B. 真空管
   C. 集成电路　　　　　　　　　　　D. 超大规模集成电路

2. 世界上第一台电子计算机是在（　　）年诞生的。
   A. 1927　　　　　B. 1946　　　　　C. 1936　　　　　D. 1952

3. 世界上第一台电子计算机的电子逻辑元件是（　　）。
   A. 继电器　　　B. 晶体管　　　C. 电子管　　　D. 集成电路

4. 十进制数 255 的二进制表示是（　　）。
   A. 11111111　　　B. 11100110　　　C. 01010101　　　D. 10101010

5. 能直接让计算机识别的语言是（　　）。
   A. C 语言　　　B. Basic 语言　　　C. 汇编语言　　　D. 机器语言

6. 十六进制数 5C 对应的十进制数为（　　　）。

    A．92　　　　　　　　B．93　　　　　　　　C．75　　　　　　　　D．90

7. 通常计算机系统是指（　　　）。

    A．主机和外设　　B．软件　　　　　C．Windows　　　　D．硬件系统和软件系统

8. CAI 是（　　　）的英文缩写。

    A．计算机辅助教学　　　　　　　　B．计算机辅助设计

    C．计算机辅助制造　　　　　　　　D．计算机辅助管理

9. 将十进制数 178 转换为八进制表示是（　　　）。

    A．259　　　　　　　B．268　　　　　　　C．269　　　　　　　D．262

10. 微机系统中存储容量最大的部件是（　　　）。

    A．硬盘　　　　　　B．内存　　　　　　C．高速缓存　　　　D．光盘

11. 微型计算机中的 80586 指的是（　　　）。

    A．存储容量　　　B．运算速度　　　C．显示器型号　　　D．CPU 类型

12. ASCII 码是一种字符编码，常用（　　　）位码。

    A．7　　　　　　　　B．8　　　　　　　　C．15　　　　　　　　D．16

13. 十六进制数 365 对应的八进制数为（　　　）。

    A．3022　　　　　　B．1702　　　　　　C．1545　　　　　　D．3072

14. 一个字节由 8 位二进制数组成，其最大容纳的十进制数是（　　　）。

    A．256　　　　　　　B．255　　　　　　　C．128　　　　　　　D．127

15. 字符的 ASCII 编码在机器中的表示方法准确的描述应是使用 8 位二进制代码，（　　　）。

    A．最右 1 位为 1　　　　　　　　　B．最右 1 位为 0

    C．最左 1 位为 1　　　　　　　　　D．最左 1 位为 0

16. 计算机硬件系统主要由（　　　）、存储器、输入设备和输出设备等部件构成。

    A．硬盘　　　　　　B．声卡　　　　　　C．运算器　　　　　D．CPU

17. 二进制数 10101100 转换为八进制数为（　　　）。

    A．254　　　　　　　B．167　　　　　　　C．160　　　　　　　D．264

18. CPU 的中文含义是（　　　）。

    A．运算器　　　　B．控制器　　　　C．中央处理器　　　D．主机

19. （　　　）是内存中的一部分，CPU 对它们只能读不能写。

    A．RAM　　　　　　B．ROM　　　　　　C．光盘　　　　　　D．RAD

20. 将十六进制数 1AD 转换为二进制数为（　　　）。

    A．000110101101　　　　　　　　B．100010101010

    C．001111001100　　　　　　　　D．101010100101

21. 运算器的主要功能是进行（　　　）运算。

    A．算术　　　　　　B．逻辑　　　　　　C．算术与逻辑　　　D．数值

22. 在微机系统中，对输入输出设备进行管理的基本程序是放在（　　　）。

    A．RAM　　　　　　B．ROM　　　　　　C．硬盘上　　　　　D．寄存器

23. （　　　）设备分别属于输入设备、输出设备和存储设备。

    A．CRT、CPU、ROM　　　　　　B．磁盘、鼠标、键盘

    C．鼠标、绘图仪、光盘　　　　　　D．磁盘、磁带、键盘

24. 在表示存储器容量时，1M 的准确含义是（   ）。
    A. 1024B   B. 1024KB
    C. 1000B   D. 1000KB

25. 计算机发展的方向是巨型化、微型化、网络化和智能化，其中"巨型化"是指（   ）。
    A. 体积大   B. 重量大
    C. 功能强大、运算速度更快、存储容量更大   D. 外设多

26. 所谓"裸机"是指（   ）。
    A. 单片机   B. 单板机
    C. 没装任何软件的计算机   D. 只装备操作系统的计算机

27. 从第一代计算机到第四代计算机的体系结构都是相同的，都是由运算器、控制器、存储器及输入/输出设备组成的。这种体系结构称为（   ）结构。
    A. 艾伦·图灵   B. 罗伯特·诺伊斯   C. 比尔·盖茨   D. 冯·诺依曼

28. 在下列存储器中，存取速度最快的是（   ）。
    A. 软盘   B. 光盘   C. 硬盘   D. 内存条

29. 操作系统的作用是（   ）。
    A. 将源程序编译成目标程序
    B. 负责诊断机器的故障
    C. 控制和管理计算机系统的各种硬件和软件资源的使用
    D. 负责外设与主机的信息交换

30. 通常所说的 32 位计算机，指的是这台计算机的 CPU（   ）。
    A. 由 32 个运算器构成   B. 能同时处理 32 位的二进制数
    C. 含有 32 个寄存器   D. 是 4 核 CPU

二、填空题

1. bit 的意思是_____。

2. 在计算机内部，一切信息均表示为_____数。

3. 电子元件的发展经历了电子管、_____、集成电路和大规模集成电路 4 个阶段。

4. 根据规模大小和功能强弱，计算机分为巨型机、大型机、中型机、_____和微型机。

5. 计算机的主要特点是运算速度快、_____大和运算精度高。

6. _____位二进制数表示的信息容量叫一个字节。

7. 十进制数 10 的八进制表示是_____。

8. 十六进制数 7B 的八进制表示是_____。

9. 二进制数 10001100 八进制表示是_____。

10. 十进制数 10 的二进制表示是_____。

11. 十六进制数 7B 的二进制表示是_____。

12. 八进制数 377 的二进制表示是_____。

13. 十进制数 10 的十六进制表示是_____。

14. 十六进制数 7B 的十进制表示是_____。

15. 八进制数 377 的十六进制表示是_____。

16. 八进制数 377 的十进制表示是_____。

17. 二进制数 10001100 十进制表示是_____。

18. 二进制数 10001100 十六进制表示是_____。

19. 微处理器 Pentium/100 的主频是_____。

20. 常用的鼠标有机电式和_____。

三、简答题

1. 计算机的发展经历了哪几个阶段？各阶段的主要特征是什么？

2. 计算机有哪些特点？

3. 什么是计算机硬件？硬件通常包括哪些主要部件？各有什么功能？

4. 简述计算机硬件与软件的关系？

5. 计算机为什么采用二进制？

6. 将下列二进制数转换成等效的十进制数。

101110.11，1010100.101，110111，11100.001

7. 将下列二进制数转换成等效的八进制数和十六进制数。

1001011，101010011，11101，110010111

8. 将下列十进制数写成等效的二进制数。

21，62，552，8.125，94

9. 将下列八进制数转换为二进制数。

54.542，65，35.125

10. 将下列十六进制数转换成二进制数。

FE.25，10A.B5F，54.C6，95B.AF

11. 解释机器语言、汇编语言、高级语言。

12. 什么是操作系统？

13. 操作系统有哪些功能？

14. 什么是显示器的分辨率？

15. 什么是冯·诺依曼体系结构？

16. 微型计算机的基本结构由哪几部分构成？主机主要包括哪些部件？

17. 说明打印输出设备的分类情况与各类打印机的主要特点。

18. 常用的外存储器有哪些？各有什么特点？

第 2 章
中文版 Windows 7 操作系统

微软公司的 Windows 操作系统是目前使用较广泛的操作系统(或称桌面操作系统)。Windows 7 是 Microsoft 公司在 Windows Vista 操作系统内核的基础上开发出来的。Windows 7 具有便捷灵活的桌面操作、方便的文件管理和检索功能、能更好地支持各种外围设备和数码设备、管理安全可靠等特点。本章主要介绍中文版 Windows 7 操作系统的基本操作和使用。

2.1 Windows 7 的启动及用户界面

Windows 7 操作系统是微软公司新推出的 Windows 桌面操作系统,它界面友好、使用便捷,并新增了许多独特的功能。在使用时必须先将其启动,计算机才能正常运行;使用结束后,还应按照正确的方法退出 Windows 7,否则计算机中存储的数据有可能会丢失或造成硬件损害。

2.1.1 Windows 7 的启动

在计算机上安装了 Windows 7 后,就可以启动 Windows 7 操作系统了,具体操作步骤如下。

① 首先按下显示器的电源开关,然后再按下机箱的电源开关,如果计算机中安装了多个操作系统,将出现"请选择要启动的系统"界面,这时通过移动键盘上的上、下光标键,选择 Windows 7 操作系统,并按【Enter】键。

② Windows 7 开始启动后,将首先进行自检、初始化硬件设备,此时电脑屏幕上会显示一些英文提示信息,如显卡型号、主板型号和内存大小等。有些品牌机屏幕的提示信息被启机画面所覆盖。如果没有异常现象,稍后即可进入 Windows 7 操作系统的启动界面,如图 2.1 所示。

图 2.1 Windows 7 的初始桌面

2.1.2　鼠标与键盘操作

Windows 7 启动后，需要借助输入设备对计算机进行操作。下面将介绍最主要的输入设备——鼠标和键盘的基本操作。

1. 鼠标的操作

鼠标是一种控制屏幕上指针（通常显示为箭头）的手持设备，可以使用鼠标移动屏幕上的指针并对屏幕上的项目执行某个操作。

鼠标从机械到光学、从有线到无线，造型新颖、工艺细腻的高端产品不断涌现。一般鼠标都具有两个键及中间的滚轮，主按钮通常是左按键。基本操作有移动、拖动、单击、双击、右击等。

（1）移动

用手握住鼠标，在电脑桌面或者鼠标垫上移动时，鼠标指针就会在电脑屏幕上做出相应的移动。

（2）拖动

鼠标指向某个图标，按住鼠标左键不放的同时将鼠标移动到另一个位置，然后松开鼠标左键，这就是鼠标拖动的操作。鼠标拖动通常用于移动某个对象。

（3）单击

当鼠标指向一个对象时，将鼠标左键按下，然后快速松开，这就是鼠标的单击操作，单击一般用于选定一个对象、打开一个超链接或启动一个工具按钮等。

（4）双击

快速连续地按鼠标左键两下称为双击，双击一般用于打开一个应用程序、打开一个文件夹或打开一个文档等。

（5）右击

在鼠标指向某个位置时，将鼠标右键按下，然后快速松开，这就是鼠标右击。鼠标右击通常可以打开一个快捷菜单。

鼠标指针在窗口的不同位置（或不同状态下）会有不同形状，如图 2.2 所示。

	正常选择	I	选定文本	↖↘	沿对角线调整1
?	帮助选择		手写	↗↙	沿对角线调整2
	后台运行	⊘	不可用	✥	移动
⧗	系统忙	↕	垂直调整	↑	其他选择
+	精确定位	↔	水平调整	🖑	链接选择

图 2.2　鼠标指针的不同形态

2. 键盘的操作

键盘由一组按阵列方式装配在一起的按键开关组成，用于操作设备运行的一种指令和数据输入装置。现在市场上的主流键盘主要是 101 键盘和 104 键盘，除此之外，还有笔记本电脑用的键盘。键盘上的按键分别排列在 4 个主要区域：打字键区、功能键区、编辑键区、数字小键盘区，如图 2.3 所示。不同的键盘虽然外观有一点不同，但是功能都是差不多的，下面介绍一下键盘的使用。

图 2.3　键盘的分区

（1）英文字母的输入

英文共有 26 个字母，在键盘上的排列次序与手动打字机的字母排列次序相同，而且有大小写之分，开机后键盘默认处于小写字母状态，将 Shift 键和输入的英文字母同时按下，或者按下大小写的开关键 Caps Lock 后，转换成大写字母状态，这时输入的英文字母都是大写的。

（2）数字小键盘区、编辑键区

小键盘区在键盘的最右边，小键盘区的设计主要是为了输入数字的方便，但它还具有编辑、光标控制以及运算功能。功能转换由小键盘左上角的开/关键 Num Lock 的状态来决定，默认是光标键的使用，按下此键之后，改为数字输入方式。

编辑键区包括上下两部分，上部的为编辑区，下部为光标控制区，它们的功能如表 2.1 所示。

表 2.1　　　　　　　　　　　　　　　编辑键、光标控制键的使用

键　名	功　能	键　名	功　能
Home	光标移到行首	Delete	删除光标右侧的一个字符
End	光标移到行尾	↑	光标上移一行
Ins	插入/改写状态转换	↓	光标下移一行
Page Up	上翻一页	←	光标左移一个字符
Page Down	下翻一页	→	光标右移一个字符

（3）基本键盘区

基本键盘区位于编辑键区的左侧，基本键盘区由数字键、运算符键、字母键、功能键和控制键等组成，在表 2.2 中对控制键及其功能加以说明。

表 2.2　　　　　　　　　　　　　　　控制键及其功能

控制键	功　能
Ctrl	与其他键联用，产生一个控制动作
Alt	与其他键联用，产生一种状态转换，或完成一个组合输入
Shift	与其他键联用，输入这些键的上档符号
Space	在光标位置输入一个空白字符
Backspace	删除光标左侧的一个字符
Enter	结束一行文本的输入，光标移到下一行的行首

续表

控制键	功　能
F1-F12	在不同的软件运行环境下具有不同的功能
Esc	退出键，用于取消某项操作
Caps Lock	大小写字母转换开关
Tab	按此键光标向右移动若干个字符位置，具体移动的字符数与应用程序有关
Print Screen	将屏幕上的所有信息复制到系统剪贴板中
Pause/Break	暂停正在执行的程序

2.1.3　Windows 7 的窗口

窗口是 Windows 7 最基本的用户界面，用户每启动一个程序、打开一个文件或文件夹时，系统就会自动打开一个工作窗口，从而界定其工作区域。Windows 窗口分为应用程序窗口和文档窗口。应用程序窗口表示正在运行的一个程序，可以包括多个文档窗口。文档窗口一般包含在应用程序窗口中，没有自己的菜单，与应用程序共用一个菜单。

窗口的操作包括调整窗口大小，对窗口进行移动、隐藏、关闭等。打开多个窗口后可以对它们进行排列，Windows 7 中还提供了对窗口采用 3D 效果予以显示的功能。下面将介绍窗口的组成及简单操作。

1. 窗口的组成

虽然每个窗口的内容各不相同，但所有窗口都有一些共同点。一方面，窗口始终显示在桌面（屏幕的主要工作区域）上；另一方面，大多数窗口都具有相同的基本部分。典型窗口由标题栏、菜单栏、工具栏、工作区和状态栏等组成，如图 2.4 所示。其各个部分的名称和作用如下。

图 2.4　"计算机"窗口

① 标题栏：用来显示文档和程序的名称。标题栏位于窗口的最顶端，左侧显示打开程序的图标及标题，右侧显示"最小化"按钮、"还原"按钮、"最大化"按钮和"关闭"按钮，分别用于窗口的最小化、还原/最大化和关闭操作。

② 菜单栏：包含程序中可进行选择的项目。每个菜单项都有一组命令或下级菜单。单击菜

单标题，打开相应的下拉菜单，单击其中的命令，系统就会执行该命令所代表的操作。

③ 工具栏：在工具栏中有几个功能按钮，可以通过单击相应的按钮，方便而快捷地对文件和文件夹进行操作。

④ 地址栏：显示文件所在的路径或网址。

⑤ 工作区：窗口中最主要的工作窗格。

⑥ 垂直滚动条：当工作区中的内容较多时，可以拖动垂直滚动条，使工作区中的内容上、下滚动。

⑦ 状态栏：状态栏位于窗口的最下面，一般会根据用户的操作给出提示和说明信息，用户可以方便地从这里了解文件夹窗口或选定文件的属性。

2. 调整窗口大小

Windows 中窗口的大小和位置都是可以调整的。单击"最小化"按钮，使窗口缩小为任务栏上的一个按钮。单击"最大化"按钮将窗口扩大为最大的尺寸；窗口最大化后，其最大化按钮就会变为"还原"按钮；而单击"还原"按钮，又会将窗口还原为最大化之前的大小。另外，双击窗口的标题栏，可以使窗口在最大化和还原尺寸之间进行切换。

在 Windows 7 系统中，可以方便地使用鼠标调整窗口的大小和位置，将鼠标移到窗口的水平边框上，在鼠标指针变成垂直方向的双箭头形状时，按住鼠标左键，并在垂直方向上拖动鼠标，就可以改变窗口的高度。

将鼠标移到窗口的垂直边框上，在鼠标指针变成水平方向的双箭头形状时，按住鼠标左键，并水平方向拖动鼠标，可以改变窗口的宽度。

将鼠标移动到窗口边框的任意一个角上，在鼠标指针变成对角线方向的双箭头形状时，按住鼠标左键，并拖动鼠标，可以使窗口的高与宽成比例的改变大小，如图 2.5 所示。

图 2.5　拖动窗口的边框或角以调整其大小

3. 调整窗口的位置

当用户需要改变窗口的位置时，只需要将鼠标指针放在窗口的标题栏上并按住鼠标左键进行拖动，就可以移动窗口的位置。也可以通过键盘操作来达到移动窗口的目的，具体操作步骤如下。

① 【Alt+空格】组合键，将打开当前窗口的控制菜单。

② 【M】键来选择移动命令，这时指针变成十字形形状，可以通过键盘上的方向键来实现窗口的移动，当窗口被移到目的位置时，按回车键将结束操作。如果取消这个操作，则只需按【Esc】键即可。

注意

虽然多数窗口可被最大化和调整大小，但也有一些是窗口是固定大小的，如对话框。

4. 多窗口的显示

如果打开了多个程序或文档，桌面会快速布满杂乱的窗口。要想在桌面上同时浏览多个窗口，可以使用 Windows 提供的三种方法来自动排列窗口。右击任务栏的空白处，在弹出的菜单中选择层叠窗口、堆叠显示窗口和并排显示窗口。

在 Windows 7 中还可以方便地使用"鼠标拖动操作"排列窗口。"鼠标拖动操作"将在移动的同时自动调整窗口的大小，可以实现并排排列窗口、垂直展开窗口和最大化窗口。

并排排列窗口的步骤如下。

① 将窗口的标题栏拖动到屏幕的左侧或右侧，直到出现已展开窗口的轮廓。

② 释放鼠标即可展开窗口。

③ 对其他窗口重复以上两个步骤以并排排列这些窗口。

垂直展开窗口的步骤如下。

① 指向打开窗口的上边缘或下边缘，直到指针变为双头箭头。

② 将窗口的边缘拖动到屏幕的顶部或底部，使窗口扩展至整个桌面的高度。窗口的宽度不变。

最大化窗口的步骤如下。

① 将窗口的标题栏拖动到屏幕的顶部，该窗口的边框即扩展为全屏显示。

② 释放窗口使其扩展为全屏显示。

5. 多窗口的切换

当用户在多个窗口中进行切换时，可以使用任务栏。任务栏提供了整理所有窗口的方式。每个窗口都在任务栏上具有相应的按钮。若要切换到其他窗口，只需单击其任务栏按钮。该窗口将出现在所有其他窗口的前面，成为活动窗口。

若要轻松地识别窗口，请指向其任务栏按钮。指向任务栏按钮时，将看到一个缩略图大小的窗口预览，无论该窗口的内容是文档、照片，甚至是正在运行的视频。如果无法通过其标题识别窗口，则该预览特别有用。

用户还可以通过按【Alt+Tab】组合键，看到每个打开程序的窗口的实时预览。按住【Alt】键的同时并重复按【Tab】键循环切换所有打开的窗口和桌面，释放【Alt】键可以显示所选的窗口。

2.1.4 Windows 7 的菜单

菜单是提供一组相关命令的清单，通常每个窗口都包括若干个菜单项，每个菜单除包含若干个命令外，还可能包含下一级菜单，称作子菜单。Windows 7 中为了使屏幕整齐，会隐藏这些菜单项，只有在标题栏下的菜单栏中单击菜单标题之后才会显示具体菜单。通过菜单命令可以完成多种操作，下面介绍菜单的具体使用方法。

1. 菜单的打开

通常可以用鼠标和键盘两种方式打开菜单。

① 用鼠标单击窗口的菜单项，打开下拉式菜单。

② 按住【Alt】键与该菜单名字后面的带下划线的字母，也可以打开相应的菜单。

2. 菜单中命令约定

菜单中的命令具有各种不同的特征，Windows 7 对菜单中的命令作了统一的规定。

（1）灰色显示

表示该项命令当前不能使用，或者说执行该命令的条件目前还不具备。

（2）带有对话框的命令

在某些菜单项的后面有省略号（…），表示单击此命令后会打开一个对话框。

（3）带有快捷键的命令

在某些菜单命令的后边带有组合键，这类组合键就称为快捷键。快捷键的作用是，在不打开菜单的情况下，直接按某个组合键，就可以执行相应的命令了。

（4）热键的使用

每个菜单命令后面都有一个带下划线的大写字母，该字母称为该命令的热键。它的作用是，当菜单打开时直接按热键即可执行相应的命令或打开下拉菜单。

（5）带有选中标记的命令

在某些命令的左侧会出现符号"√"的选中标记，这表明此项命令功能正在起作用，只要用鼠标再次单击该命令，此选中标记便消失，对应的功能就不起作用，再次单击此命令则又将恢复这个选中标记。

（6）级联式菜单

在某些命令的后面跟有一个三角形，单击这个命令，就会弹出下一级菜单，这种多重下拉式菜单称为级联菜单。

2.1.5　Windows 7 的对话框

对话框是正处于运行状态的程序与操作者进行人机对话的特殊窗口，允许用户选择选项来执行任务，或者补充输入执行命令时所需的细节内容，或用于显示提示用户的信息，是 Windows 7 与用户交换信息的重要手段。对话框是通过要求用户输入一些信息或对所提供的一些选项进行选择来实现人机对话的。它有以下特点。

① 绝大部分对话框只能改变位置而不能改变大小。

② 绝大部分对话框不带菜单栏。

③ 对话框具有一般窗口的共性，例如：带有标题栏、控制菜单、关闭按钮等。

对话框有大有小、有简有繁，对话框内常见的组成有文本框、列表框、单选按钮、复选框、命令按钮等，如图 2.6 所示的是一个"文件夹选项"对话框。下面介绍一下对话框的组件。

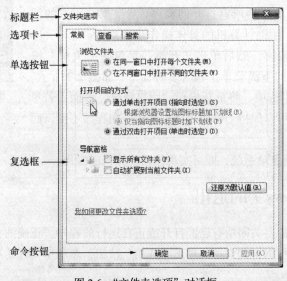

图 2.6　"文件夹选项"对话框

① 标题栏：每个对话框都有一个标题栏，用于显示对话框的名称。

② 选项卡：打开某个选项卡后就会出现一个对话框界面，提供该选项卡下对话框中的一组相关选项。

③ 文本框：文本框是用于接收输入文字的一个组件，用户可以直接输入也可以粘贴剪切板中的文字内容。在"文件夹选项"对话框中没有使用文本框。

④ 列表框：在列表框中，列出了供用户选择的选项。列表框通常带有滚动条，用户可以拖动滚动条显示相关选项并进行选择。

⑤ 下拉列表框：下拉列表框是一个单行列表框。单击其右侧的下拉按钮，将打开一个下拉列表，其中列出了不同的信息以供选择。在"文件夹选项"对话框中没有使用下拉列表框。

⑥ 单选按钮：单选按钮一般用一个圆圈表示，如果圆圈带有一个实心点，则表明此项为选中状态；如果是空心圆圈，则表明该项未被选中。一组单选按钮中，只有一个会处于被选中的状态，若选中其中一个，则其他的项将处于未选中状态。

⑦ 复选框：复选框是一个小的方形框。若单击空的方形框，其内出现符号"√"标志，则表明此项已被选中。若单击已有"√"标志的方形框，则该标志被清除，表示取消了对此项的选择。在一组复选框中可以同时有多个复选框处于选中状态，这一点与单选按钮不同。

⑧ 命令按钮：单击命令按钮可以立即执行某种特定功能，命令按钮的外形多为长方形。有带有省略号（…）的命令按钮，表示单击该按钮可以打开新的对话框，以便调整其他参数设置。还有带符号（>>）的命令按钮，表示还有其他的信息，单击（>>）符号可显示出其他信息，以便做出更多的选择。

2.1.6　Windows 7 的注销

如果系统中设置了多个用户，在某一个用户的工作完毕之后，可以通过注销将系统正在运行的所有程序都关闭，切换到其他用户登录操作系统的界面。注销是系统释放当前用户所使用的所有资源，清除当前用户所有的对于系统的状态设置，注销不可以替代重新启动，只可以结束当前用户所有打开的程序，清空当前用户的缓存空间和注册表信息。注销计算机的具体操作步骤如下。

图 2.7　"关机"按钮选项

① 单击"开始"按钮，然后单击"开始"菜单中"关机"按钮后面的按钮，打开的下级菜单中包含多种命令，如图 2.7 所示。

② 若单击【注销】选项，将重新出现"用户登录"界面。若单击【切换用户】选项，可以保持当前用户已打开的应用程序不变，而直接切换到其他用户。

③ 选择用户并重新登录系统，即可实现注销计算机的操作。

2.1.7　Windows 7 的退出

使用完计算机后，需要关闭所有已经打开或正在运行的程序，正确的关闭系统。这样有助于使计算机安全，并确保数据得到保存。单击"开始"按钮，然后单击开始菜单右下角的"关机"按钮，即可退出 Windows 7。

若单击"关机"按钮选项中的【睡眠】选项，系统会将当前打开的文档和程序中的数据全部保存到计算机的内存中，然后退出系统。此时计算机电源消耗降低，仅维持 CPU、内存和硬盘最低限度的运行。当再次使用计算机时，只需单击鼠标或按键盘任意键后即可激活系统，恢复原工作状态。

2.2　Windows 7 的桌面管理

启动 Windows 7 操作系统之后，将显示 Windows 7 的系统界面，如图 2.8 所示。该界面通常被称为桌面。桌面主要由桌面背景、桌面图标和任务栏三个部分组成。

桌面图标 →　　　　　　　　　　　　　　← 桌面背景

　　　　　　　　　　　　　　　　　　　　← 任务栏

图 2.8　Windows 7 桌面

2.2.1　桌面图标的设置

1．添加桌面图标

桌面上的小图片称为图标，它可以代表一个程序、文件、文件夹或其他项目。在桌面上添加快捷图标的方法有以下 3 种。

① 单击"开始"|"所有程序"命令，打开"所有程序"菜单，右击要添加快捷图标的程序名称，在打开的快捷菜单中，单击"发送到"|"桌面快捷方式"命令即可。

② 在"计算机"窗口中，右击要添加快捷图标的对象，在打开的快捷菜单中，单击"发送到"|"桌面快捷方式"命令即可。

③ 选定对象后按住鼠标右键拖动至桌面，显示"在桌面创建链接"，释放鼠标即可。

2．设置桌面系统图标

Windows 7 安装完成后，默认的系统桌面图标只有一个"回收站"、"计算机"、"网络"及"用户的文件"等图标都是默认不显示的，用户可以自行设置。具体操作步骤如下。

① 在桌面的空白处右击，在弹出的快捷菜单中选择"个性化"命令。

② 在左窗格中单击"更改桌面图标"超链接，弹出"桌面图标设置"对话框，如图 2.9 所示。

③ 在"桌面图标"选项组中选中想要添加到桌面的图标，或取消选中想要清除的桌面图标的复选框，然后单击"确定"按钮。

如果对系统默认的图标不满意，可以单击"更改图标"按钮，然后在弹出的对话框中选择一个合适的图标进行替换。

图 2.9　"桌面图标设置"对话框

3. 桌面图标的管理

在 Windows 7 操作系统的桌面上，可以添加各种类型的图标（包括硬件设备、应用程序、文档和文件夹等），这些图标在桌面上的排列方式以及对其所作的管理，可以通过以下方式设置。

在桌面空白处右击，打开"桌面"快捷菜单，在该菜单中选取"查看"级联菜单，如图 2.10 所示。Windows 7 为用户提供了三种大小规格的图标显示方式：大图标、中等图标和小图标，选择一种图标规格设置即可。桌面图标的排列方式可以选择"自动排列图标"和"将图标与网格线对齐"。此外，还有是否"显示桌面图标"命令，取消该功能，将隐藏桌面图标。选取"排序方式"级联菜单，可对图标的排列顺序进行设置，排序方式包括：按名称排列、按大小排列、按项目类型排列、按修改日期排列。

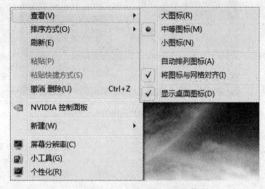

图 2.10 "查看"级联菜单

4. 设置桌面背景

桌面背景（也称为"壁纸"）是显示在桌面上的图片、颜色或图案。它为打开的窗口提供背景。可以选择某个图片作为桌面背景，也可以以幻灯片形式显示图片。具体操作步骤如下。

① 在桌面的空白处右击，在弹出的快捷菜单中选择"个性化"命令。

② 在打开的窗口下方单击"桌面背景"图标，打开桌面背景设置窗口，在其中可查看 Windows 7 附带的背景图片，如图 2.11 所示。

③ 选择其中一张图片，桌面背景将立即显示该图片。

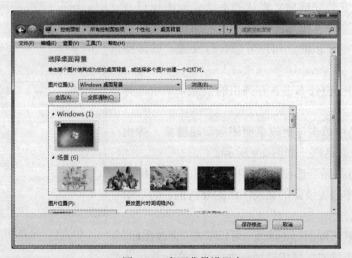

图 2.11 桌面背景设置窗口

5. 置桌面小工具

桌面小工具是 Windows 7 的一款新增功能。它是一些可自定义的小程序，能够显示不断更新的标题或图片幻灯片等信息，无需打开新的窗口。其中一些小工具需要联网才能使用（如天气等），一些小工具不用联网（如时钟等）。Windows 7 自带的一些小工具包括日历、时钟、天气、源标题、幻灯片放映和图片拼图板。添加桌面小工具的方法如下。

① 在桌面的空白处右击，在弹出的快捷菜单中选择"小工具"命令，打开如图 2.12 所示的小工具窗口。

② 双击小工具将其添加到桌面。

图 2.12　桌面小工具窗口

2.2.2　"开始"菜单的设置

"开始"菜单是计算机程序、文件夹和设置的主门户。之所以称之为"菜单"，是因为它提供一个选项列表，通常是用户要启动或打开某项内容的位置。

单击屏幕左下角的"开始"按钮，或者按键盘上的 Windows 徽标键，即可打开"开始"菜单，如图 2.13 所示。"开始"菜单由三个主要部分组成。

（1）窗格显示计算机上程序的一个短列表。系统会根据用户运行程序的频率而排列出常用程序的列表。单击"所有程序"可显示程序的完整列表。

（2）左边窗格的底部是搜索框，通过键入搜索项可在计算机上查找程序和文件。

（3）右边窗格提供对常用文件夹、文件、设置和功能的访问。单击"关机"按钮右侧的下三角按钮可以进行注销、关机等操作。

"开始"菜单的设置可以遵循以下步骤。

① 右击"开始"按钮，单击"属性"命令，打开"任务栏和「开始」菜单属性"对话框。选择「开始」菜单"选项卡，单击【自定义】按钮，打开"自定义「开始」菜单"对话框，如图 2.14 所示。

② 在选项列表框中，可以通过单选按钮或复选框，来自定义「开始」菜单上的链接、图标以及菜单的外观和行为。

③ 在"「开始」菜单大小"选项组中，可以通过微调框设置"开始"菜单中显示的最近打开过的程序数目和在跳转列表中的最近使用的项目数。

④ 单击【确定】按钮，完成"开始"菜单的设置。

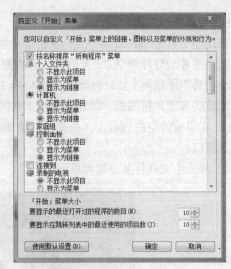

图 2.13 "开始"菜单　　　　　　　图 2.14 "自定义「开始」菜单"对话框

2.2.3　任务栏的设置

任务栏是位于桌面底部的长条区域，由于 Windows 是一个多任务操作系统，允许用户同时运行多个程序，并且每个打开的窗口在任务栏上都有一个对应的按钮，因此，利用任务栏能够迅速地在多个窗口之间切换。在 Windows 7 中，对任务栏进行了改进，用户可以更快地完成各项任务。

任务栏的组成包括 5 个部分："开始"按钮、快速启动区、任务栏按钮区、通知区域和"显示桌面"按钮，如图 2.15 所示。

① "开始"按钮：用户使用和管理计算机的起点。单击该按钮可以弹出"开始"菜单。

② 快速启动区：用于快速启动应用程序。单击相关按钮，即可打开相应的应用程序。

③ 任务栏按钮区：显示已打开的程序和文件的对应按钮。

④ 通知区域：出现在任务栏的右端，显示计算机软/硬件的信息。

⑤ "显示桌面"按钮：单击该按钮可以快速显示桌面。

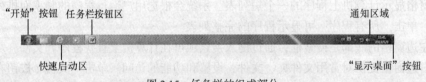

图 2.15　任务栏的组成部分

任务栏的主要功能是显示当前桌面上打开程序窗口所对应的按钮，使用任务栏中的按钮可对窗口进行还原到桌面、切换以及关闭操作。

1. 任务栏的移动

任务栏的默认位置位于 Windows 7 桌面的底部，在任务栏未锁定情况下，将鼠标指针移动到任务栏的空白处任意位置并拖动任务栏，即可改变任务栏的位置，可以将它拖放到屏幕的上下左右四个边上。

2. 任务栏的锁定

如果不希望任务栏的位置及属性有所改变，可以将任务栏锁定，首先在任务栏的空白处单击鼠标右键，然后在弹出的菜单中选中"锁定任务栏"菜单项。

3. 任务栏的响应方式

右击任务栏中的空白区域，打开"任务栏"快捷菜单，在"任务栏"快捷菜单中，如果单击"工具栏"命令，可以打开"工具栏"子菜单，该子菜单中包括："地址"、"链接"、"语言栏"、"桌面"和"新建工具栏"等几个命令可供选择，如图 2.16 所示。

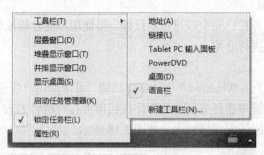

图 2.16　"工具栏"快捷菜单

（1）在"任务栏"快捷菜单中，单击"工具栏"|"地址"命令，则任务栏上将出现一个"地址"下拉列表框和"刷新"按钮，以方便用户在本地或网络中的不同窗口之间进行切换。单击"工具栏"|"桌面"命令，还可以将桌面上的快捷方式图标以按钮的形式显示在任务栏上。其余选项读者可以自行实验。

（2）在"任务栏"快捷菜单中，单击"显示桌面"命令，可以将当前打开的应用程序窗口全部最小化，即将全部窗口以按钮的形式显示在任务栏上，显示完整的桌面。

4. 任务栏的属性设置

打开"任务栏和「开始」菜单属性"对话框，在"任务栏"选项卡内，可以对任务栏进行属性设置，如图 2.17 所示。

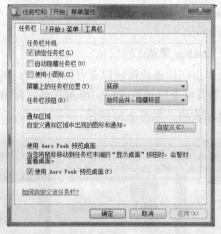

图 2.17　"任务栏和「开始」菜单属性"窗口

在"任务栏外观"选项组中：
（1）选中"锁定任务栏"复选框，将不允许使用鼠标改变任务栏的宽度和位置；
（2）选中"自动隐藏任务栏"复选框，在鼠标指针离开任务栏时，将隐藏任务栏；
（3）选中"使用小图标"复选框，任务栏上的图标将已小规格的方式显示；
（4）在"屏幕上的任务栏位置"下拉列表框中选择定义任务栏的显示位置；

（5）在"任务栏按钮"下拉列表框中选择定义所打开的程序在任务栏上的显示方式，是否对相同程序的任务栏按钮进行合并，是否隐藏标签。

在"通知区域"选项组中：

点击"自定义"按钮，在打开的对话框中选择在任务栏上出现的图标和通知。

5. 任务栏的新增功能

在 Windows 7 中，任务栏已完全经过重新设计，可使用户更轻松地管理和访问最重要的文件和程序。下面对新增功能进行介绍。

（1）跳转列表

跳转列表（Jump List）是 Windows 7 中的新增功能，可帮助用户快速访问常用的文档、图片、歌曲或网站。用户只需右键单击任务栏上的程序按钮即可打开跳转列表，或者通过在"开始"菜单上单击程序名称旁的箭头来访问跳转列表，如图 2.18 所示。

图 2.18　跳转列表　　　　　　　　　图 2.19　锁定程序

（2）锁定

在 Windows 7 中，用户可以把喜爱的程序锁定到任务栏的任意位置以便访问，任务栏按钮的位置也可根据需要通过单击和拖动操作进行重新排列，用户甚至可以将各个文档和网站锁定到任务栏上的跳转列表，如图 2.19 所示。

（3）任务栏缩略图（Live Taskbar 预览）

在 Windows 7 中，用户可以指向任务栏按钮以查看其打开窗口的实时预览（包括网页和现场视频）。将鼠标移动至缩略图上方可全屏预览窗口，单击其可打开窗口。用户还可以直接从缩略图预览关闭窗口以及暂停视频和歌曲，如图 2.20 所示。

图 2.20　任务栏缩略图

（4）显示桌面

"显示桌面"按钮是位于任务栏最右侧的小矩形。单击该按钮可以快速显示桌面，即将打开的全部窗口立即最小化。具体操作步骤如下。

① 指向"显示桌面"按钮，然后随着打开的窗口从视线中逐渐淡去并随之变成透明，即可看见桌面。将鼠标从"显示桌面"按钮上移开，就会重新显示这些打开的窗口。

② 单击"显示桌面"按钮可以使所有打开的窗口最小化，从而显示平静整洁的桌面空间。再次单击此按钮，就会重新显示打开的窗口。

2.3　Windows 7 应用程序管理

应用程序是指为了完成某项或某几项特定任务而被开发运行于操作系统之上的计算机程序。我们平时对应用程序的基本操作包括启动、切换和退出等。

2.3.1　应用程序的启动

应用程序的启动可以有多种方法，具体参见表 2.3。

表 2.3　　　　　　　　　　　　　　应用程序的启动方法

启动应用程序的途径	说　明
"开始"菜单	绝大多数应用程序都位于"开始"菜单中
双击桌面上的应用程序图标	可以把最常用的程序的快捷方式放置在桌面上，便于启动
"开始" | "搜索程序和文件"	在"开始"菜单中的搜索文本框中输入应用程序名
"开始" | "运行"	输入应用程序文件名
打开文档文件	文档是指已经与某个应用程序建立了关联的文件

2.3.2　应用程序的退出

退出某个应用程序可以采用下列方法之一：

① 单击"文件"菜单下的"退出"命令；

② 单击应用程序标题栏中的"关闭"按钮；

③ 双击应用程序控制菜单图标；

④ 使用组合键【Alt+F4】；

⑤ 右键单击任务栏上应用程序的按钮，在弹出的快捷菜单中选择"关闭窗口"菜单项；或者将鼠标移动到应用程序对应的任务栏按钮上，直接从显示的该程序缩略图中单击"关闭"按钮；

⑥ 使用组合键【Ctrl+Alt+Del】，单击选择"启动任务管理器"，在"应用程序"选项卡中选择应用程序名，再单击"结束任务"按钮。

2.3.3　应用程序间的切换

用户有时会同时打开多个窗口，当需要在不同窗口之间进行切换时，一般情况下只需用鼠标在任务栏上单击相应的应用程序的按钮就可以了。

如果使用键盘进行多个窗口的切换也较为简单，可以直接按【Alt+Esc】组合键，将在多个打开窗口之间切换；还可以在键盘上按【Alt+Tab】组合键，系统就会弹出一个含有全部正处于运行状态的应用程序图标的对话框，通过按住【Alt】键的同时连续按【Tab】键，直到想要切换的应用程序图标处于激活状态时放开按键即可。

如需打开多个窗口，可以设置其排列方式，一般通过右击任务栏上的空白区域，弹出快捷菜单，在菜单中包括3个有关窗口排列的命令，分别是："层叠窗口"、"堆叠显示窗口"和"并排显示窗口"，如果选择了其中某个菜单项，则当前所有打开的窗口都会以选定的方式进行排列。

2.3.4　Windows 7 自带应用程序

附件是 Windows 7 系统自带的应用程序包，其中包括许多常用的应用程序，如"计算器"、"写字板"、"记事本"和"画图"等。下面介绍一下这四个组件。

1. 计算器

Windows 7 中的"计算器"程序不仅可以进行诸如加、减、乘、除这样简单的算术运算，还提供了编程计算器、科学型计算器和统计信息计算器的高级功能。单击"开始"|"所有程序"|"附件"|"计算器"，打开"计算器"对话框，计算器有四种类型，"标准型"、"科学型"、"程序员"模式和"统计信息"模式，类型转换可以通过"查看"菜单进行切换，如图 2.21 所示。

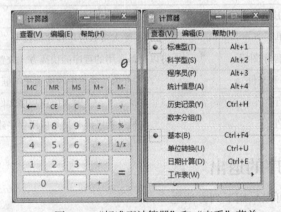

图 2.21　"标准型计算器"和"查看"菜单

2. 写字板

写字板是一个文字处理程序，可以用来建立和打印文档。写字板建立的文件保存为文本文件（*.txt）、多信息文本文件（*.rtf），这些文件形式易于应用在其他的程序中。在 Windows 7 中对写字板增加了全新的功能区（横跨窗口顶部的条带，显示程序可执行的操作），它集中了最常用的特性，以便用户更加直观地访问它们，从而减少菜单查找操作。写字板还提供了更丰富的格式选项，例如高亮显示、项目符号、换行符和其他文字颜色等。所有这一切，再加上图片插入、增强的打印预览和缩放等功能，使得写字板已成为用于创建基本字处理文档的强大工具，有效提高用户的工作效率。

单击"开始"|"所有程序"|"附件"|"写字板"，可打开"写字板"窗口，如图 2.22 所示。

3. 记事本

在 Windows 7 中，通常使用记事本来阅读和编辑简单的文本文件。记事本是一个简单的文本编辑器，虽然没有写字板的功能强大，但使用起来十分方便，可以创建留言、便条等小型文本文档，并能快速地查看和打印。

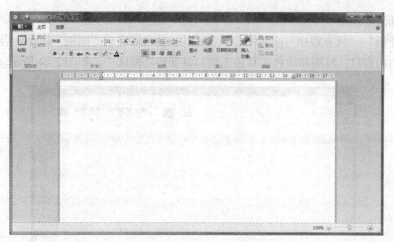

图 2.22 "写字板"窗口

使用记事本的方法有以下几种。

（1）新建"记事本"文档：单击"开始"|"所有程序"|"附件"|"记事本"，或者在"计算机"窗口中某个文件夹下，右击空白处，在打开的快捷菜单中，单击"新建"|"文本文档"，都可启动"记事本"应用程序。系统新建一个"记事本"文档后，标题栏显示为"无标题"，如图2.23 所示。

图 2.23 "记事本"窗口

（2）编辑"记事本"文档："记事本"文档的编辑通常包括 4 个方面。

① 选择输入法：单击任务栏中的"输入法指示器"按钮，在打开的"输入法"快捷菜单中，单击使用的输入法名称。

② 输入文本：可以在记事本的当前工作区中输入文档内容。

③ 设置自动换行：在记事本中设有自动换行的功能，如果要自动换行的话，单击"编辑"|"自动换行"。

④ 设置字体属性：首先选中文字，再单击"格式"|"字体"，打开"字体"对话框，进行"字体"、"字号"等字体属性的设置。

（3）保存"记事本"文档：单击"文件"|"保存"，打开"另存为"对话框，在该对话框中填写文件名，保存类型设为"*.txt"，选择保存位置后，单击【保存】按钮即可。

4. 画图

"画图"是一个色彩丰富的位图图像绘制程序，可用于在空白绘图区域或在现有图片上创建绘图。Windows 7 中的"画图"在窗口的顶部增加了功能区，用户通过使用"快速访问工具栏"，提高工作效率。

（1）启动画图程序

单击"开始"|"所有程序"|"附件"|"画图"，就可以启动"画图"程序。启动画图时，将看到一个空白的窗口；绘图和涂色工具位于窗口顶部的功能区中，如图2.24所示。

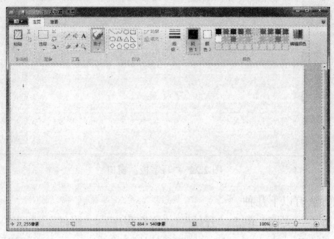

图2.24 "画图"窗口

（2）画布的缩放

若用户认为绘图区域太小，不利于工作，可单击"查看"|"缩放"，根据自己的需要选定缩放比例。

（3）"画图"中的按钮

① 画直线或者曲线。

单击【铅笔】按钮，然后在绘图区按住鼠标左键，这时就像使用铅笔一样，在绘图区画出各种图形。另外，也可以使用【直线】按钮和【曲线】按钮绘制直线和曲线。

② 画图形。

Windows 7的画图中除了传统的矩形、椭圆、三角形和箭头之外，还增加了一些有趣的特殊形状，如心形、闪电形或标注等。单击图形按钮，然后在绘图区需要画图的位置上，按住鼠标左键并拖动，出现相应的形状，当用户满意后松开鼠标，就完成了绘制。

如果需要绘制多边形，则需要单击【多边形】按钮，然后在绘图区需要画多边形的位置上按下鼠标并拖动，形成多边形第一条边后松开鼠标，再在多边形的第二条边的终点单击即可形成第二条边，依此类推，可形成多边形的其他各边，在画多边形的最后一条边时，双击鼠标即可完成几何图形的绘制。

③ 书写文字。

使用"文本"工具可以在图片中输入文本。单击"文字"按钮**A**，然后在绘图区用鼠标拖动出一个矩形区域，在光标闪烁处即可输入文本信息。在"文本工具"下的"文本"选项卡里，可对输入的文字进行字体、大小和样式的编辑。

④ 使用绘图工具。

"画图"程序中还提供了许多绘图工具，下面对常用的工具进行介绍。

"选择"工具：用于选择图片中要更改的部分，进行复制、剪切等操作。

"橡皮擦"工具：用于擦除图案中不满意的部分。

"颜色填充"工具：用于给整个图片或封闭图形填充颜色。

"颜色选取器"工具 🖋：单击绘图区某一部分，就可获取该部分的颜色，并用该颜色取代指示器中的颜色。

"放大镜"工具 🔍：单击【放大镜】按钮，在鼠标指针变成一个方框和"放大镜"图标时，移动到图形中需要放大的部分，单击鼠标可将这个位置的图形放大。

"刷子"工具 🖌：用于绘制具有不同外观和纹理的线条，就像使用不同的艺术刷一样。使用不同的刷子，可以绘制具有不同效果的任意形状的线条和曲线。

"编辑颜色"工具 ◼：用于选取要使用的确切颜色。

2.4　Windows 7 的文件管理

在使用 Windows 7 操作系统时，用户操作最多的就是文件和文件夹。计算机系统中的数据都是以文件的形式存放在磁盘中的，而文件通常又可组织在不同的文件夹中。用户可以使用"资源管理器"轻松方便地管理和使用这些文件或文件夹。

2.4.1　文件与文件夹

1. 文件和文件夹的特征

文件是存放在外存上的数据的集合，是计算机系统中管理信息的基本单位。文件中可以存放文本、数值和图像等信息，通常是在计算机内存中创建文件，然后把它存储到磁盘设备中。文件具有如下一些特征。

（1）文件名的唯一性

计算机中在同一磁盘的同一目录下，为避免混淆，不允许存在名称相同的两个文件，即文件名的唯一性。

（2）文件的可移动性

在计算机中，用户可以根据需要将文件从一个文件夹移动到另外一个文件夹，从一张磁盘复制到另外一张磁盘，从一台电脑复制到另外一台电脑，这就是文件的可移动性。

（3）文件的固定性

如果用户不对文件的路径进行修改的话，文件总是会存放在一个固定的路径下面。

（4）文件的可修改性

用户根据需要可以对文件进行修改，修改之后的文件在容量、内容方面都会有变动。

文件夹是计算机系统中管理文件的一种工具，它可以看成是存储文件的容器。文件夹具有如下特征。

① 可嵌套性：可以将一个文件夹嵌套在另外一个文件夹中，只要磁盘空间允许，文件夹的嵌套层数没有限制。

② 可移动性：文件夹可以像文件一样整体移动。移动一个文件夹时，包含在此文件夹中的内容将一起随着移动。

③ 空间任意性：只要磁盘空间允许，用户可以在文件夹里面存放足够多的内容。

2. 文件的类型

文件是数据的最小组织单位，根据文件中所包含信息的不同，文件被划分为许多类型，而扩展名通常可以说明文件的类型，在 Windows 7 中常用的文件扩展名如表 2.4 所示。

表 2.4 常用的 Windows 文件扩展名

扩展名	文件类型	扩展名	文件类型
AVI	视频文件	FON	字体文件
BAK	备份文件	HLP	帮助文件
BAT	批处理文件	INF	信息文件
BMP	位图文件	MID	乐器数字接口文件
COM	可执行文件	MMF	Mail 文件
DAT	数据文件	RTF	富格式文本文件
DCX	传真文件	SCR	屏幕文件
DLL	动态链接库	TIF	TrueType 字体文件
DOC	Word 文件	TXT	纯文本文件
DRV	驱动程序文件	WAV	声音文件

3. Windows 7 自带的默认文件夹

Windows 7 提供了几个自带的默认文件夹，使得用户对文件或文件夹的操作和组织更加方便。例如 Windows 7 在 "administrator" 中设置了 "Documents"、"Favorites"、"保存的游戏"、"联系人"、"链接"、"搜索"、"我的视频"、"我的图片"、"我的文档"、"我的音乐"、"下载"、"桌面"等默认的文件夹，用户可以根据文件性质的不同，把文件分别放在不同的文件夹中。

2.4.2 资源管理器

"资源管理器" 是 Windows 7 系统中非常重要的文件管理工具，能同时显示文件夹列表和文件列表，帮助用户在内部网络、本地磁盘驱动器以及 Internet 上查找所需要的资源。

1. "资源管理器" 的打开方式

通常可以采用以下几种方式之一，打开 "Windows 资源管理器"。

① 单击 "开始" | "所有程序" | "附件" | "Windows 资源管理器"，将打开 "Windows 资源管理器" 窗口，如图 2.25 所示；

图 2.25 "资源管理器" 窗口

② 右击 "开始" 按钮，在弹出的快捷菜单中，单击 "打开 Windows 资源管理器（P）" 命令，也可以打开 "Windows 资源管理器"；

③ 双击 "计算机" 图标或双击 "回收站" 图标也可以打开 "Windows 资源管理器"；

④ 如果桌面上存在 "资源管理器" 快捷方式，双击其快捷图标，同样可以打开 "Windows

资源管理器"；

⑤ 单击"开始"|"运行"，在文本框中输入"explorer"后，单击确定按钮也可打开"资源管理器"；

⑥【Windows+E】组合键打开"Windows 资源管理器"。

2. "资源管理器"的组成

"资源管理器"窗口由地址栏、搜索栏、菜单栏、文件夹列表、文件列表和状态栏等几部分组成。

在 2.1.3 节中，已经介绍了窗口中的标题栏、菜单栏、工具栏和状态栏等内容，下面介绍一下文件夹列表、文件列表。

① 文件夹列表：位于"资源管理器"窗口的左侧，在这个列表框中对系统资源按树状结构管理原则显示所有的内容，包含收藏夹、库、家庭网组、计算机和网络等五大类资源。

② 文件列表：位于"资源管理器"窗口的右侧，在这个列表框内，通常显示左侧文件夹列表中某个文件夹的对应内容。

当浏览文件时，特别是文本文件、图片和视频时，可以在资源管理器中直接预览其内容。

操作方法：在 Windows 7 资源管理器界面，单击右上角"显示预览窗格"图标，在资源管理器右侧即可显示预览窗格，并且可以通过拉动文件浏览区和预览窗格之间的分割线，来调整预览窗格的大小，以便用户预览需要的文件。在预览音乐和视频文件时，还可以进行播放，让用户无需运行播放器即可享受音乐或观看影片，真是非常方便实用。

在 Windows 7 中，微软还为资源管理器提供了多样化的视图模式，特别是超大图标、大图标等视图模式，特别便于用户预览缩略图。

更换视图模式的方法：在资源管理器中单击"更改您的视图"按钮，即可打开调节菜单，选择需要的视图模式即可。

3. 使用文件夹列表

在文件夹列表中，大部分图标前面有 符号或者 符号。图标前面的 符号表示这个文件夹被折叠，它的下面还有子文件夹，图标前面的 符号表示这个文件夹已经被展开。

当单击 符号时，就可以展开文件夹列表，进入到它的下一级子文件夹列表。展开后的文件夹前面的 符号自动变成 符号。当单击 符号时，就将这个文件夹折叠起来。

2.4.3　文件与文件夹的操作

1. 创建文件或文件夹

在管理和使用文件的过程中，文件夹起到重要的作用。特别是多个用户使用同一台计算机的时候，各自建立不同的文件夹来存放自己的文件，是非常有必要的。

用户可以在任意一个文件夹里面直接创建一个子文件夹或者各种类型的文件，下面以在驱动器 E 上创建名为 computer 的文件夹为例，介绍创建文件夹的操作方法。

① 在"资源管理器"窗口中，单击左侧文件夹列表框中的"计算机"，双击"（E：）盘符"则右侧文件列表框中显示出 E 盘中包含的内容。

② 单击"文件"|"新建"|"文件夹"，或者右击窗口中文件列表框的空白处，在打开的快捷菜单中单击"新建"|"文件夹"，则在当前驱动器 E 上会出现一个新文件夹，名称被置为高亮显示，提示用户可以输入文件夹的名称。

③ 用户输入文件夹名 computer 后，按回车键或鼠标单击窗口右侧文件列表框其他位置，即

创建一个名称为 computer 的新文件夹。

创建新文件的方法与创建新文件夹的方法相似。

2. 选定文件或文件夹

在对文件或文件夹进行操作之前必须先选定，选定文件或文件夹的方法通常是利用鼠标或键盘来操作的。

（1）利用鼠标选定文件或文件夹

① 如果要选定单个对象时，可以用鼠标单击要选定的文件或文件夹的图标即可。

② 如果要选定多个连续的对象时，首先单击需要选定的第一个对象，然后按住【Shift】键的同时再单击最后一个对象的图标，松开【Shift】键，就选定了连续的多个文件或者文件夹。也可以利用鼠标圈选的方法，将鼠标放置空白处，按住鼠标左键不放并拖动鼠标会出现一矩形方块，圈在矩形方块内的文件或文件夹就是要选定的内容，确认后松开左键即可。

③ 如果选定多个不连续对象，先按住【Ctrl】键，再逐个单击需要选定的文件或文件夹的图标即可。

（2）利用键盘选定文件或文件夹

在文件夹内，移动键盘上的方向键，可以选定某个文件或文件夹。或者按下文件或文件夹名称的首字母，即可选定以该字母开头的首个文件或文件夹。如选择所有的对象，则可以利用编辑菜单中的"全部选定"命令或【Ctrl+A】快捷键。

若放弃选择，则在窗口的空白处单击鼠标即可。

3. 重命名文件或文件夹

对文件或文件夹重命名的操作方法是：首先选定需要重新命名的文件或文件夹，然后单击"文件"|"重命名"；或者在选定对象的图标上右击打开快捷菜单，在该菜单中选择"重命名"；也可以在选定对象后直接按【F2】功能键，这时被选对象的名称就以高亮形式显示，可以直接输入新的名称，按回车键确定即可。

4. 文件及文件夹的复制与移动

复制操作是指将原对象的一个复制品放在其他的磁盘驱动器或者文件夹下，源文件或文件夹保持不变；移动操作是指将文件或文件夹从原位置移动到一个新的位置，源文件或文件夹消失。

文件及文件夹的复制与移动可以在选定之后直接拖动，也可以借助"剪贴板"来完成。

"剪贴板"是内存中的一个临时存储区，用来在 Windows 各应用程序之间传递和交换信息。剪贴板不但可以存储文字，还可以存储图片、图像、声音等其他信息。通过剪贴板可以把各文件中的文字、图像和声音粘贴在一起，形成一个综合的图文并茂、有声有色的文档。在 Windows 7 中，几乎所有的应用程序都可以利用剪贴板来交换数据。

在 Windows 7 中可以利用菜单、鼠标拖动和菜单向导等方法，来完成文件及文件夹的复制与移动操作。

（1）利用菜单命令复制和移动文件及文件夹

① 在"资源管理器"窗口中，选定要复制或移动的文件或文件夹。

根据复制对象的不同，将信息复制到剪贴板中的操作略有不同。

如果复制的对象是文本信息，移动鼠标到第一个待选字符处，按住鼠标拖动到最后一个待选字符处松开鼠标，或者按住【Shift】键并用方向键进行方向的选择，选定的信息反相显示。

如果复制的对象是整个窗口，则按【Print Screen】键；如果复制的对象是当前活动窗口，则按【Alt+Print Screen】组合键。

　　如果复制的对象是文件或文件夹，则用鼠标单击的方法即可选中进行复制，如果同时复制多个文件或文件夹，可按住【Ctrl】键的同时单击待选的文件或文件夹。

　　② 单击"编辑"菜单中的"复制"或"剪切"命令（移动选择剪切）。如果要复制到可移动磁盘，可以右击对象图标，在弹出的快捷菜单中单击"发送到"|"可移动磁盘"。

　　③ 打开目标磁盘或文件夹。

　　④ 单击"编辑"|"粘贴"，这样所选对象就被复制或移动到新的位置了。信息粘贴到目标位置后，剪贴板中的内容保持不变，可以进行多次粘贴。

　　另外，右击所选对象图标，在打开的快捷菜单中单击"复制"或"剪切"命令，然后在目标位置的空白处，右击打开快捷菜单，单击"粘贴"命令，同样可以完成文件或文件夹的复制和移动。

　　（2）利用鼠标拖动

　　① 在"资源管理器"中，首先使得目标文件夹出现在窗口左侧的文件夹列表中。

　　② 在右侧文件列表框中选定要复制或移动的对象。

　　③ 鼠标移到选定对象上，然后拖动鼠标至目标文件夹上，当目标文件夹的名称呈高亮显示时，释放鼠标即可完成复制或移动。在同一磁盘上拖放文件或文件夹执行移动操作，若拖放文件时按下【Ctrl】键则执行复制操作。在不同磁盘之间拖放执行复制操作，若拖放文件时按下【Shift】键则执行移动操作。

　　（3）利用菜单向导复制或移动文件或文件夹

　　① 选定要复制或移动的对象。

图 2.26　"复制项目"对话框

　　② 单击"编辑"菜单中的"复制到文件夹"或"移动到文件夹"。打开的"复制项目"对话框，如图 2.26 所示。

　　③ 在"复制项目"或"移动项目"对话框中选定要复制或移动的目标文件夹。然后单击"复制"或"移动"按钮即可。

　　在复制和移动文件及文件夹的操作过程中，可以使用【Ctrl+X】组合键实现剪切操作，【Ctrl+C】组合键实现复制操作，【Ctrl+V】组合键实现粘贴操作。

5. 删除文件或文件夹

　　在进行计算机操作的过程中，由于受到计算机磁盘存储容量的限制，经常需要对文件与文件夹进行整理，比如通过删除文件与文件夹释放一些磁盘空间。进行删除对象操作之前，需要选定要删除的对象，然后按下列方法之一进行删除。

　　① 单击"文件"|"删除"命令。

　　② 右击选定的对象，在打开的快捷菜单中单击"删除"命令。

　　③ 直接按【Delete】键进行删除。

　　④ 利用鼠标将选定的对象直接拖动到"回收站"。

　　以上的删除方法都将删除对象放到了"回收站"里，需要的时候可以按后面介绍的方法再恢复回来。如果不想把删除的对象放到"回收站"里，而是彻底删除，可以按住【Shift】键同时拖动选定的对象到"回收站"里，或者选定对象后，按【Shift+Delete】组合键。

6. 恢复删除的文件或文件夹

　　一般情况下，Windows 7 操作系统总是把刚删除的文件放在"回收站"中，这是对文件与文件夹设置的一种保护措施，防止用户错误地删除文件或文件夹。如果真的误删了，则可利用"回收站"来恢复它们。当然,也可以通过"回收站"将这些文件或文件夹永久删除。

"回收站"默认的空间大小是磁盘驱动器总大小的 10%,如果磁盘空间不够,用户可以将这个值相对减小一点,如果用户的磁盘空间足够大,则可以将这个值增大一点,这样能保证可以恢复足够多的文件,设置回收站大小的过程如下。

在桌面上的"回收站"图标处,或者在打开的"回收站"窗口的空白处,鼠标右击弹出快捷菜单,单击"属性"命令,打开"回收站属性"对话框,如图 2.27 所示。在自定义大小文本框中,我们可以设置各个驱动器中回收站的最大值。

对已经放到回收站内的文件或文件夹操作方法如下。

① 双击桌面"回收站"图标,打开"回收站"窗口,如图 2.28 所示。

图 2.27 "回收站属性"对话框

图 2.28 "回收站"窗口

② 在"回收站"窗口中,"回收站任务"选项组中有"清空回收站"和"还原所有项目"两个超链接,此时单击"还原所有项目"超链接,就完成全部恢复。如果单击"清空回收站"超链接,就清空了全部内容。

③ 如果在"回收站"中选定要恢复的部分文件或者文件夹,这时"还原所有项目"超链接将变成"还原此项目"超链接,单击此超链接,就完成部分内容的恢复。

7. 更改文件或文件夹的属性

在 Windows 7 系统中,每个文件和文件夹都有自己的属性,通过属性,用户可以看到文件的类型、打开方式、占用空间等信息,还可以对部分属性进行设置和修改。下面就介绍一下修改文件和文件夹部分属性的方法。

(1) 更改文件的属性

主要有以下三种方法改变文件的属性。

① 右击文件图标,在弹出的快捷菜单中单击"属性"命令,打开属性对话框,如图 2.29 所示。用户可以看到该文件的类型、打开方式、存储位置、大小和占用空间,还显示了创建时间、修改时间和访问时间等。

② 用户可以在对话框的属性组中,设置文件的"只读"属性和"隐藏"属性。如果文件设置了"只读"属性,则只能浏览而不能修改,若修改了具有"只读"属性的文件,则需要另外保存,而不能在原文件名下进行保存;如果文件设置了"隐藏"属性,则在文件正常预览时被隐藏。要想查看具有"隐藏"属性的文件,可以在"资源管理器"中,单击"工具"|"文件夹选项"命令,打开"文件夹选项"对话框,选择"查看"选项卡,单击"隐藏文件或文件夹"下的"显示

隐藏的文件、文件夹和驱动器"的单选按钮，设置完后单击【确定】按钮，这时文件夹下所有的文件就都会显示在窗口中。

③ 用户可以改变文件的打开方式，单击"属性"对话框中的【更改】按钮，弹出"打开方式"对话框，如图 2.30 所示。选定对话框中已经提供的某种程序，或单击【浏览】按钮，在接下来弹出的对话框中自行选择另外的程序。

　　图 2.29　"文件属性"对话框　　　　　　　　图 2.30　"打开方式"对话框

选定一种程序之后，单击【确定】按钮即可。这样，用户再打开这个文件的时候，计算机就会使用修改后的打开方式了。

（2）更改文件夹属性

更改文件夹属性与更改文件属性的操作基本相同，只是两者的"属性"对话框在外观上有一点区别。在文件夹"属性"对话框的"常规"选项卡下，没有打开方式和【更改】按钮。在该对话框的属性组中可以设置文件夹的"只读"属性和"隐藏"属性。另外，在文件夹"属性"对话框中还有一个"共享"选项卡，在该选项卡下，用户可以设置是否需要共享所选的文件夹。

8. 查找文件或文件夹

在我们平时的操作过程中，有可能忘记了文件或文件夹的具体位置，这时可以使用 Windows 7 提供的搜索功能。实现查找文件功能的方法有两种。

（1）使用"开始"菜单搜索

① 单击"开始"按钮或者直接按下键盘上的 Windows 按钮，在弹出的"开始"菜单列表底部出现带有"搜索程序和文件"字样的搜索栏。

② 键入搜索关键词

在栏目内键入搜索关键词，如"音乐"，即可分类显示所有与音乐相关的文件或程序。在默认情况下，"开始"菜单的搜索栏只会自动在"开始"菜单、控制面板、Windows 文件夹、Program File 文件夹、Path 环境变量指向的文件夹、Libraries、Run 历史里面搜索文件，速度非常快。

（2）使用资源管理器窗口搜索文件

① 双击桌面上的"计算机"图标。在窗口右上角出现带有"搜索程序和文件"字样的搜索栏，如图 2.31 所示。

② 输入搜索关键词

单击左侧列表的"计算机"选项，在展开的下一级列表中选择相应的分区盘符或文件夹。此时在窗口顶端的导航栏内将同时出现所对应的具体分区路径，最后在搜索栏输入关键词即可得到搜索结果。例如输入"电脑报"关键词，所有包含有"电脑报"这三个字的搜索结果都会同时以黄色高亮形式显示出来，并且会标明其所在位置。

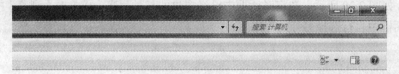

图 2.31　"搜索"对话框

2.4.4　磁盘管理

在计算机的使用过程中，用户会经常进行应用程序的安装或卸载、文件的移动、复制、删除等工作，随着时间的积累会在硬盘上产生大量的磁盘碎片或临时文件，致使运行空间不足，计算机的系统性能下降。因此，需要定期对磁盘进行管理。

1. 磁盘属性

通过查看磁盘属性，可以了解到磁盘的总容量、可用空间和已用空间的大小，以及磁盘的卷标（即磁盘名称）等信息。此外，还可以为磁盘在局域网上设置共享、进行磁盘压缩等操作。

要查看磁盘属性，首先在"资源管理器"窗口中右击要查看属性的磁盘驱动器图标，然后在弹出的快捷菜单中单击"属性"命令，打开磁盘"属性"对话框，如图 2.32 所示。

"磁盘属性"对话框中有 8 个选项卡，其中 4 项是常用的。

① 常规：在此选项卡的卷标文本框中显示当前磁盘的卷标，用户可以在此文本框中设定或更改磁盘卷标。在此选项卡中还显示了当前磁盘的类型、文件系统、已用和可用空间。

② 工具：该选项卡由"差错检查"、"碎片整理"和"备份"三个部分组成。在该选项卡中可以完成检查磁盘错误、备份磁盘上的内容和整理磁盘碎片等操作。

③ 硬件：此选项卡可以查看计算机上所有磁盘驱动器的属性。

④ 共享：此选项卡可以设置当前驱动器在局域网上的共享信息。

图 2.32　"磁盘属性"对话框　　　图 2.33　"格式化磁盘"对话框

2. 磁盘格式化

磁盘是专门用来存储数据信息的，格式化磁盘就是给磁盘划分存储区域，以便操作系统把数据信息有序地存放在里面。如果新购磁盘在出厂时未格式化，那么必须对其进行格式化操作后才能使用，有时也需要对使用过的磁盘重新格式化。格式化磁盘将删除磁盘上的所有信息，因此，格式化之前应先将有用的信息备份到可靠的位置，特别是格式化硬盘时一定要小心。在格式化磁盘之前，应先关闭磁盘上的所有文件和应用程序。

格式化磁盘的操作步骤如下。

① 打开"资源管理器"窗口，右击待格式化的驱动器图标，在弹出的快捷菜单中，单击"格式化"命令，打开如图 2.33 所示的对话框。

② 在对话框中的"容量"、"文件系统"和"分配单元大小"下拉列表框中分别选取相应的参数，一般采用系统默认值。

③ 在"格式化选项"区中，用户还可以进行"快速格式化"和"创建一个 MS-DOS 启动盘"的设置操作。

④ 单击"开始"按钮，系统将弹出一个警告对话框，提示"格式化操作将删除该磁盘上的所有数据"。

⑤ 如单击"确定"按钮，系统开始按照格式化选项的设置对磁盘进行格式化操作，并在对话框的底部显示格式化磁盘的进度。

3. 用户账户的管理

在完成安装操作系统以后，Windows 7 允许系统管理员设定多个用户，并赋予每个用户不同的权限，使得虽然多人共用一台计算机，但每个账户却都有自己的工作环境，互不干扰。同时 Windows 7 通过对本机安全策略的设置，保证了管理员对其他的账户进行约束，使本地计算机的安全得以保证。

在 Windows 7 系统下可以很方便的对用户账户进行创建、删除和设置属性等操作。

（1）用户账户的类型

在 Windows 7 系统下用户账户分为计算机管理员账户、受限账户和来宾（Guest）账户，各个账户的具体使用权限和创建条件如下。

① 计算机管理员账户

计算机管理员是专门为那些可以对计算机进行全系统更改、安装软件和访问计算机上所有非专用文件的用户而设置的。只有赋予了计算机管理员账户的权限，用户才能拥有对计算机上其他用户账户的访问权限。计算机管理员账户可以创建和删除计算机上的用户，更改其他用户账户的属性。在 Windows 7 安装期间将自动创建名为 Administrator 的账户，这是一个默认的具有管理员权限的用户账户。在安装 Windows 7 的过程中也允许用户创建不同名称的管理员账户。

② 受限账户

所谓受限账户，就是限制该类账户的部分权限。受限账户可以使用计算机上的资源，但是一般不能安装软件和硬件。可以更改自己的账户图标、创建、更改或删除密码，但不能更改账户类型和账户名称。

③ 来宾账户

来宾账户是为那些在计算机上没有账户的用户而设计的，来宾账户没有密码，该账户不能在计算机上安装软件和硬件，但可以使用计算机上的资源，来宾账户可以改变账户图标，但不能改变类型。

（2）用户账户的创建

创建用户账户是管理员账户特有的权限，具体操作步骤如下：

① 在"控制面板"窗口中,单击"添加或删除用户账户",打开"用户账户"窗口,如图 2.34 所示。

② 在"用户账户"窗口中,单击"创建一个新账户"超链接,打开输入新账户名窗口,如图 2.35 所示,在此窗口中输入新账户的名称,并挑选一个账户类型。

图 2.34 "用户账户"窗口

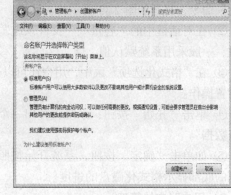

图 2.35 输入新账户名窗口

③ 单击【创建账户】按钮,完成了用户账户的创建工作,这时在"用户账户"窗口中,将显示出新建的用户图标。

(3)用户账户的删除

删除用户账户与创建用户账户一样,必须具有管理员身份的用户才可以在"用户账户"窗口中进行操作。具体操作步骤如下。

① 在"控制面板"窗口中,单击"添加或删除用户账户",打开"用户账户"窗口。

② 在"用户账户"窗口中,单击要删除的用户图标,进入用户账户属性窗口。

③ 单击"删除账户"命令,打开删除账户窗口,在弹出的窗口中选择是否保留一部分文件或删除该用户账户的所有文件。

④ 单击【删除文件】按钮,完成账户的删除。

2.5　Windows 7 系统设置

在 Windows 7 系统中,提供了一系列应用程序和实用工具,它们被集中的保存在"控制面板"里,通过它们可以对计算机进行个性化设置、软件与硬件的安装、优化系统的性能、查看系统属性信息和计算机安全设置等工作。

2.5.1　控制面板

1. 打开"控制面板"

单击"开始"|"控制面板"命令,将打开"控制面板"窗口,如图 2.36 所示。Windows 7 系统的控制面板缺省以"类别"的形式来显示功能菜单,分为系统和安全、用户账户和家庭安全、网络和 Internet、外观和个性化、硬件和声音、时钟语言和区域、程序、轻松访问等类别,每个类别下会显示该类的具体功能选项。

图 2.36　"控制面板"分类显示窗口

① 系统和安全：主要完成查看计算机状态、备份计算机、查找联机计算机解决方案。

② 用户账户和家庭安全：主要是用来完成系统对用户和控制权限的设置。

③ 网络和 Internet：主要是设置网络属性和 Internet 连接属性。

④ 外观和个性化：主要是设置桌面主题、背景、分辨率等属性。

⑤ 硬件和声音：主要是用来设置计算机有关声音的硬件及打印机的属性。

⑥ 时钟、语言和区域：设置本地计算机所处区域的日期、时间和语言等。

⑦ 程序：主要负责管理系统的应用程序。

⑧ 轻松访问：使用系统建议的设置。

2. "控制面板"显示方式的转换

除了"类别"显示方式，Windows 7 控制面板还提供了"大图标"和"小图标"的查看方式，只需点击控制面板右上角"查看方式"旁边的小箭头，进行选择，如图 2.37 所示。

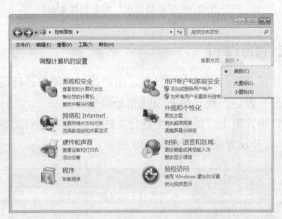

图 2.37　"控制面板"切换窗口

3. "控制面板"的使用方法

（1）打开控制面板窗口后，单击相应的功能图标，即可完成相应的设置。

（2）通过搜索快速查找程序。

在 Windows 7 系统中，控制面板页面提供了搜索功能，在控制面板页面右上角的搜索框中，输入关键词（如用户），即可显示相应的搜索结果，搜索结果按照类别分类显示，在每个类别下还可以显示与关键词相关的功能，方便用户从中选择相应的功能操作，如图 2.38 所示。

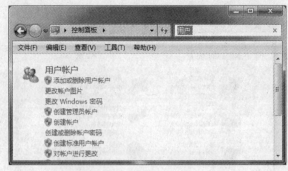

图 2.38 "控制面板"快速搜索窗口

（3）通过地址栏导航快速查找

在 Windows 7 控制面板页面，可以通过地址栏导航，快速切换到相应的分类选项，或者需要打开的程序。切换至功能分类选项时，单击地址栏中控制面板右侧向下的箭头，单击相应的选项即可，如图 2.39 所示。

图 2.39 "控制面板"地址栏搜索窗口

2.5.2　显示属性的设置

Windows 7 提供了比较灵活的人机交互界面，用户可以方便地进行设置，包括改变桌面的背景以及设置屏幕保护程序、窗口外观、色彩模式和分辨率等。

在"控制面板"窗口中，单击"外观和个性化"图标，或右击桌面空白区域，在弹出的快捷菜单中单击"个性化"，打开设置窗口，如图 2.40 所示。

图 2.40 "个性化设置"对话框

1. 设置桌面背景

Windows 7 桌面的背景图片是可以调换的，单击设置窗口下方的"桌面背景"图标，在"选择桌面背景"窗口中，单击"图片位置（L）"右侧的下拉列表，Windows 提供了"Windows 桌面背景"、"图片库"、"顶级照片"、"纯色"4 个图片文件夹，选择其中任意一个，便在下侧列表中显示出该文件夹中的图片，用户可以在其中选择要用的背景图片，用户也可以单击【浏览】按钮，浏览其他位置的图片或者在网络中查找图片文件。完成后，单击【保存修改】按钮完成设置。

如果一次勾选多幅图片，将创建一个幻灯片，桌面背景可定时切换，窗口下方可以设置切换时间。

在"图片位置（P）"下拉列表中，有"填充"、"适应"、"拉伸"、"平铺"、"居中"5 种方式控制图片在桌面的位置，用户可选择一种设置自己的桌面。

2. 设置屏幕保护程序

屏幕保护程序的作用是当用户在指定的时间内没有使用计算机输入设备时，计算机系统为了保护屏幕、延长显示器的使用年限，而对显示器所做的一种自动处理。

单击设置窗口下方的"屏幕保护程序设置"图标，在"屏幕保护程序"下拉列表框中选择一种屏幕保护程序，单击【设置】按钮，可对该三维效果进行个性化设置，单击【预览】按钮，查看设置效果。在日常应用中，如果进入屏幕保护程序，只要移动鼠标或单击键盘上的任意键即可解除屏幕保护程序。

3. 设置窗口外观

窗口外观指的是应用程序窗口和按钮的样式、颜色及字体等，外观的设置就是对这些项目的改变。

单击设置窗口下方的"窗口颜色"图标，进入"窗口颜色和外观的设置"界面，在"项目"列表框中选择相应的项目，可以对其大小、颜色、字体属性进行设置。

4. 设置分辨率

屏幕分辨率是确定计算机屏幕上显示多少信息的指标，以水平和垂直像素来衡量。屏幕分辨率低时（例如 800×600），在屏幕上显示的项目少，但尺寸比较大。屏幕分辨率高时（例如 1440×900），在屏幕上显示的项目多，但尺寸比较小。

在桌面的空白处右键，选择"屏幕分辨率"，进入设置"屏幕分辨率"设置窗口后便可对显示器、分辨率和方向进行设置。

5. 主题

主题特指 Windows 的视觉外观，是背景和系统声音的组合，另外还包括桌面上的图标以及通过单击就可完成个性化设置的计算机元素。打开"个性化"设置窗口，就可以对系统的主题进行设置了。Windows 7 系统给用户提供了一些主题，还允许用户下载新的主题以满足用户的需求。

2.5.3　汉字输入法的添加与删除

1. 添加与删除输入法

（1）在"控制面板"窗口中，单击"时钟、语言和区域"图标，在打开的窗口中单击"区域和语言"按钮，打开"区域和语言选项"对话框，选择该对话框中"键盘和语言"选项卡，单击"更改键盘"按钮，打开"文本服务和输入语言"对话框，如图 2.41 所示；

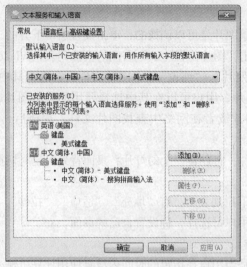

图 2.41 "设置"选项卡

（2）在"常规"选项卡下，单击【添加】按钮，在"添加输入语言"对话框中，在列表中选择需要的输入法后，单击【确定】按钮即可添加此输入法；若要删除某个输入法，可在"已安装的服务"选项组中选择需要删除的输入法，单击【删除】按钮，即可删除该输入法。

另外，在"默认输入语言"下拉列表框中可以选择启动系统时默认的输入法。

已添加的输入法还可以进行特定输入选项的设置。在"已安装的服务"选项组中选择某种输入法后，单击【属性】按钮，可打开此种输入法对应的【输入法设置】对话框，输入法不同，其对话框中的选项也可能不同，更改相应设置，单击【确定】按钮即可。

2. 输入法的使用

输入法在使用过程中，除了通过具体的拼写方案录入文字外，还有一些工作经常要做，包括中英文的切换、各种输入法的切换、全角与半角的切换、中英文标点的切换等。Windows 提供了一些快捷键进行输入法的各种切换。

① 中英文输入法切换：按【Ctrl+空格】组合键。

② 输入法切换：按【Ctrl+Shift】组合键，或单击"输入法指示器"图标█，在弹出的输入法菜单中选择一种输入法。

③ 全角与半角切换：按【Shift+空格】组合键，或单击"输入法"图标上的【全角/半角】按钮●或◗。

④ 中英文标点切换：按【Ctrl+.】组合键，或单击"输入法"图标上的【中英文标点切换】按钮█或█。

另外，可以单击"输入法"图标上的【软件盘】按钮█，打开软件盘后可输入一些特殊字符，比如希腊字母、数学符号等。

2.5.4 日期和时间的设置

在计算机系统中，默认的时间、日期是根据计算机中的 BIOS 的设置得到的，用户可以更新日期、时间和区域。

① 将鼠标移动至时间显示上（任务栏右侧）然后单击，弹出"时间和日期设置"窗口，如图 2.35 所示。单击"更改日期和时间设置…"，弹出"日期和时间"对话框。

② 在"日期和时间"选项卡中，单击【更改日期和时间（D）】按钮，弹出"日期和时间设置"对话框，用户可以通过日历中的左右箭头选择年、月，在日期处选择当前的日期。设定好日期后，用户可以在显示时间框后的上下箭头来调整当前时间（也可以直接鼠标拖动涂黑选中数字直接修改），调整结束后，单击【确定】按钮。

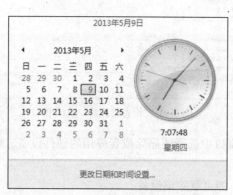

图 2.42　"日期和时间"属性对话框

③ 在 Windows 7 中增添多个时间

单击"附加时钟"选项卡，选中"显示此时钟"复选框，在"选择时区"下拉列表框中选择用户要添加地区的时钟，即可将用户添加的地区的时间显示在桌面右下角处。

2.5.5　添加新硬件

在微型计算机中，大多数设备是即插即用型的，如硬盘、光驱等。一般系统会自动安装驱动程序。所谓驱动程序，就是一种可以使计算机和设备之间发生通信的特殊程序，可以说相当于硬件的接口，操作系统只有通过这个接口，才能控制硬件设备的工作。也有些设备如显卡、声卡、Modem 等，系统虽然能够识别，但仍需要用户安装该硬件厂商提供的驱动程序才能更好的工作。

在计算机上添加新硬件时，首先需要把新硬件正确地插入到计算机相应的端口中，然后再安装驱动程序。在 Windows 7 中安装新硬件的驱动程序有两种方式。

1．自动安装

当计算机中新添加一个即插即用型的硬件后，Windows 7 会自动检测到该硬件，如果 Windows 7 附带该硬件的驱动程序，则会自动安装驱动程序；如果没有，则会提示用户安装该硬件自带的驱动程序。

2．手动安装

使用安装程序。有些硬件如扫描仪、数码相机、手写板等都有厂商提供的安装程序，这些程序的名称通常是 Setup.exe 或 Install.exe。把此类硬件安装到计算机上以后，双击安装程序图标，然后按照安装程序窗口提示的步骤操作即可。用户也可以到网上下载该设备的驱动程序。

3．删除硬件设备

删除硬件设备的具体操作步骤如下。

① 在"控制面板"窗口中，单击"硬件和声音"图标。

② 单击"设备管理器"，打开"设备管理器"窗口，如图 2.43 所示。

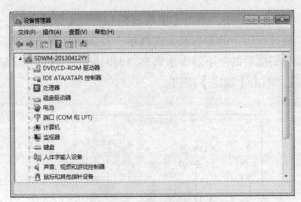

图 2.43　"设备管理器"对话框

③ 在"设备管理器"窗口中选择要删除或者停用的硬件设备，右击该图标，在弹出的快捷菜单中单击"卸载"命令。

④ 单击【确定】按钮，即可删除该设备。

2.5.6　应用程序的安装与删除

在使用计算机时，用户会经常安装一些应用程序。同时，对一些不再需要的应用程序需要及时删除，以释放磁盘空间。

1．安装应用程序

① 自动安装。

当计算机中新添加一个即插即有型的硬件后，Windows 7 会自动检测到该硬件，如果 Windows 7 附带该硬件的驱动程序，则会自动安装驱动程序；如果没有，则会提示用户安装该硬件自带的驱动程序。

② 手动安装。

手动安装一般又分为以下 2 种情况：

使用安装程序。有些硬件如扫描仪、数码相机、手写板等都有厂商提供的安装程序，这些程序的名称通常是 Setup.exe 或 Install.exe。把此类硬件安装到计算机上以后，双击安装程序图标，然后按照安装程序窗口提示的步骤操作即可。

使用"控制面板"窗口中的"添加设备"向导来安装驱动程序。在"控制面板"窗口中单击"添加设备"，即可打开"添加设备"对话框，具体的设置过程因硬件的不同而略有不同，按照提示安装即可。

2．删除应用程序

① 使用软件自带的卸载程序。

有的应用程序在计算机安装成功后，会同时添加该软件的卸载程序，运行该程序的卸载程序，即可从计算机中删除该程序。

② 利用"卸载程序"命令。

在如图 2.44 所示的窗口中，在右侧"当前安装的程序"下拉列表框中选中需要删除的应用程序，此时该程序的名称及相关信息将以反白显示，再单击【卸载/更改】按钮，系统会弹出一个确认信息对话框，此对话框显示了系统要进行的操作，并询问用户是否进行删除操作。单击【是】按钮，系统将会开始自动进行删除操作。

图 2.44　"添加或删除程序"窗口

2.6　Windows 8 新功能

Windows 8 基于 Windows 7 核心上，仍包含了许多的新功能。

1. 界面

（1）Windows UI

Windows 8 采用重新设计的 Windows UI 风格（旧名为 Metro UI、Modern UI、Windows 8-style UI）的"开始页面"，而取消了已沿用多年的"开始功能表"，Windows UI 界面适用于触摸屏和鼠标控制。这个新的开始页面类似 Windows Phone 7，包含了许多生动的应用图标。登录新的开始页面后不会实时加载桌面，以增加速度。同时该界面上也包含了"桌面"图标以方便用户回到传统的系统桌面。Metro 界面包含一个新的登录和锁定页面，并会显示时间日期及通知。

（2）Charm 工具栏

Windows 8 中还包含了 Charm（超级按钮）工具栏和 Live Tile（动态磁贴）。Charm 工具栏上有 5 个按钮，分别是：搜索、分享、开始、设备和设置。新版 Charm 工具栏位于画面右侧，而开发者预览版中则位于界面左下方。

（3）Ribbon 界面

资源管理器会采用与 Microsoft Office 2010 类似的界面，例如将"复制"和"删除"等功能键放到窗口上方，同时提供了简洁和专业两种界面选择。用户可以在文件移动或复制的过程中，进行停止、暂停和恢复。

2. 启动

微软将要求新的个人电脑有 UEFI 的安全引导功能，默认情况下激活被给定的 Windows 8 认证。微软要求，制造商必须提供能够关闭的 x86 硬件上的安全引导功能。Windows 8 将基于 UEFI 的功能使用安全启动，以防止未经授权的固件、操作系统或 UEFI 驱动程序在启动时运行。

Windows 8 的开机阶段加载电脑硬件系统将以支持 UEFI 为主。搭配固态硬盘（SSD）状态下，可让开机在数秒内完成。但仍保留对传统 BIOS 的支持。

Windows 8 提供 Windows To GoUSB 设备启动，只要把 Windows 8 安装在 USB 接口存储媒体内，便可以在不同电脑启动 Windows 8，提供了极大的方便。

3. 应用程序

Windows 8 分为传统型应用程序及 Metro 型应用程序。全部 Metro 应用程序及部分传统型应用程序可在 Windows Store 购买。Windows Store 为 Windows 8 新增的应用程序发布平台，将允许 Windows 用户下载免费应用程序或付费购买应用程序。

4. 其他

新的资源管理器支持右单击加载 ISO、IMG 和 VHD 文件，而 Windows 7 仅支持通过磁盘管理器或命令行界面加载 VHD。

Windows 8 中内置了安全防护软件 Windows Defender，内核和界面与 Microsoft Security Essentials 相同，旨在提高系统安全性，查杀恶意软件与引导启动的恶意软件。

Windows 7 软件都可以直接在 Windows 8 上应用。

更新过的任务管理器会将未在屏幕上运行的软件暂时冻结，即不占用 CPU。

全新的 "Reset and Refresh PC"（重置与刷新 PC）功能，让你可以很容易地把电脑抹干净并还原。

Windows 8 将自带 Hyper-V 虚拟化软件（原先只支持 Windows Server 2008）。

多屏幕将支持横跨屏幕的单一壁纸，以及各屏幕独立的任务栏。

强化了放大镜功能。

Mail、Photos、Calendar 和 People 等软件提供 Metro 式的更新。

个人化设置可以在多台 Windows 8 设备间同步。

硬件配备需求降低，就算是 Lenovo S10（Intel Atom N270 1.6GHz，DDR2 667MHz 1024MB）也可正常运行 Windows 8。

内置近场通信功能的 Windows 8 设备将可以用 Tap-to-share 功能分享内容。

登录系统会使用以相片为基础。

Windows 8 会支持 ARM 架构处理器芯片，以改善在平板电脑上的表现。

Windows 8 将原生支持 USB 3.0，并向下兼容 USB 2.0 和 USB1.1，用户将会得到更快的传送速度。

图片解锁屏幕：除了传统的密码解锁方式以外，一个新的授权方式允许用户采用一组滑动手势在选定的图片上来解锁屏幕。这组手势会记录滑动轨迹的形状、方向、起点及终点，但仅限于点、线条或圆。微软认为这样的解锁方式可以提高登录系统的速度。三次错误的手势输入会导致系统被锁定，并要求用户输入传统密码。

习 题 二

一、选择题

1. 要移动 Windows 7 的窗口，可以（　　　）。

    A. 拖动标题栏   B. 拖动滚动条

    C. 拖动控制菜单   D. 拖动窗口的边框

2. 在 Windows 7 中，单击【开始】按钮，在弹出的菜单中选择"所有程序"命令，其右边立即出现一个子菜单，则该命令（　　　）。

    A. 后跟 "…"   B. 前有 "√"   C. 呈暗淡显示   D. 后跟三角形符号

3. Windows 7 的窗口切换，可以通过（　　）方式实现。

　　A. 按【Ctrl+Esc】组合键　　　　　B. 选择资源管理器

　　C. 选择控制面板　　　　　　　　　D. 选择任务栏

4. Windows 7 中，按 PrtSc 键，则使整个桌面内容（　　）。

　　A. 打印到打印纸上　　　　　　　　B. 打印到指定文件

　　C. 复制到指定文件　　　　　　　　D. 复制到剪贴板

5. 在 Windows 7 的任务栏中，显示的是（　　）。

　　A. 当前窗口的图标　　　　　　　　B. 除当前窗口外的所有被打开的窗口图标

　　C. 所有已打开的窗口图标　　　　　D. 不含窗口最小化的所有被打开的窗口的图标

6. 在 Windows 7 中，显示器上的多个窗口排列方式是（　　）。

　　A. 只能层叠　　　　　　　　　　　B. 只能堆叠

　　C. 可以层叠、堆叠和并排显示　　　D. 由系统自动决定，不能调整

7. 在 Windows 7 中，将一个应用程序窗口最小化后，该应用程序（　　）。

　　A. 仍在后台运行　　B. 暂时停止运行　　C. 完全停止运行　　　D. 出错

8. 在 Windows 7 中，启动应用程序执行的正确方法是（　　）。

　　A. 用鼠标双击该应用程序图标　　　B. 将该应用程序窗口最小化成图标

　　C. 将该应用程序窗口还原　　　　　D. 将鼠标指向应用程序图标

9. Windows 7 的"开始"菜单通常包括（　　）功能。

　　A. 运行应用程序　　B. 提供系统帮助　　C. 提供系统设置　　　D. 以上均包括

10. 在对话框中，复选框是指在所列的选项中（　　）。

　　A. 仅选一项　　　　B. 可以选多项　　　C. 必须选多项　　　　D. 选全部项

11. 在下列描述中，不能打开 Windows 资源管理器的操作是（　　）。

　　A. 在"开始"菜单的"所有程序"中的"附件"选项菜单中选择它

　　B. 右键单击"开始"菜单，在弹出的快捷菜单中选择它

　　C. 在"开始"菜单的"文档"选项菜单中选择任意一个文档后右键单击

　　D. 在"开始"菜单的"运行"选项中输入相应的程序名后运行

12. 在 Windows 7 的"资源管理器"窗口中，左部显示的内容是（　　）。

　　A. 所有未打开的文件夹　　　　　　B. 系统的树型文件夹结构

　　C. 打开的文件夹下的子文件夹及文件　D. 所有已打开的文件夹

13. 在 Windows 7 的"资源管理器"窗口中，为了改变文件或文件夹的显示方式，应当选择
　　（　　）。

　　A. "文件"菜单　　B. "编辑"菜单　　C. "工具"菜单　　　　D. "查看"菜单

14. 在 Windows 7 的"资源管理器"中，下列操作中，不能设置文件或文件夹属性的是（　　）。

　　A. 用鼠标右键单击该文件或文件夹，从弹出的快捷菜单中选择"属性"命令

　　B. 先选定该文件或文件夹，然后左键单击工具栏上的"组织"下的"属性"按钮

　　C. 先选定该文件或文件夹，然后执行"文件"菜单的"属性"命令

　　D. 用鼠标右键单击"计算机"图标，从弹出的快捷菜单中选择"属性"命令

15. 在 Windows 7 中，显示器上的多个窗口排列方式是（　　）。

　　A. 只能平铺　　　　　　　　　　　B. 只能层叠

　　C. 既可平铺，又可层叠排列　　　　D. 由系统自动决定，不能调整

二、填空题

1. _____是一个在 Windows 7 程序和文件之间用于传递信息的临时存储区，它是内存的一部分。

2. 用来管理计算机中的软硬件资源及数据资源，为用户提供高效、周到的服务界面的软是_____。

3. 当 Windows 7 启动后，就进入了 Windows 的_____，它是 Windows 的工作平台，在它上面一般摆放着一些常用的或特别重要的文件夹和工具。

4. 在对话框中，命令按钮是 Windows 最常用的部件，其功能主要是完成一个特定的任务。大多数对话框中都带有_____和_____两个命令按钮。选择_____按钮，将按对话框中的设置去执行命令；选择_____按钮，将关闭对话框并取消当前所选的命令。

三、实验题

1. 练习 Windows 7 的启动和退出。

2. 练习鼠标的 5 种基本操作，并观察鼠标在指向不同对象时的形状。

3. 观察窗口、菜单及对话框的组成元素，总结各自的特征。

4. 试在自己的计算机桌面上，创建一个 Word 的快捷方式。

5. 删除桌面上的"计算机"和"网络"的图标，并重新添加。

6. 添加"日历"桌面小工具。

7. 设置任务栏属性为自动隐藏。

8. 试改变任务栏的位置。

9. 请尝试用不同的方法启动和退出 Word 2010 和 PowerPoint 2012，并在两个软件同时运行的状态下，切换不同的应用程序窗口。

10. 使用"画图"绘制图形，命名保存为"我的作品.png"。

11. 试在自己的计算机上的 D 盘上建立一个名字为"test"的文件夹，并在所创建的文件夹下新建 myfile.txt 文件，文件内容自定。

12. 设置 myfile.txt 的文件属性为只读。

13. 请把"Administration"下的所有内容复制到 d:\test 文件夹下。

14. 对 d:\test 文件夹下的文件按照文件类型进行排序。

15. 删除 d:\test 文件夹下的所有内容至回收站，并还原"我的图片"中的所有文件。

16. 彻底删除文件 myfile.txt。

17. 查找 winword.exe 文件的所在位置。

18. 试设置桌面背景和屏幕保护程序。

19. 模拟练习添加某种打印机的驱动程序。

20. 练习安装某种软件。

第3章
文字处理软件 Word 基础

Word 是 Microsoft 公司推出的 Office 套装软件的一个重要组成部分，是当今最流行的文字处理软件。它具有操作简单，易学易用，功能强大等优点，成为日常办公、文字处理的好帮手。本书以 Word 2010 为蓝本，讲述 Word 的基本功能及操作方法。

3.1　Word 2010 概述

作为 Office 2010 的一个重要组件，Word 2010 的主要功能是进行文字处理和排版编辑。Word 2010 是 Word 2007 升级后的版本，界面更加美观，功能更加强大，深受广大用户的欢迎。

3.1.1　Word 2010 的安装、启动与退出

下面将简要介绍 Word 的安装、启动与退出的方法。

1. Word 2010 的安装

Word 2010 是 Office 2010 套装软件的一部分，需要通过安装 Office 2010 软件来安装 Word 2010。安装的过程比较简单，只要将 Office 2010 安装盘放入光驱，双击安装盘所在盘符，按照向导的提示进行操作即可轻松完成安装。

2. Word 2010 的启动

安装完成以后，就可以启动 Word 2010 了。

启动的方法有以下两种。

（1）使用"开始"菜单启动

选择"开始"|"所有程序"|"Microsoft Office"|"Microsoft Office Word 2010"命令，单击后即可启动 Word。

（2）使用快捷方式启动

桌面上如果有"Word 2010"的快捷方式图标或已经编辑好的 Word 2010 文档，直接双击也可启动 Word 2010。

3. Word 2010 的退出

退出 Word 2010，可以采用以下几种方法之一。

① 单击"文件"选项卡|"退出"命令。

② 单击窗口右上角的【关闭】按钮✕。

③ 双击窗口左上角的 Word 图标 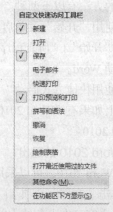。

④ 单击 Word 图标 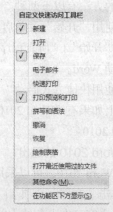，在弹出的快捷菜单中选择"关闭"命令。

⑤ 在当前编辑窗口为工作窗口的情况下，使用组合键【Alt+F4】。

3.1.2 Word 2010 窗口组成

启动 Word 之后，可以看到 Word 2010 的窗口，如图 3.1 所示，窗口由标题栏、快速访问工具栏、"文件"选项卡、功能区、编辑窗口等几部分组成。

图 3.1　Word 2010 窗口界面

下面对窗口各部分进行简要的介绍。

（1）标题栏

位于窗口的顶端，显示当前的文档名称以及所使用的程序名称，右侧的"最小化"按钮 、"最大化"按钮 和"关闭"按钮 ，分别完成窗口的最小化、最大化和关闭操作。

（2）快速访问工具栏

默认情况下，位于窗口顶端左侧，此处显示一些常用的命令，例如"保存"和"撤消"等命令。用户可以根据需要向快速访问工具栏添加一些其他常用的命令。具体步骤如下。

① 单击快速访问工具栏右侧的"自定义快速访问工具栏"按钮 ，打开"自定义快速访问工具栏"的快捷菜单，如图 3.2 所示。在打开的菜单中选择"其他命令（M）…"，打开"Word 选项"对话框，如图 3.3 所示。

② 左侧列表选中"快速访问工具栏"，在右侧"从下列位置选择命令"的列表框中选择要添加的命令类别。

图 3.2　"自定义快速访问工具栏"快捷菜单

图 3.3　"Word 选项"对话框

③ 在命令列表中，选中要添加的命令，单击"添加"按钮，要添加的命令按钮就会出现在右侧"自定义快速访问工具栏"的命令列表中。此外，通过右侧的"上移"和"下移"按钮还可以调整命令按钮的显示顺序。

④ 添加完所需要的命令后，单击"确定"按钮，即可完成添加。

（3）"文件"选项卡

位于快速访问工具栏的下方。单击"文件"选项卡，可以打开菜单，如图 3.4 所示，里面包含"保存"、"另存为"、"打开"、"关闭"、"信息"、"最近所用文件"、"新建"、"打印"、"保存并发送"等常用命令。

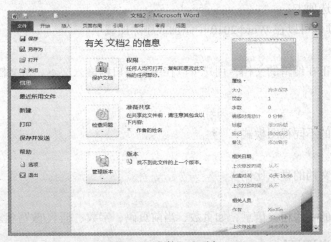

图 3.4　"文件"选项卡

（4）功能区

位于"文件"选项卡的右侧。Word 2010 同 Word 2007 类似，取消了传统的菜单操作方式，代之以功能区。功能区由选项卡组成，单击选项卡名称，就会切换到相应的面板。每个选项卡根据功能的不同又分为若干个组，每组包含相关的一些按钮。Word 2010 的功能区包括开始、插入、页面布局、引用、邮件、审阅、视图和加载项八个默认的选项卡。为了使屏幕简洁，一些选项卡仅在需要时才显示，如"格式"选项卡、"布局"选项卡等。

① "开始"选项卡。

"开始"选项卡是用户最常用的选项卡，包括剪贴板、字体、段落、样式和编辑五个组，主要用于对文档进行文字编辑和格式设置。

② "插入"选项卡。

"插入"选项卡包括页、表格、插图、链接、页眉和页脚、文本、符号七个组，主要用于向文档中插入各种元素。

③ "页面布局"选项卡。

"页面布局"选项卡包括主题、页面设置、稿纸、页面背景、段落、排列六个组，主要用于设置文档页面格式。

④ "引用"选项卡。

"引用"选项卡包括目录、脚注、引文与书目、题注、索引和引文目录六个组，主要实现向文档中插入目录、脚注、题注等功能。

⑤ "邮件"选项卡。

"邮件"选项卡包括创建、开始邮件合并、编写和插入域、预览结果和完成五个组，主要完成有关邮件的操作。

⑥ "审阅"选项卡。

"审阅"选项卡包括校对、语言、中文简繁转换、批注、修订、更改、比较和保护八个组，主要完成校对和修订等操作。

⑦ "视图"选项卡。

"视图"选项卡包括文档视图、显示、显示比例、窗口和宏五个组，主要用于设置窗口的视图类型、文档显示比例、进行多窗口操作等。

⑧ "加载项"选项卡。

"加载项"选项卡可以在 Word 2010 中添加或删除加载项。

（5）编辑窗口

编辑窗口显示正在编辑的文档，用户可以在编辑窗口内输入文本，对文档进行编辑、修改和格式化等操作。

（6）视图按钮

用于选择文档的不同视图模式。

（7）缩放滑块

用于更改当前文档的显示比例。

（8）状态栏

显示当前文档的一些相关信息，如页数、当前页码、字数、插入/改写状态等。

3.1.3 文档视图

文档视图是指文档的显示方式。Word 2010 提供了五种视图模式，包括页面视图、阅读版式视图、Web 版式视图、大纲视图和草稿视图。用户可以在"视图"选项卡|"文档视图"组选择需要的文档视图模式，如图 3.5 所示，也可以在 Word 2010 文档编辑窗口的右下方单击视图按钮选择需要的视图模式。

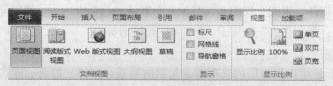

图 3.5 "文档视图"组

1．页面视图

页面视图是 Word 的默认视图，页面视图的显示效果与打印效果基本一致。在页面视图下可以编辑页眉、页脚、文本、图形对象、分栏设置等。

2．阅读版式视图

阅读版式视图是一种专门用来阅读文档的视图。它以图书的样式显示文档，"文件"选项卡、功能区等窗口元素被隐藏起来。在阅读版式视图中，用户还可以单击"工具"按钮选择各种阅读工具，使阅读更加方便。

3．Web 版式视图

Web 版式视图以网页的形式显示文档，可以完整地显示所编辑文档的网页效果，同在 Web 浏览器中出现的文档相同。Web 版式视图适用于发送电子邮件和创建网页。

4．大纲视图

大纲视图适合于层次较多的文档，比如具有多重标题的文档。大纲视图将所有的标题分级显示出来，层次分明。大纲视图广泛用于长文档的快速浏览和设置。

5．草稿

草稿视图适合于创作和浏览文本。用户在该视图方式下可以进行文字的录入、编辑，对文字格式进行编排等操作。草稿视图简化了页面的布局，不显示页边距、页眉、页脚、背景、图形等对象，仅显示标题和正文，可以方便快捷地进行一般的文字编辑操作。

3.1.4　Word 2010 的帮助功能

为了使用户更方便的学习使用 Word，及时为用户提供解决问题的方法，Word 提供了详细的帮助功能。

要启动 Word 的帮助功能，可以单击"文件"选项卡，选择菜单中的"帮助"命令，如图 3.6 所示，在右侧的面板上，选择"Microsoft Office 帮助"选项，出现 Word 的帮助窗口。

Word 的帮助窗口，如图 3.7 所示。在 Word 的帮助窗口输入需要帮助的主题（如"保存"），单击"搜索"按钮，系统将把搜索结果显示出来，用户可以从中选择自己所需要阅读的主题。

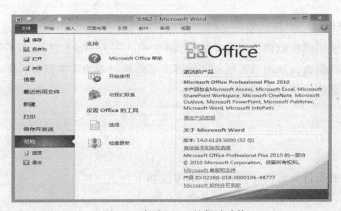

图 3.6　启动 Word 的帮助功能

图 3.7　Word 的帮助窗口

3.2　文档的基本操作

文档的基本操作，主要包括新建文档、打开文档、输入文本、保存文档、关闭文档等，下面将分别介绍。

3.2.1　创建新文档

启动 Word 2010 后，系统会自动创建一个名称为"文档 1"的空白文档，标题栏上显示"文档 1-Microsoft Word"。在 Word 中允许用户同时编辑多个文档，而不必关闭当前的文档。如果需要再次新建一个空白文档，可以采用以下几种方法。

1. 利用文件选项卡新建文档

在 Word 2010 窗口中，选择"文件"选项卡|"新建"命令，如图 3.8 所示。在打开的"新建"面板中，选中需要创建的文档类型，这里选择"空白文档"，完成选择后单击右边的"创建"按钮。此时 Word 将创建一个新的空白文档，系统将自动为新创建的文档取一个名称。

图 3.8　新建空白文档

2. 利用快速访问工具栏的"新建"按钮创建文档

单击快速访问工具栏中的"新建"按钮，可以创建一个新的空白文档。

3. 使用快捷键创建文档

按下组合键【Ctrl+N】，也可以创建一个新的空白文档。

除了空白文档外，用户还可以使用模板创建比较专业的 Word 文档。因为 Word 2010 中不仅有空白文档模板，还内置了多种文档模板，如图 3.8 所示的博客文章模板、书法字帖模板、样本模板等。借助这些模板，用户可以创建比较专业的 Word 文档。

3.2.2　文档的打开

1. 打开已有的 Word 文档

对已有的文档进行编辑前，需要先打开文档。打开文档的方法如下。

（1）用下列三种方法之一弹出"打开"文档对话框，如图 3.9 所示。

① 单击快速访问工具栏中的"打开"按钮。

② 单击"文件"选项卡|"打开"命令。

③ 按组合键【Ctrl+O】。

（2）在"打开"对话框中选择驱动器、目录、文件类型，找到要打开的文件，单击【打开】按钮。此时被指定的文档被打开，文档的内容将显示在文档编辑区内。

图 3.9　"打开"文档对话框

2. 打开并转换非 Word 文档

Word 可以将非 Word 文档如纯文本文件（.txt 文件）、网页文件、WPS 文件等转换成 Word 文档，并在 Word 环境下编辑。打开和转换的方法如下。

① 单击快速访问工具栏中的"打开"按钮 📂，弹出"打开"文件对话框，指定文件所在的盘符和路径。

② 在"文件类型"下拉列表框中选择非 Word 文件的类型或选"所有文件"选项，相应类型的文件名等文件信息将显示在窗口中间。

③ 选择非 Word 文档，将其打开。

④ 在"文件"选项卡中选"另存为"命令。

⑤ 在"另存为"的对话框中设置"保存类型"为 Word 文档类型。

⑥ 单击"保存"按钮，被转换的文件将显示在 Word 2010 的编辑区内。

3.2.3　输入文本

在 Word 中，用户可以输入文字、各种符号和当前日期时间等内容。

1. 插入点的移动

当建立了一个新的 Word 文档后，在空白的 Word 文档起始处有一个不断闪烁的竖条，这就是插入点（俗称光标）。它所在的位置就是新的文字或对象插入的位置。在文本的录入编辑过程中，可通过鼠标的单击，将插入点（光标）定位到文档中的任意位置，也可以使用方向键、辅助键移动插入点（光标），具体操作如表 3 所示。

表3　　　　　　　　　　　　　常用的光标控制键

类别	光标控制键	作用
水平	←、→	向左、右移动一个字或字符
	Ctrl+ ←、Ctrl+ →	向左、右移动一个词
	Home、End	到当前行首、尾
垂直	↑、↓	向上、下移动一行
	Ctrl+↑、Ctrl+↓	到上、下段落的开始位置
	Page Up、Page Down	向上、下移动一页
文档	Ctrl+Home、Ctrl+End	到文档的首、尾

2. 输入文字

输入文字前首先要选择输入法，可以用以下方法切换不同的输入法。

① 用鼠标单击任务栏中的"语言栏" 按钮，选取要使用的输入法。

② 用【Ctrl+Shift】组合键可以在英文和各种中文输入法之间进行切换。

③ 用【Ctrl+Space（空格）】组合键可以快速切换中英文输入法。

当用户录入文字时，插入点（光标）依次向后移动，到达右边界后，接下来输入的文本会随光标的移动而自动转至下一行。当要结束一个段落时，需按回车键换行。

另外，在输入文档时还应注意两种工作状态，即"改写"和"插入"状态。在 Word 窗口下方状态栏的右侧若显示"插入"，工作状态即为"插入"状态。在该状态下，新输入的文本在光标处插入，原有内容依次右移。在状态栏的右侧若显示"改写"，工作状态即为"改写"状态。在该状态下，输入的文本将覆盖光标右侧的原有内容。按【Insert】键或用鼠标单击状态栏右侧的"插入"或"改写"标记，可切换"改写"与"插入"状态。

3. 插入特殊字符

在 Word 文档中经常要插入特殊的字符，例如运算符号、单位符号和数字序号等。具体插入方法是：在 Word 文档中定位插入点的位置，单击"插入"选项卡|"符号"组|"符号"按钮，一些常用符号会在此列出，如果有你需要的，单击选中即可。如果这里没有你需要的符号，选择"其他符号…"选项，打开"符号"对话框，如图 3.10 所示，从中选取符号插入即可。当然，也可以在插入点处右键单击，在出现的快捷菜单中单击"插入符号"命令，也会打开"符号"对话框。

4. 输入当前日期和时间

在 Word 文档中可以插入当前的日期和时间，其格式可以有很多种。具体操作步骤如下：

① 单击"插入"选项卡|"文本"组|"日期与时间"按钮，弹出"日期与时间"对话框，如图 3.11 所示。

图 3.10 "符号"对话框

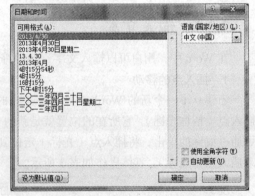

图 3.11 "日期和时间"对话框

② 在"日期与时间"对话框中，单击所需格式的日期和时间后，再单击【确定】按钮，当前的日期和时间以所选的格式插入到文档的插入点上。

5. 插入其他文件的内容

Word 允许把其他文件的内容插入到当前编辑的文档中，利用这种功能可以将几个文档组合成一个文档。插入其他文件内容的方法如下：

① 设定好插入点的位置。

② 单击"插入"选项卡|"文本"组|"对象"按钮右边的三角形按钮，在弹出的下拉菜单中

选择"文件中的文字（F）…"命令，屏幕显示 "插入文件"对话框，如图 3.12 所示。

图 3.12 "插入文件"对话框

③ 在对话框中选择要插入文件所在的路径和文件类型，选择要插入的文件名。
④ 单击对话框中的"插入"按钮，被选文档便插入到当前文档的插入点处。

3.2.4 文档的存储与保护

完成文本的输入编辑工作后，需要将文档存储在磁盘上，对于一些重要文档还需要设置口令对文件进行保护。

1. 文档的存储

在编辑文件时，正在编辑的文件在内存中，如果不及时保存，有可能会造成数据的丢失。有经验的用户会每隔一段时间（如 10 分钟）做一次存档操作，以免在断电等意外事故发生时未存盘的文档内容丢失。默认情况下，使用 Word 2010 编辑的文档扩展名为.DOCX。下面介绍文档存储的几种情况。

（1）保存新建文档

① 单击快速访问工具栏上的"保存"按钮▊或单击"文件"选项卡|"保存"命令或按【Ctrl+S】组合键，打开"另存为"对话框，如图 3.13 所示。

图 3.13 "另存为"对话框

② 在"另存为"对话框中指定驱动器、目录和文件名。

③ 单击【保存】按钮，存盘后并不关闭文档窗口，依然处在编辑状态下。

（2）保存已有的文档

如果当前编辑的文档是打开的已有文档，那么单击快速访问工具栏上的"保存"按钮■或单击"文件"选项卡|"保存"命令或按【Ctrl+S】组合键后，文档在原来的位置用原文件名存盘，不会出现"另存为"对话框。存盘后并不关闭文档窗口，继续处在编辑状态下。

（3）以其他新文件名存盘

如果当前编辑的文档是已有的文档，文件名是 F1.DOCX，现在希望既保留原来的 F1.DOCX 文档，又要将修改后的文档以 F2.DOCX 存盘，则操作步骤如下。

① 单击"文件"选项卡|"另存为"命令，弹出"另存为"对话框。

② 在"另存为"对话框内指定新文件 F2.DOCX 的驱动器、目录和文件名。

③ 单击"另存为"对话框中的"保存"按钮，则当前编辑的文档以新的文件名 F2.DOCX 存盘，存盘后 F1.DOCX 关闭，F2.DOCX 处在编辑状态中。

（4）将 Word 2010 文档保存为 Word 2003 文档

在 Word 2010 中编辑的 Word 文档，如果希望其能够在低版本 Word 2003 窗口中打开，则需要将 Word 2010 文档保存为 Word 2003 文档。具体步骤如下。

① 打开 Word 2010 文档窗口，单击"文件"选项卡|"另存为"命令，弹出"另存为"对话框。

② 在"另存为"对话框中，单击"保存类型"右边的三角形按钮，在文件类型列表中选择"Word 97-2003 文档"选项，如图 3.14 所示。

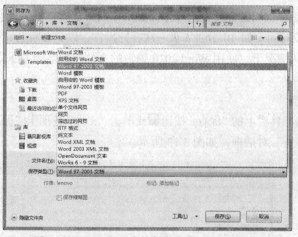

图 3.14　Word 2010 文档保存为 Word 2003 文档

③ 选择保存位置并输入文件名，最后单击"保存"按钮即可。

（5）自动保存文档

Word 有自动保存文档的功能，即每隔一定时间就会自动地保存一次文档。默认情况下，每隔 10 分钟自动保存一次文件，用户可以根据实际情况设置自动保存时间间隔。具体步骤如下。

① 单击"文件"选项卡|"选项"命令，出现"Word 选项"对话框。

② 选择"保存"选项，如图 3.15 所示，选中"保存自动恢复信息时间间隔"复选框，右边的微调框中输入合适的数值，并单击"确定"按钮完成。

图 3.15 设置"自动保存文档"对话框

2. 文档的保护

为保护某些重要的文件，可以将其以只读方式打开，或为其设置密码以实现对文件的保护。打开方式不同，对文件使用的权限也不同。

（1）以只读方式打开文件

以只读方式打开的文档，限制用户对原始 Word 文档的编辑和修改，从而有效保护文档的原始状态。具体操作步骤如下。

① 单击快速访问工具栏中的"打开"按钮，弹出"打开"文档对话框。

② 在对话框中，选中需要打开的 Word 文档。

③ 单击"打开"按钮右侧的三角形按钮，在弹出的子菜单中选择"以只读方式打开"选项即可。

在打开的 Word 文档窗口标题栏上，可以看到当前 Word 文档处于"只读"方式。以只读方式打开的 Word 文档允许用户进行"另存为"操作，从而将当前打开的只读方式 Word 文档另存为一份可以编辑的 Word 文档。

（2）为文件设置保护密码

为阻止他人打开或修改 Word 文档，可以为文档设置密码。注意，设置密码后如果不能提供正确密码，则打不开文件，所以要牢记密码。为文件设置密码的操作方法如下：

① 选择"文件"选项卡|"信息"命令。在右侧的面板选择"保护文档"中的"用密码进行加密"选项。

② 弹出"加密文档"窗口，如图 3.16 所示，在文本框中输入密码，单击"确定"按钮，会出现"确认密码"对话框。

③ 在"确认密码"对话框中，将刚刚输入的密码再重新输入一次，以进行密码的确认。

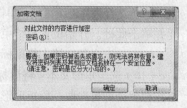

图 3.16 "加密文档"对话框

3.2.5 关闭 Word 文档

当完成文档编辑之后，可以用下列几种方法关闭文档窗口。

（1）双击窗口左上角的 Word 图标，相应的文档窗口被关闭。

（2）单击窗口右上角的"关闭"按钮✖，相应的文档窗口被关闭。

（3）单击"文件"选项卡|"关闭"命令。

（4）使用【Alt+F4】组合键，可将当前活动窗口关闭。

如果要关闭的文档尚未保存，屏幕将显示保存文件对话框，以提醒用户是否需要保存当前文档。

3.3　编辑文档

编辑文档是 Word 提供的最基本的功能，对文档的内容进行编辑，主要包括文本的选定、插入、复制、移动以及撤销与恢复等操作。下面将介绍这些基本操作。

3.3.1　文本的选定

Word 中的许多操作都遵循"先选定后执行"的操作原则，即在执行操作之前，必须指明操作的对象，然后才能执行具体的操作。因此，对文本进行复制、删除等操作前要先选定文本。

1. 利用鼠标选择文本

用鼠标选定文本最基本的操作是"拖动"，即按住鼠标左键拖过所要选定的所有文字。"拖动"可以选定任意数量的文字，下面介绍多种用鼠标选定文本的方法。

（1）将光标置于要选择文本的开始位置，按下鼠标左键不放，将鼠标光标拖到要选择文本的结束位置，再松开鼠标左键。开始位置与结束位置之间的文本将被选择。

（2）选定一个词语：用鼠标双击该词语。

（3）选择一个句子：按住【Ctrl】键，同时单击需要选取的语句，即可完成选取。

（4）选择一行：将鼠标移到一行的左边空白处，这时鼠标指针形状为指向右上角的空心箭头，单击鼠标左键，便选定了该行的全部内容。

（5）选择几行：将鼠标移到一行的左边空白处，这时鼠标指针形状为指向右上角的空心箭头，按下鼠标左键不放，沿垂直方向拖动鼠标。

（6）选择一个段落：将鼠标移到段落的左侧空白处，双击鼠标左键，则整个段落被选择；或者将鼠标移到要选择的段落中任意字符处连续三次单击左键，则光标所在的段落被选择。

（7）选择几个段落：将鼠标移到段落的左侧空白处，按下鼠标左键沿垂直方向拖动，则经过的若干个段落被选择。

（8）选择大片连续区域：单击欲选内容的开始位置，再找到欲选内容的结束位置，按住【Shift】键并单击此处。开始位置与结束位置之间的文本都被选择。

（9）选定全部文档：将鼠标光标移到段落的左侧空白处连续单击鼠标左键三下。

（10）选定矩形文本：将鼠标指针移到要选定文本的起始位置处，按住 Alt 键，再拖动鼠标到终止位置处即可选取一段矩形形状的文本。

2. 使用键盘选定文本

首先将光标置于要选定文本的开始位置，再使用下面的组合键选取。

（1）Shift+↑：选定光标所在位置向上的一行文本。

（2）Shift+↓：选定光标所在位置向下的一行文本。

（3）Shift+→：选定当前行右侧的文本。

（4）Shift+←：选定当前行左侧的文本。

（5）Ctrl+A：选定整篇文档。

3.3.2　插入、复制与粘贴文本

1．插入文本

在编辑文档的过程中经常要插入文本，如果要插入的文本是已存在的独立文档，前面已经提到过，在插入状态下，直接在插入点处插入文件即可。如果要插入的文本是非独立文档，在插入点直接输入文本即可。

2．复制与粘贴文本

在文档输入的过程中，如果要输入的内容在文档中已经存在，可以直接复制已存在的内容，而不必重新输入。复制文本后，需要把复制的内容粘贴到新位置。Word 2010 的粘贴选项比以前的版本要丰富得多，如在同一文档内粘贴，用户可以选择"保留源格式"、"合并格式"或"只保留文本"三种粘贴选项，可以满足不同的需求。

如果要复制的文本距离粘贴位置较近，可以通过拖动鼠标的方法来复制文本，具体操作步骤如下。

① 选定要复制的文本。

② 按住【Ctrl】键，同时用鼠标将选定的文本拖动到要复制的位置，然后松开鼠标左键即可实现复制。

如果要复制的文本距离粘贴位置较远，需要使用"复制"命令，具体操作步骤如下。

① 选定需要复制的文本。

② 单击"开始"选项卡|"剪贴板"组|"复制"按钮，或按【Ctrl+C】组合键。

③ 把光标移动到要插入文本的位置，单击"开始"选项卡|"剪贴板"组|"粘贴"按钮，或按【Ctrl+V】组合键，完成复制。

"复制"命令把要复制的文本复制到剪贴板中，因此在"复制"一次之后可以多次地粘贴。

3.3.3　移动与删除文本

1．移动文本

在编辑文档时，有时需要把一段已有的文本移动到另外一个位置。

当要移动的文本距离新位置较近时，可以通过拖动鼠标的方法来移动文本，具体操作步骤如下。

① 选定要移动的文本。

② 把鼠标指针移到所选文本上，当鼠标变为空心指针时拖动文本到新的位置，松开鼠标左键即可实现移动。

当要移动的文本距离粘贴位置较远时，需要使用"剪切"命令，具体操作如下。

① 选定需要移动的文本。

② 单击"开始"选项卡|"剪贴板"组|"剪切"按钮，或按【Ctrl+X】组合键。

③ 把光标移动到要插入文本的新位置，单击"开始"选项卡|"剪贴板"组|"粘贴"按钮，或按【Ctrl+V】组合键，完成移动。

"剪切"命令是把要移动的文本剪切到剪贴板中，因此，在"剪切"一次之后也可以多次地粘贴。

2. 删除文本

编辑文档时，可以用【BackSpace】键删除光标左侧的文本，用【Delete】键删除光标右侧的文本。当要删除大段文字时，先选定要删除的文本，然后按【Delete】键或【BackSpace】键进行删除。

3.3.4 撤销与恢复操作

Word 可以记录用户所做的操作，所以在文档的编辑过程中，如果出现了误操作，可以使用撤销和恢复功能，撤销以前的操作，或恢复前面的撤销。

1. 撤销操作

单击快速访问工具栏上的"撤销"按钮 ↺ ▾或按下【Ctrl+Z】组合键，即可取消上一次的操作。如果单击"撤销"按钮 ↺ ▾右侧的三角形按钮，可以从弹出的下拉列表中选择要撤销的多次操作。

2. 恢复操作

当使用"撤销"命令撤销了某个操作时，可以使用"恢复"命令恢复刚做的撤销操作。恢复操作的方法是：单击快速访问工具栏上的"恢复"按钮 ↻，就可以恢复上一次的撤销操作。如果撤销操作执行过多次，也可单击"恢复"按钮 ↻ ▾右侧的三角形按钮，在弹出的下拉列表中选择恢复撤销过的多次操作。

3.3.5 查找与替换

用户在编辑文档时，经常要查找某些内容，或者是把多处同类错误的字或词替换成正确的内容等情况。这些工作如果人工逐字逐句进行查找或替换，不仅费时费力，而且还可能出现遗漏，用 Word 提供的查找和替换功能可以很方便的完成这些工作。Word 的查找与替换功能不止这些，还可以查找和替换指定格式、段落标记、图形之类的特定项，以及使用通配符查找等。

1. 查找文本

查找文本功能可以帮助用户找到要查找的文本以及该文本所在的位置。查找文本的具体操作步骤如下。

① 单击"开始"选项卡|"编辑"组|"查找"按钮 🔍，或按【Ctrl+F】组合键，打开"导航"窗格，如图 3.17 所示。

"导航"窗格是 Word 2010 新增的功能，主要是为了长文档的导航而设置的，同时还具有强大的搜索功能。

② 在"导航"窗格搜索编辑框中输入需要查找的文字，单击 🔍 按钮。导航窗格将显示所有包含该文字的页面片段。

图 3.17 "导航"窗格

③ 同时查找到的匹配文字将会在正文部分全部以黄色底纹标识。

2. 替换文本

替换文本功能是用新文本替换文档中的指定文本。例如用 "Word 2010" 替换 "Word"，具体操作步骤如下。

① 单击"开始"选项卡|"编辑"组|"替换"按钮 ✍，或按【Ctrl+H】组合键，打开"查找和替换"对话框的"替换"选项卡，如图 3.18 所示。

② 在"查找内容"文本框中输入要查找的文本，例如："Word"。

③ 在"替换为"文本框中输入替换的文本，例如："Word 2010"。

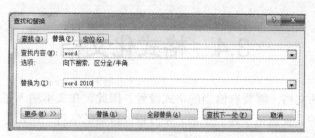

图 3.18　"查找和替换"对话框

④ 如果需要设置更多选项,可单击"更多"按钮,然后设置所需的选项。

⑤ 单击"查找下一处"按钮或"替换"按钮,Word 开始查找要替换的文本,找到后会选中该文本并反白显示。如果替换,可以单击"替换"按钮;如果不想替换,可以单击"查找下一处"按钮继续查找。如果单击"全部替换"按钮,Word 将自动替换所有需要替换的文本而不再询问。

按【Esc】键或单击"取消"按钮,则可以取消正在进行的查找、替换操作并关闭此对话框。

3.3.6　多窗口操作

在文档的编辑过程中,用户有可能需要在多个文档之间进行交替操作。例如:在两个文档之间进行复制和粘贴的操作,这就需要在具体操作之前将所涉及到的两个文档分别打开。下面将介绍多窗口的基本操作。

1. 多个文档的窗口切换

在 Word 中可以同时打开多个文档进行编辑,每个文档都会在系统的任务栏上拥有一个最小化图标。多个文档窗口之间的切换方法是:在任务栏上单击相应的最小化图标;或单击"视图"选项卡|"窗口"组|"切换窗口"按钮,在下面列出的文件列表中单击所需的文档名称;也可以在当前激活的窗口中,按【Ctrl+Shift+F6】组合键将当前激活窗口切换到"窗口"菜单文件名列表上的下一个文档,并且可按窗口文档标号顺序切换。

2. 排列窗口

Word 可以同时显示多个文档窗口,这样用户可以在不同文档之间转换,提高了工作效率。要在窗口中同时显示多个文档,可以单击"视图"选项卡|"窗口"组|"全部重排"按钮 ,这样就会将所有打开了的未被最小化的文档显示在屏幕上,每个文档存在于一个小窗口中,标题栏高亮显示的文档处于激活状态。如果要在各文档之间切换,则单击所需文档的任意位置即可。

Word 2010 具有多个文档窗口并排查看的功能,通过并排查看的方式,可以很方便地对多个文档进行编辑和比较,具体操作步骤如下。

① 打开要并排比较的文档。

② 单击"视图"选项卡|"窗口"组|"并排查看"按钮,如果此时仅打开了两个文档,当前窗口的文档会与另一篇打开的文档进行比较,如果打开了多个文档,这时就会打开一个如图 3.19 所示的"并排比较"对话框。

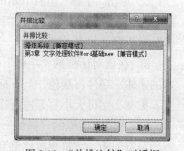

③ 用户可从中选择需要并排比较的文档,然后单击"确定"按钮即可将当前窗口的文档与所选择的文档进行并排比较。打开并排比较文档的同时,会有"同步滚动"和"重置窗口位置"按钮可以供用户使用。

图 3.19　"并排比较"对话框

3.4 格式化文档

制作精美专业的文档，需要有恰当的格式设置。因此，在文本输入完成后，要对文档进行格式的设置。格式的设置包括字体、字形、字号以及段落的缩进、间距等。本节将介绍这方面的操作。

3.4.1 设置字符格式

字符格式设置主要包括对字体、字号、加粗、倾斜、下划线、边框、底纹、颜色等的设置。

1. 利用浮动工具栏进行设置

在 Word 2010 中，当文字被选中时，在其右侧就会显示一个微型、半透明的工具栏，称为浮动工具栏，如图 3.20 所示。该工具栏中包含了常用的设置字体、字号、字形、颜色、居中对齐、格式刷等命令，将鼠标指针移动到浮动工具栏上时，这些命令完全显示，进而可以方便地设置字符的格式。

2. 利用"开始"选项卡|"字体"组进行设置

设置字符格式，除了利用浮动工具栏以外，还可以利用"开始"选项卡|"字体"组的按钮进行设置，如图 3.21 所示。

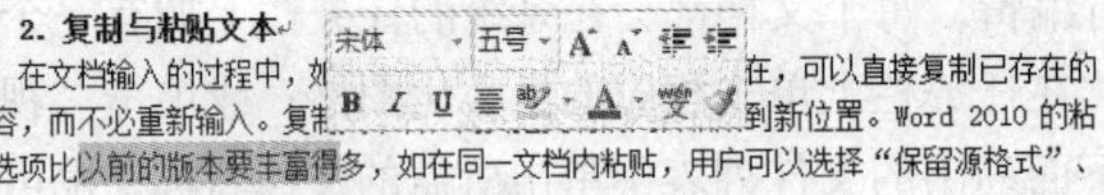

2. 复制与粘贴文本
在文档输入的过程中，如……在，可以直接复制已存在的内容，而不必重新输入。复制……到新位置。Word 2010 的粘贴选项比以前的版本要丰富得多，如在同一文档内粘贴，用户可以选择"保留源格式"、

图 3.20 浮动工具栏

图 3.21 "字体"组设置字符格式

具体步骤如下：

① 选定需要设置格式的文本；

② 单击"开始"选项卡|"字体"组上的按钮，完成字体、字号、加粗、倾斜、颜色等相关的设置。

3. 利用"字体"对话框进行设置

要全面地设置字符格式，可以使用"字体"对话框进行统一设置，具体操作步骤如下。

① 首先选定需要设置的文本。

② 单击"字体"组右下角的对话框启动器按钮，或右击，在快捷菜单中选择"字体…"命令，打开"字体"对话框，如图 3.22 所示。

③ 在该对话框的"字体"选项卡中可以对选中文本的字体、字号、颜色、上下标、下划线、着重号、阴文、阳文、字母大小写等进行设置。

④ 在该对话框的"高级"选项卡中可以对选中文本的字符间距、字符缩放比例和字符位置进行设置。

⑤ 最后，单击"确定"按钮完成格式设置。

图 3.22 "字体"对话框

3.4.2　设置段落格式

在 Word 文档中，段落是指两个段落标记（即回车符）之间的文本内容。构成一个段落的内容可以是一个字、一句话、一个表格，也可以是一个图形。段落可以作为一个独立的排版单位，设置相应的格式。段落格式设置主要包括对齐方式、缩进、行间距和段间距等设置。在设置段落格式时，首先把光标定位在要设置段落中的任意位置上，再进行设置操作，后面就不再重复叙述。

1. 段落对齐方式

在 Word 中，段落的对齐方式有五种，分别是左对齐、居中对齐、右对齐、两端对齐、分散对齐。设置的方法是：利用"开始"选项卡|"段落"组的中的▤、▤、▤、▤、▤按钮进行设置，也可以单击"段落"组右下角的对话框启动器按钮 ▣，打开"段落"对话框，如图 3.23 所示。在打开的对话框中打开"缩进和间距"选项卡，在"常规"选项组内的"对齐方式"下拉列表框中选择所需要的对齐方式。

图 3.23　"段落"对话框

2. 段落缩进

段落缩进是调整段落与页面边界之间的距离。段落缩进有 4 种形式，分别是首行缩进、悬挂缩进、左缩进和右缩进。首行缩进是设置段落的第一行第一个字的起始位置，悬挂缩进是设置段落中除首行以外的其他行的起始位置，左缩进是设置整个段落左边界的缩进位置，右缩进是设置整个段落右边界的缩进位置。

设置段落缩进可以使用标尺和"段落"对话框两种方法。

（1）使用标尺设置段落缩进

在 Word 窗口中，显示或隐藏水平标尺可以单击"视图"选项卡|"显示"组|"标尺"复选框，或者单击窗口右侧滚动条顶部的"标尺"按钮 ▣。在水平标尺上有几个和段落缩进有关的游标，分别为：左缩进、悬挂缩进、首行缩进和右缩进，如图 3.24 所示。根据需要用鼠标移动相应的游标即可完成缩进的设置，如果要精确缩进，可在拖动的同时按住【Alt】键，此时标尺上会出现刻度。

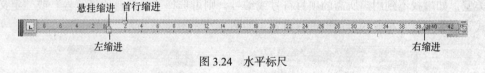

图 3.24　水平标尺

（2）使用"段落"对话框设置段落缩进

在如图 3.23 所示的"段落"对话框中选择"缩进和间距"选项卡，在"缩进"选项组中，"左侧"编辑框用于精确设置左端缩进量，"右侧"编辑框用于精确设置右端缩进量。在"特殊格式"下拉列表框中有"无"、"首行缩进"、"悬挂缩进" 3 个选项，"首行缩进"选项用于设置首行缩进，"悬挂缩进"选项用于设置悬挂缩进，"无"选项用于取消缩进设置；"度量值"微调框用于精确设置缩进量。

另外，在"页面布局"选项卡|"段落"组，也可以使用缩进按钮完成左缩进和右缩进的精确设置。

3. 设置行间距与段间距

行间距是指段落中行与行之间的距离；段间距是指段落与段落之间的距离。行间距和段间距的设置方法是：打开"段落"对话框，打开"缩进和间距"选项卡，在"间距"选项组中，"段前"和"段后"两个微调框用于设置段前间距和段后间距。"行距"下拉列表框中，有单倍行距、1.5 倍行距、2 倍行距、最小值、固定值、多倍行距选项，用来设置各种行间距。

4. 文本格式复制

在 Word 中，格式同文字一样是可以复制的，如果文档中有多处文本需要设置相同的格式，可以使用"格式刷"复制格式。利用"开始"选项卡|"剪贴板"组|"格式刷"按钮 ✍，既可以复制字符格式、段落格式，也可以复制项目符号和编号、标题样式等格式。

文本格式复制的具体操作步骤如下：

① 选定要复制格式的文本，或将光标置于该文本中任意位置。

② 单击"开始"选项卡|"剪贴板"组|"格式刷"按钮 ✍，此时鼠标指针变为刷子形状。

③ 将鼠标指针指向要设置格式的文本开始位置，按下鼠标左键，拖动到该文本结束位置，此时目标文本呈反相显示，然后释放鼠标，完成文本格式的复制操作。

如果要复制格式到多个目标文本上，则需双击"格式刷"按钮 ✍，锁定"格式刷"状态，然后逐个拖动复制，全部复制完毕后，再次单击"格式刷"按钮 ✍或按【Esc】键，结束格式复制。

3.4.3　项目符号和编号

在编辑文档时，为了使文档条理清晰，经常使用项目符号和编号。Word 2010 可以使用"开始"选项卡|"段落"组|"项目符号"按钮 ☰或"编号"按钮 ☰为选定的段落添加项目符号或编号。

1. 添加项目符号和编号

在文本原有的行中添加项目符号或编号，具体操作步骤如下。

① 选定需要添加项目符号或编号的段落文本。

② 单击"项目符号"按钮 ☰或"编号" ☰按钮，可以实现项目符号或编号的插入。

2. 更改项目符号和编号

对已经设置项目符号或编号的段落，若想要更改项目符号或编号，方法如下。

① 选定需要更改项目符号或编号的段落文本。

② 单击"项目符号"按钮或"编号"按钮右边的三角形按钮，可以选择需要的项目符号或编号类型，如果找不到用户所需的项目符号或编号，则可选择"定义新项目符号"或"定义新编号格式"命令，打开相应的对话框进行设置，如图 3.25、图 3.26 所示。

图 3.25　"定义新项目符号"对话框

图 3.26　"定义新编号格式"对话框

3. 删除项目符号及编号

如果文档中的项目符号及编号不再使用，可以按下列操作方法删除项目符号或编号。

① 选择需要删除项目符号或编号的段落。

② 单击"项目符号"按钮或"编号"按钮，项目符号或编号即被删除。

3.4.4　设置边框和底纹

在 Word 中，可以为文档中的各元素添加边框和底纹，以起到强调和突出的作用。若为文本添加边框和底纹，可以使用"开始"选项卡|"字体"组|"字符边框"按钮 ▲和"字符底纹"按钮 **A**；若为段落或整篇文档添加边框和底纹，可以使用"边框和底纹"对话框。

1. 设置文本边框

设置文本边框的操作步骤如下。

① 选定要添加边框的段落或文字。

② 单击"开始"选项卡|"段落"组|"下框线"按钮 右侧的三角形按钮，弹出下拉菜单，选择"边框和底纹"命令，打开"边框和底纹"对话框，如图 3.27 所示。

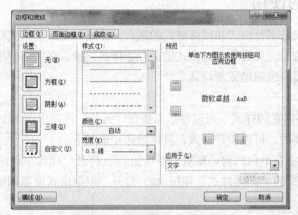

图 3.27　"边框和底纹"对话框

③ 在"边框"选项卡中，从"设置"选项组的"无"、"方框"、"阴影"、"三维"和"自定义"5 种类型中选择需要的边框类型。

④ 从"线型"列表中选择边框线的线型。

⑤ 从"颜色"下拉列表框中选择边框线的颜色。

⑥ 从"宽度"下拉列表框中选择边框框线的线宽。

⑦ 在"应用于"下拉列表框中选择效果应用于段落或文字。

⑧ 设置完毕后单击"确定"按钮，即可设置边框。

2. 设置页面边框

如果要为整个页面添加边框，可以在"边框和底纹"对话框中，打开"页面边框"选项卡，其设置方法与设置文本边框相类似，只是多了一个"艺术型"下拉列表框，用来设置具有艺术效果的边框。

3. 设置底纹

如果要设置底纹，可以在"边框和底纹"对话框中单击"底纹"选项卡。在该选项卡中包含"填充"和"图案"选项组，分别用来设置底纹颜色和底纹样式。在"应用于"下拉列表中包含文字和段落两个选项，如果设置文本底纹必须先选定文字，如果设置段落底纹光标必须置于该段落内的任意位置。

3.4.5 设置首字下沉

在 Word 中，可以把段落的第一个字符设置成一个大的下沉字符，以达到引人注目的效果，具体操作步骤如下。

① 将光标定位于要设置首字下沉的段落中。

② 选择"插入"选项卡|"文本"组|"首字下沉"按钮，单击下方的三角形按钮，选择"首字下沉选项（D）…"，打开"首字下沉"对话框，如图 3.28 所示。

③ 在"位置"中选择"下沉"，并在选项中设置字体、下沉的行数和距离正文的位置。

④ 设置完毕后单击"确定"按钮，即可完成设置。

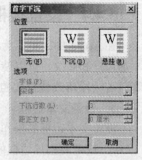

图 3.28 "首字下沉"对话框

3.4.6 样式的使用

在 Word 中，样式是字符格式和段落格式的集合。样式为文档的格式化提供了极大的方便，在文档中使用重复格式时，只需要为该格式定义一个样式，然后在需要使用该格式的位置应用一次样式就可以了，无需一遍遍地重复设置。

1. 新建样式

Word 自带了许多内置的样式，可以根据需要在"开始"选项卡|"样式"组中选择适当的样式，如果没有满足需要的，可以新建样式，具体操作步骤如下。

① 单击"样式"组右下角的对话框启动器按钮，打开"样式"对话框，如图 3.29 所示。

② 单击对话框底部的"新建样式"按钮，打开"根据格式设置创建新样式"对话框，如图 3.30 所示。

图 3.29 "样式"对话框

图 3.30 "根据格式设置创建新样式"对话框

③ 在"名称"编辑框中输入新建样式的名称，在"样式类型"下拉列表中选择需要的样式类型，在"样式基准"下拉列表中选择的某一种内置样式作为新建样式的基准样式，在"后续段落样式"下拉列表中选择应用于后续段落的样式。

④ 在"格式"区域，根据实际需要设置字体、字号、颜色、段落间距、对齐方式等段落格式和字符格式。

⑤ 单击"确定"按钮，完成新样式的创建。

2. 修改样式

对于某种样式效果不满意，可以对其修改，具体步骤如下：

① 单击"样式"组右下角的对话框启动器按钮 ，打开"样式"对话框，如图 3.29 所示。

② 单击对话框底部的"管理样式"按钮，打开"管理样式"对话框，如图 3.31 所示。

图 3.31　"管理样式"对话框

③ 在"编辑"选项卡中，选择要修改的样式，单击"修改"按钮，进行修改。

④ 修改完成后，单击"确定"按钮。

习 题 三

一、选择题

1. 在 Word 2010 文档的扩展名为（　　）。

　　A．.txt　　　　　　B．.docx　　　　　C．.doc　　　　　D．.wod

2. 在 Word 2010 的编辑状态下，打开文档 T1.docx，修改后另存为 T2.docx，则文档 T1.docx（　　）。

　　A．被文档 ABD 覆盖　　　　　　　B．被修改未关闭

　　C．被修改并关闭　　　　　　　　D．未修改被关闭

3. 在 Word 2010 的编辑状态下，若要调整光标所在段落的行距，首先进行的操作是（　　）。

　　A．打开"开始"选项卡　　　　　　B．打开"插入"选项卡

　　C．打开"页面布局"选项卡　　　　D．打开"视图"选项卡

4. 以只读方式打开 Word 文档，做了某些修改后，要保存时，应使用"文件"选项卡的（   ）。

    A. 保存   B. 全部保存   C. 另存为   D. 关闭

5. 在 Word 2010 中，当前已打开一个文件，若想打开另一文件（   ）。

    A. 首先关闭原来的文件，才能打开新文件

    B. 打开新文件时，系统会自动关闭原文件

    C. 两个文件同时打开

    D. 新文件的内容将会加入原来打开的文件

6. 在 Word 2010 的编辑状态下，使插入点快速移动到文档尾的操作是（   ）。

    A. PageUp   B. Alt+End   C. Ctrl+End   D. PageDown

7. 在 Word 2010 编辑状态下，要统计文档的字数，需要使用的选项卡是（   ）。

    A. 开始   B. 插入   C. 页面布局   D. 审阅

8. 要把插入点光标快速移到 Word 文档的头部，应按组合键（   ）。

    A. Ctrl+PageUp   B. Ctrl+↑   C. Ctrl+Home   D. Ctrl+End

9. 在 Word 2010 中，可以更改段落的对齐方式，其中效果上差别不大的是（   ）。

    A. 左对齐和右对齐   B. 左对齐和分散对齐

    C. 左对齐和两端对齐   D. 两端对齐和分散对齐

10. 在 Word 2010 中要选择矩形区域文本，应该（   ）。

    A. 先按下【Alt】键，再用鼠标拖选

    B. 先按下【Ctrl】键，再用鼠标拖选

    C. 先按下【Shift】键，再用鼠标拖选

    D. 先按下【Space】键，再用鼠标拖选

二、实验题

1. 启动 Word，在 D 盘根目录下建立文档 test1.docx，录入如下内容。

根据下列要求完成文本的编排：

（1）标题设置为宋体四号字加粗，居中对齐，字体颜色为蓝色；

（2）一次性将各段设置为宋体小四号字，首行缩进 0.74 厘米，1.5 倍行距，两端对齐；

（3）将第二段设置为段前距 6 磅、段后距 8 磅。

海上日出

为了看日出，我常常早起。那时天还没有大亮，周围很静，只听见船里机器的声音。

天空还是一片浅蓝，颜色很浅。转眼间天边出现了一道红霞，慢慢地在扩大它的范围，加强它的亮光。我知道太阳要从天边升起来了，便不转眼地望着那里。果然，过了一会儿，那里出现了太阳的小半边脸，红是红得很，却没有亮光。太阳好像负着什么重担似地，慢慢地，一纵一纵地，使劲儿向上升。到了最后，它终于冲破了云霞，完全跳出了海面。一刹那间，这深红的圆东西发出夺目的亮光，它旁边的云也突然有了光彩。

太阳躲进云里。阳光透过云缝直射到水面上。很难分辨出哪里是水，哪里是天，只看见一片灿烂的亮光。

有时候天边有黑云，云还很厚，太阳升起来，人看不见它。它的光芒给黑云镶了一道光亮的金边。后来，太阳慢慢透出重围，出现在天空，把一片片云染成了紫色或者红色。这时候，不仅是太阳，云和海水，连我自己也成了光亮的了。

这不是伟大的奇观么？

2. 启动 Word，在 D 盘根目录下建立文件 test2.docx，录入如下内容。

根据下列要求完成文本的编排：

（1）所有文字设置为宋体五号字，单倍行距，两端对齐；

（2）为该段设置首字下沉两行；

（3）为"狭义云计算"和"广义云计算"加蓝色边框。

云计算是基于互联网的相关服务的增加、使用和交付模式，通常涉及通过互联网来提供动态易扩展且经常是虚拟化的资源。云是网络、互联网的一种比喻说法。过去在图中往往用云来表示电信网，后来也用来表示互联网和底层基础设施的抽象。狭义云计算指 IT 基础设施的交付和使用模式，指通过网络以按需、易扩展的方式获得所需资源；广义云计算指服务的交付和使用模式，指通过网络以按需、易扩展的方式获得所需服务。这种服务可以是 IT 和软件、互联网相关，也可是其他服务。它意味着计算能力也可作为一种商品通过互联网进行流通。

第4章
文字处理软件 Word 高级应用

上一章主要介绍了 Word 2010 的基础知识等。本章将进一步学习 Word 2010 的应用知识，包括表格、图形编辑、页面设置和打印预览等。

4.1 表　格

在日常生活中，经常用到各种表格，如课程表、履历表等。表格都是以行和列的形式组织信息，其结构严谨，效果直观，而且信息量很大。Word 2010 提供了这一强大的制作和编辑表格的功能，可以运用表格来组织数据，将各种复杂的信息简明、概要的表达出来，如制作工资表、工作报表等。

本节将介绍表格的绘制和编辑功能。

4.1.1　创建表格

表格由水平的行和垂直的列组成，行与列交叉形成的方框称为单元格。Word 2010 提供了多种创建表格的方法，但最基本的有以下 4 种方法。

① 快速插入简单表格。

② 利用插入表格对话框创建表格。

③ 利用工具按钮绘制表格。

④ 插入 Excel 表格。

下面对以上各种表格的创建方法进行详细介绍。

1. 快速插入简单表格（使用鼠标创建表格）

在使用鼠标创建表格时，首先要确定在文档中插入表格的位置，并将光标置于此处，再按以下步骤操作。

① 单击"快速访问"工具栏上的"表格"按钮▦，或在功能区的"插入"选项卡中选择"表格"，然后将光标移至网格上，直到突出显示合适数目的行和列。

② 将鼠标指针指向网格，向右下方拖动鼠标，鼠标指针掠过的单元格将被选中。同时在网格底部提示栏中显示选定表格的行数和列数，并在文档中显示出预插入的表格，如图 4.1 所示。当达到所需的行数和列数后释放鼠标即可。

利用网格可插入一个基本表格，创建出来的表格都是固定的格式，也就是单元格的高度和宽度都是相等的，这种简单的表格在实际应用中并不常见。如果您需要执行不同的操作，对于一些复杂的不固定格式的表格，则可以使用 Word 提供的其他方法创建表格。

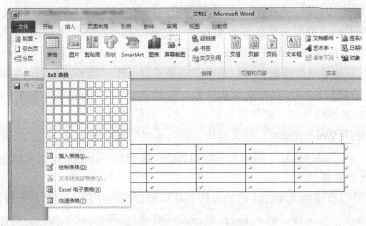

图 4.1　"插入表格"网格

2. 利用插入表格对话框创建表格

要更好地控制表格大小，可以使用插入表格对话框创建表格。在"插入"选项卡中选择"表格"下的"插入表格"选项。然后，可以设置行和列的精确数目，并使用"'自动调整'操作"选项来调整表格的大小。在"'自动调整'操作"区域如果选中"固定列宽"单选框，则可以设置表格的固定列宽尺寸；如果选中"根据内容调整表格"单选框，则单元格宽度会根据输入的内容自动调整；如果选中"根据窗口调整表格"单选框，则所插入的表格将充满当前页面的宽度。选中"为新表格记忆此尺寸"复选框，则再次创建表格时将使用当前尺寸。设置完毕单击"确定"按钮即可，如图 4.2 所示。

3. 利用工具按钮绘制表格

如果需要含有不同大小的行和列的表格，则可以使用光标绘制。Word 2010 提供了强大的绘制表格功能，可以像用铅笔一样随意绘制复杂的或不是固定格式的表格。绘制表格的具体操作步骤如下。

① 在"插入"选项卡中选择"表格"下的"绘制表格"选项。或单击"快速访问"工具栏上的"表格"按钮，如图 4.3 所示。

图 4.2　"插入表格"对话框

图 4.3　"表格和边框"工具栏

② 在文档中鼠标指针变为铅笔形状，这时就可以使用笔状鼠标绘制各种形状的表格。

③ 在绘制表格时，首先设置线条的样式，颜色以及粗细。通常先绘制外围边框。在文本区

内，按下鼠标左键拖动鼠标，到适当的位置释放鼠标，就绘制出一个矩形，即表格的外围边框。

④ 然后在外围框内绘制表格的各行和各列。在需要画线位置按下鼠标左键，横向、纵向或斜向拖动鼠标，就可以绘制出表格的行线、列线或斜线。

⑤ 当绘制了不必要的框线时，可以单击"表格工具"中"绘画边框"组中的"擦除"按钮，此时鼠标指针变为橡皮形状。将橡皮形状的鼠标指针移动到要擦除的框线的一端时按下鼠标左键，然后拖动鼠标到框线的另一端再释放鼠标，即可删除该框线。

另外，实际使用 Word 表格时，经常利用"插入表格"按钮绘制固定格式的表格，再根据需要利用"表格工具"内"绘画边框"组中的"绘制表格"按钮和"擦除"按钮来修改已创建的表格。

4. 插入 Excel 表格

Word 2010 可以直接插入 Excel 电子表格，并且可以向表中输入数据和处理数据，对数据的处理就像在 Excel 中一样方便。插入 Excel 电子表格可通过两种方法来实现，具体操作步骤如下。

（1）利用"快速访问"工具栏

单击"快速访问"工具栏中的"Excel 电子表格"按钮，在光标位置出现电子表格，窗口中出现了 Excel 软件的环境，对它的操作与 Excel 是完全一样的。

（2）利用"插入"选项卡

单击"插入"选项卡下"文本"组中的"对象"命令，在弹出的对话框中单击"新建"标签，在"对象类型"菜单中选择"Microsoft Excel 工作表"，如图 4.4 所示，单击"确定"按钮也可插入 Excel 电子表格。

图 4.4　插入"对象"对话框

4.1.2　数据输入

1. 在表格中输入文本

表格创建之后，就需要在表格内输入内容。在表格中输入内容是以单元格为单位的，也就是需要把内容输入到单元格中，每输入完一个单元格，可以通过按【Tab】键，或者用鼠标点击，或者用键盘上的光标键，使插入点移到本行的下一个单元格。当插入点到达表格中最后一个单元格时，再按【Tab】键，Word 会为此表格自动添加一个空白行。

2. 表格中文本的选定

表格中文本的编辑与排版，同普通文本的处理是一样的。首先需要选定文本，在表格中选定文本的方法有以下几种。

（1）拖动鼠标选定单元格区域

与选择文本一样，在需要选择的起始单元格按下鼠标左键并拖动，拖过的单元格就会被选中，在选定所有内容之后释放鼠标即可完成选定。

（2）选定单元格

将鼠标指针移动到单元格左侧，鼠标指针变成指向右上角的实心箭头形状时，单击鼠标就可以选定当前单元格，这时如果按下鼠标拖动则可以选定多个连续的单元格。

（3）选定一行单元格

将鼠标指针移动到表格左侧的行首位置，光标变成指向右上角的空心箭头形状时，单击鼠标就可以选定当前行，这时如果按下鼠标拖动则可以选定多行。

（4）选定一列单元格

将鼠标指针移动到表格上侧的列上方，鼠标指针变成指向下端的实心箭头形状时，单击鼠标就可以选定当前列，这时如果按下鼠标拖动则可以选定多列。

（5）选定整个表格

将鼠标指针移动到表格左上角的控制柄田上，单击鼠标就可以选定整个表格。

4.1.3 编辑表格

对于建立好的表格，在使用时经常需要对表格结构进行修改，比如插入单元格或删除单元格、插入行或插入列、拆分单元格或合并单元格等操作。下面将介绍如何对表格结构进行编辑。

通过在表格的右下单元格内单击然后按【Tab】键，可以快速添加一行。

1. 插入和删除行与列

在表格中插入行的具体操作步骤如下。

① 在表格中选定需要插入的行，选定的行数和要添加的行数相同。

② 单击"布局"选项卡中的"行和列"组中的"在上方插入"命令或"在下方插入"命令或右键单击选择插入行，即可完成行的插入操作。

在表格中插入列的操作与插入行的操作方法基本相同。

在表格中删除行的具体操作步骤如下。

① 选定需要删除的行或将光标置于该行的任意单元格中。

② 单击"布局"选项卡中的"行和列"组中的"删除"命令，或单击鼠标右键，然后在快捷菜单上单击"删除行"。

在表格中删除列的操作与删除行的操作方法基本相同。

2. 插入和删除单元格

在表格中插入单元格的具体操作步骤如下。

① 选定要插入单元格的位置。

② 单击"布局"｜"行和列"｜"插入单元格"命令，打开"插入单元格"对话框，如图 4.5 所示。

③ 在该对话框中选择一种操作方式。

④ 完成选择插入方式后，单击"确定"按钮就可以插入单元格。

要删除单元格，可以先选定单元格，然后单击"布局"｜"行和列"｜"删除"｜"删除单元格"命令，打开"删除单元格"对话框，如图 4.6 所示。在其中选择一种删除方式，单击【确定】按钮即可。

图 4.5 "插入单元格"对话框

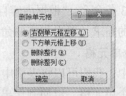
图 4.6 "删除单元格"对话框

3. 调整表格的行高和列宽

在 Word 2010 文档表格中，如果用户需要精确设置行的高度和列的高度，可以在"表格工具"

功能区设置精确数值或用拖动鼠标的方法，下面对两种方法分别进行介绍。

① 打开 Word 2010 文档窗口，在表格中选中需要设置高度的行或需要设置宽度的列。在"表格工具"功能区中切换到"布局"选项卡，在"单元格大小"组中调整"表格行高"的数值或"表格列宽"的数值，以设置表格行的高度或列的宽度，如图 4.7 所示。

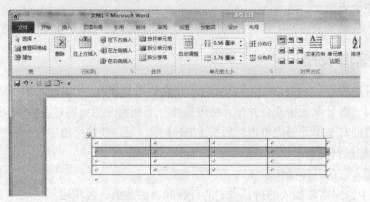

图 4.7 "单元格大小"分组

② 使用鼠标调整：将鼠标指针置于要调整的行或列的边框上，当鼠标指针变为双向箭头形状时拖动鼠标，页面中会出现垂直或水平标尺，到达所需位置时释放鼠标即可实现行高或列宽的调整。

4. 自动调整表格

使用上面的方法调整表格行高或列宽之后，会出现表格的行高或列宽不一致的情况，这时可以使用 Word 提供的自动调整功能，利用这一功能，可以方便地调整表格。

操作方法是：首先选定要调整的表格或表格的若干行、列或单元格，在"表格工具"功能区中切换到"布局"选项卡，在"单元格大小"组中选择"自动调整"命令，就会弹出如图 4.8 所示的菜单。

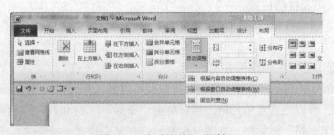

图 4.8 "自动调整"对话框

这个菜单中有 3 条命令："根据内容自动调整表格"、"根据窗口自动调整表格"、"固定列宽"，用户可以根据自己的需求，单击相应的命令，即可完成相应的自动调整。

5. 合并和拆分单元格

在 Word 2010 中，我们可以将表格中两个或两个以上的单元格合并成一个单元格，或把一个单元格拆分为若干个单元格。以便制作出的表格更符合我们的要求。

① 合并单元格：首先选择需要合并的单元格，然后在"表格工具"功能区中切换到"布局"选项卡，在"合并"组中的"合并单元格"命令，就可以合并单元格了，或选中要合并的单元格然后右键打开快捷菜单，单击"合并单元格"命令即可。

② 拆分单元格：首先将光标置于要拆分的单元格中，在"表格工具"功能区中切换到"布局"选项卡，在"合并"组中的"拆分单元格"命令，也可以在需要拆分的单元格内右击打开快捷菜单，单击"拆分单元格"命令，就会弹出如图 4.9 所示的"拆分单元格"对话框，指定拆分行数和列数，单击【确定】按钮即可。

图 4.9　"拆分单元格"对话框

4.1.4　格式化表格

创建好的表格还可以进一步设置表格的格式，进而美化和修饰表格。表格的格式设置与段落的格式设置很相似，可以设置底纹和边框，还可以自动套用已有格式来修饰表格。

1．设置表格边框和底纹

使用"表格工具"功能区中的"布局"选项卡，在"表"组中的"属性"命令，在"表格属性"对话框中设置。或者使用"表格工具"功能区中的"设计"选项卡，在"表格样式"分组中选择相应命令来设置，或者在"绘图边框"组中都可对表格的边框和底纹进行设置。如图 4.10 所示。

图 4.10　表格边框和底纹的设置

2．表格自动套用格式

在 Word 2010 中有一个"快速表格"的功能，在这里我们可以找到许多已经设计好的表格样式，只需要挑选你所需要的，就可以轻松插入一张表格。使用表格自动套用格式的操作方法是：将光标置于表格中任意位置，选择"插入"选项卡中的"表格"组，选中"快速表格"命令，选择一种需要的样式即可；或在"表格工具"功能区中切换到"设计"选项卡，在"表格样式"组任选一种，如图 4.11 所示。

图 4.11　快速表格的创建

4.2　图形编辑

Word 不仅是一个强大的文字处理软件，同时 Word 还具有很强的图形处理功能，在单调的文档中插入图片、图形、以及艺术字等图形对象，使文档变得漂亮、生动。在文档中，可以插入本地计算机中所保存的图片，也可以直接插入网页中的图片，还可以插入 Word 组件中自带的剪贴画、艺术字等对象来美化我们的文档。在 Word 2010 中，利用新增的 SmartArt 图形，可以像处理文本一样，将已经存在的图片快速转换为 SmartArt 图形，使对照片或其他图像的操作更加简单快捷。本节主要介绍在 Word 文档中插入各类图形、编辑图形以及图文混排等操作。

4.2.1　插入图片

下面介绍在 Word 文档中插入图片的两种方法：一种是插入图片文件，另一种是插入系统提供的剪贴画。

1. 插入剪贴画

Word 中提供了许多剪贴画，从剪辑库中插入剪贴画的具体操作步骤如下。

① 将光标定位于要插入图片的位置。

② 选择"插入"选项卡中的"插图"组，选中"剪贴画"命令，打开"剪贴画"任务窗格，如图 4.12 所示。

③ 在任务窗格的"搜索文字"文本框中输入图片的名称，或者是某一类型的名称，如"动物"。也可以使"搜索文字"文本框中空白。

④ 打开"结果类型"下拉列表框，选择图片搜索的媒体文件类型。

⑤ 指定搜索名称和类型后，单击"搜索"按钮，在下面的预览列表框中会出现搜索结果。

⑥ 可从预览列表框中选择一张剪贴画，直接单击它即可插入。

2. 插入图片文件

如果硬盘空间中有漂亮的图片，可以选择插入图片命令。插入图片文件的具体操作步骤如下。

① 将光标定位于要插入图片的位置。

② 选择"插入"选项卡中的"插图"组，选中"图片"命令，打开"插入图片"对话框，如图 4.13 所示，在该对话框中选择要插入的图片。

③ 单击"插入"按钮，即可将图片插入到文档中指定的位置。

图 4.12　插入"剪贴画"对话框

图 4.13　"插入图片"对话框

4.2.2　编辑图片

图片插入到文档中之后，还需要对其进行编辑，比如调整图片的大小、位置和设置环绕方式等。

在编辑图片时，需要启动"图片"工具功能区，选择"格式"选项卡，如图 4.14 所示。或右键单击图片，使用快速菜单进行编辑。

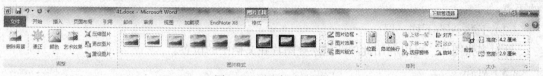

图 4.14　"图片"工具栏

1. "调整"组中常用命令的介绍

（1）删除背景

使用删除背景功能可以轻松去除图片的背景，以强调或突出图片的主题，或删除杂乱的细节。

（2）颜色

单击下拉菜单，在其中可对图片重新着色，设置透明色等。

（3）艺术效果

用户可以为图片设置艺术效果，这些艺术效果包括铅笔素描、影印、图样等多种效果。

（4）压缩图片

在 Word 2010 文档中插入图片后，如果图片的尺寸很大，则会使 Word 文档的文件体积变得很大。即使在 Word 文档中改变图片的尺寸或对图片进行裁剪，图片的大小也不会改变。用户可以对 Word 2010 文档中的所有图片或选中的图片进行压缩，这样可以有效减小图片的体积大小，同时也会有效减小 Word 2010 文件的大小。

2. "图片样式"组中常用命令的介绍

（1）图片边框

可设置图片边框的有无、颜色、线条的样式与粗细等。

（2）图片效果

可设置图片的阴影、发光、映像、柔化边缘、棱台和三维旋转等效果来增强图片的感染力。

（3）图片版式

可以将所选的图形图片转换为 SmartArt 图形，可以轻松地排列、添加标题并调整图片的大小等。

（4）设置形状格式

打开"设置图片格式"对话框，如图 4.15 所示。

3. "排列"组中常用命令的介绍

（1）位置

可设置文本的环绕方式等。如图 4.16 所示。

① "四周型"让文字沿着图像边框环绕。

② "紧密型"让文字紧密环绕剪贴画图像或形状不规则的图片。

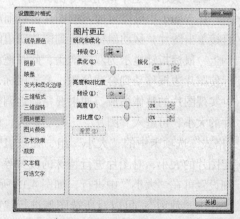

图 4.15　"设置图片格式"对话框

③"穿越型"单击"编辑环绕点"将环绕点拖近图像，从而文字可以填充更多图像周围的空白部分。

④"顶部和底部"可让图像单独位于一行。

⑤"文字之后"可在图像上显示文字。

⑥"文字之前"可在文字上显示图像。

⑦"其他布局选项"，单击"文字环绕"选项卡来更改文字环绕的位置或者文字与图像之间的距离。

（2）上移一层/下移一层

针对多张图片，可以利用此项调整层叠图片在文档中的位置。

（3）对齐

针对多张图片，可以利用此项设置图片的对齐效果。如图 4.17 所示。

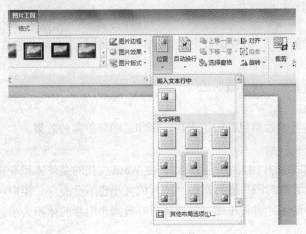
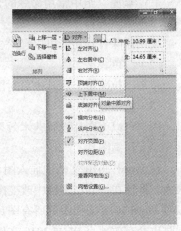

图 4.16 "文字环绕"　　　　　　　　　图 4.17 "对齐"命令

（4）组合

针对多张图片，当在文本中有多个图形时，可以将多个图形组合为一个形状。当需要拆开组合时，可"取消组合"。

4. "大小"组中常用命令的介绍

在 Word 中可以对插入的图片进行缩放。直接单击图片，移动鼠标指针到图片四边的句柄上，鼠标指针显示为双向箭头，此时拖动鼠标使图片边框移动到合适位置，释放鼠标，即可实现图片的整体缩放。如果要精确地调整图片的大小，可进入"图片"工具功能区，选择"格式"选项卡中的"大小"组，在该组中设定图片的大小，对图片进行特殊的裁剪等。详细设置可在"大小"中进行，如图 4.18 所示。

①"裁剪"：可以对所选图形进行裁剪，将不需要的地方删除掉，或将所选图形裁剪成不同的形状，并可对图形进行填充等调整。

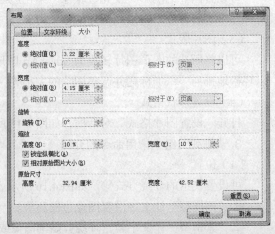

图 4.18 "布局"对话框

② “形状高度”：设置图形的确切高度值。

③ “形状宽度”：设置图形的确切宽度值。

4.2.3　绘制基本图形

除了提供插入图片的功能以外，在 Word 中还提供了强大的绘图功能，用户可以方便地利用这些工具在文档中绘制出所需要的图形。

在 Word 文档中进行绘图，需要在功能区中选择“插入”选项卡中 “插图”组中的“形状”，在其下拉菜单中选择需要的选项进行操作，如图 4.19 所示，或者单击“快速访问”工具栏上的“形状”按钮。

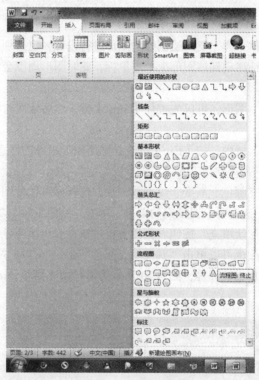

图 4.19　“形状”菜单

1. “形状”下拉菜单各选项简介

① 最近使用的形状：此项列出了文档中最近使用的形状。

② 线条：此项列出了在文档中绘图可以使用的线条样式，有直线、曲线等。

③ 矩形：此项列出了在文档中绘图可以使用的矩形样式，有直角、圆角等。

④ 基本形状：此项列出了在文档中绘图可以使用的一些常用形状，有圆形、三角形、棱形等。

⑤ 箭头总汇：此项列出了在文档中绘图可以使用的各种箭头形状，可表示方向等。

⑥ 公式形状：此项列出了在文档中绘图可以使用的各种公式形状，加减乘除等。

⑦ 流程图：此项列出了在文档中绘图可以使用的各种流程图形状。

⑧ 星与旗帜：此项列出了在文档中绘图可以使用的各种星形与旗帜形状。

⑨ 标注：此项列出了在文档中绘图可以使用的各种标注形状。

⑩ 新建绘图画布：单击此项可在文档插入点添加一个绘图区，并进入到绘图工具功能区的

"格式"选项卡中，进行形状的绘制与编辑。

2. 绘制图形

在功能区，选择"插入"选项卡中 "插图"组中的"形状"后，在其下拉菜单中选择需要的形状，如线条、矩形、箭头、公式形状等，鼠标进行文档中时指针将变为十字形，可以在文档的任意位置绘图。定好图形的起点，按住鼠标左键同时拖动鼠标。当图形达到需要的大小时，释放鼠标，这时就可以绘制出需要的图形。要想绘制正方形或圆时，可在拖动鼠标的同时按住【Shift】键。

3. 形状的编辑

在实际操作中，经常需要对绘制好的图形进行各种调整、设置等工作。下面介绍常用的图形设置操作。

（1）选定图形

选定图形和对文本操作一样，要对绘制好的图形进行设置，也必须先选定该图形。选定图形的操作方法是：将鼠标指针移动到该图形上单击鼠标，此时图形周围会出现 8 个控制点，表明此图形已被选定。

如果需要同时选定多个图形，可以先按住【Shift】键，然后依次对每个图形操作，使每个图形四周都出现控制点即可。

取消选定只需在文本区域中，按【Esc】键或在选定图形以外的任意位置上单击鼠标即可。

（2）设置形状样式

绘制好的图形可以填充颜色、渐变、纹理或图片，这样做可以使图形增加美感。

① 形状填充的设置：选定要设置填充的图形，单击"绘图工具"功能区的"格式"选项卡，在"形状样式"组中选"形状填充"按钮右侧的下拉按钮，弹出填充色调色板，从中可以选择填充颜色，如果没有需要的颜色可以单击"其他填充颜色"命令，打开"颜色"对话框选择其他颜色，或者填充渐变色、图片或纹理等，图 4.20 所示为形状填充菜单，图 4.21 所示为各种形状填充的效果图。

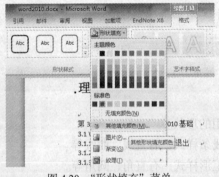

图 4.20 "形状填充"菜单　　　　　　　　　　图 4.21 "形状填充"效果图

② 形状轮廓的设置：选定要设置轮廓的图形，单击"绘图工具"功能区的"格式"选项卡，在"形状样式"组中选"形状轮廓"按钮右侧的下拉按钮，可以设置形状轮廓的有无、颜色、粗细、虚实和是否带箭头等。

③ 形状效果的设置：选定要设置效果的图形，单击"绘图工具"功能区的"格式"选项卡，在"形状样式"组中选"形状效果"按钮右侧的下拉按钮，可设置形状的阴影、发光、映像、柔化边缘、棱台和三维旋转等效果来增强形状的生动性，如图 4.22 所示。

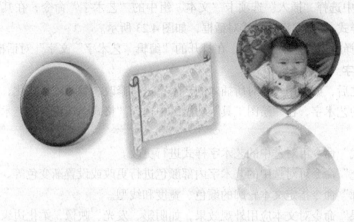

图 4.22 "形状效果"效果图

4.2.4 使用文本框

文本框是一种可移动、可调节大小的文字容器或图形容器。使用文本框,可以在一页上设置多个文字块,也可以使文字按照与文本中其他文字不同的方向排列。Word 把文本框看作是特殊图形对象,它可以被放置于文档中的任何位置,其主要功能是用来创建特殊文本,比如书中图或表的说明。

1. 插入文本框

插入文本框的具体操作步骤如下。

① 在功能区中选择"插入"选项卡"插图"组中的"形状"命令,在其下拉菜单中选择"基本形状"中的文本框或垂直文本框。

② 在文档的适当位置按住鼠标左键并拖动鼠标,绘制出文本框。

③ 调整文本框的大小并将其拖动到合适位置。

④ 单击文本框内部的空白处,使光标闪动,然后输入文本。

⑤ 单击文本框以外的地方,退出文本框。

2. 设置文本框格式

在 Word 中文本框是作为图形处理的,用户可以通过与设置图形格式相同的方式对文本框的格式进行设置,包括添加颜色、填充及设置边框、大小与旋转角度,以及调整位置等。

打开"设置形状格式"对话框的方法是:选定文本框后在"绘图工具"功能区中选择"格式"选项卡中"形状样式"组中的设置形状格式"命令;或者右击文本框弹出快捷菜单,在快捷菜单中单击"设置形状格式"命令。

4.2.5 制作艺术字

在报刊杂志上常常会看到各种各样的特殊文字,这些文字给文章增添了强烈的视觉冲击效果。使用 Word 2010 可以创建出各种文字的艺术效果,甚至可以把文本扭曲成各种各样的形状或设置为具有三维轮廓的效果。这就是 Word 提供的艺术字功能,对艺术字的编辑、格式化、排版与图形类似。

1. 添加艺术字

添加艺术字的具体操作步骤如下。

① 在功能区中选择"插入"选项卡"文本"组中的"艺术字"命令，在其下拉菜单中选择一种"艺术字"样式。"艺术字"样式对话框，如图 4.23 所示。

② 在其中选择所需的艺术字效果，在打开的"编辑"艺术字"文字"对话框中输入文字。

2. 设置艺术字

插入艺术字之后，如果用户要对所插入的艺术字进行修改、编辑或格式化，操作方法是：单击选中需要设置的艺术字，在"绘图工具"功能区中选择"格式"选项卡"艺术字样式"组中的各命令。

① "快速样式"命令可对选中的艺术字样式进行更改。

② "文本填充"命令可对选中的艺术字内部颜色进行更改或设置渐变色等。

③ "文本轮廓"命令指定文本轮廓的颜色、宽度和线型。

④ "文字效果"命令对文本应用外观效果，如阴影、发光、映像、柔化边缘、棱台和三维旋转等；编辑后的"艺术字"如图 4.24 所示。

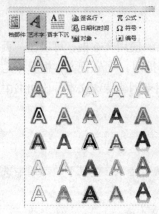

图 4.23 "艺术字"样式对话框　　　　　图 4.24 "艺术字"效果图

4.2.6 使用 SmartArt 图形

SmartArt 图形是信息和观点的视觉表示形式。可以通过从多种不同布局中进行选择来创建 SmartArt 图形，从而快速、轻松、有效地传达信息。虽然不能在其他 Office 程序中创建 SmartArt 图形，但可以将 SmartArt 图形作为图像复制并粘贴到那些程序中。

1. 创建 SmartArt 图形并输入文字

通过使用 SmartArt 图形，只需轻点几下鼠标即可创建具有设计师水准的插图。使各形状大小相同并完全对齐；使文字正确显示；使形状的格式与文档的总体样式相匹配等。创建 SmartArt 图形并输入文字的步骤如下。

① 在"插入"选项卡的"插图"组中，单击"SmartArt"按钮，打开"选择 SmartArt 图形"对话框，如图 4.25 所示。

② 在"选择 SmartArt 图形"对话框中，单击所需的类型和布局。

③ 单击"文本"窗格中的"文本"占位符，然后键入文本。

2. 在 SmartArt 图形中添加或删除形状

已经添加的 SmartArt 图形，可以像其他形状一样进行修改。在 SmartArt 图形中添加形状的步骤如下。

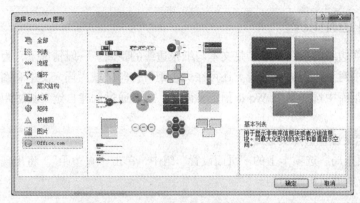

图 4.25　"选择 SmartArt 图形"对话框

① 单击要向其中添加另一个形状的 SmartArt 图形。

② 单击最接近新形状的添加位置的现有形状。

③ 进入"SmartArt 工具"下的"设计"选项卡，如图 4.26 所示。在"创建图形"组中单击"添加形状"打开其下拉菜单。

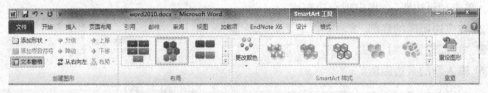

图 4.26　"SmartArt 工具"的"设计"选项卡

④ 单击"在后面添加形状"则在所选形状之后插入一个形状；单击"在前面添加形状"则在所选形状之前插入一个形状。

在 SmartArt 图形中删除形状：请单击要删除的形状，然后按 Delete 键。若要删除整个 SmartArt 图形，请单击 SmartArt 图形的边框，然后按 Delete 键。

3. SmartArt 图形颜色的更改

可以将来自主题颜色的颜色变体应用于 SmartArt 图形中的形状。操作步骤如下。

① 单击 SmartArt 图形。

② 在"SmartArt 工具"下的"设计"选项卡上，单击"SmartArt 样式"组中的"更改颜色"，打开其下拉菜单。

③ 选择所需的颜色变体。

4.3　页面设置和文档打印

在文档的基本编辑之后，还有最后的两项重要的工作需要完成，这就是页面设置和打印输出两项操作。为了使文档页面更加美观，可以根据需求对文档的页面进行布局，如设置页面大小和方向、设置页边距、设置装订线、设置文档网格和信纸页面等，从而制作出一个要求较为严格的文档版面。

本节将介绍这两方面的内容。

4.3.1 页边距设置

页边距是页面边缘的空白区域，是文本与纸张边缘的距离。一般情况下，为了使页面更为美观，可以根据需求对页边距进行设置。还可在页边距可打印区域内插入文本和图形。

通过在页边距库中选择某个 Word 预定义设置，或者通过创建自定义页边距，都可以方便地更改页边距。

1. 使用预定义设置选择页边距

① 在"页面布局"选项卡上的"页面设置"组中，单击"页边距"。将出现页边距库。

② 单击要应用的页边距类型。

如果文档包含多个节，新的页边距类型将只应用到当前节。要更改默认页边距，在选择新页边距后单击"页边距"，然后单击"自定义边距"。在"页面设置"对话框中，单击"设为默认值"按钮。新的默认设置将保存在该文档使用的模板中。

2. 创建自定义页边距

① 在"页面布局"选项卡上的"页面设置"组中，单击"页边距"。将出现页边距库。

② 在页边距库的底部，单击"自定义页边距"。将出现"页面设置"对话框。如图 4.27 所示。

③ 输入新的页边距值。

4.3.2 纸张设置

设置打印纸张的具体操作步骤如下。

① 选定要设置打印纸张的文档或其中的某一部分。

② 在"页面布局"选项卡上的"页面设置"组中，单击"页面设置"中的"纸张方向"，进行横竖的设置。

③ 单击"纸张大小"中的任意项设置。

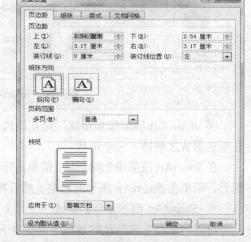
图 4.27 "页面设置"对话框

或在如上打开的"页面设置"对话框中打开"纸张"选项卡进行设置。

4.3.3 打印版式设置

"页面设置"对话框中的"版式"选项卡，主要用于设置页眉和页脚、分节符、垂直对齐方式等选项。

设置打印版式的具体操作步骤如下。

① 选定要设置打印版式的文档或其中的某一部分。

② 在"页面布局"选项卡上的"页面设置"组中，单击"页面设置"命令，打开"页面设置"对话框。

③ 在"页面设置"对话框中打开"版式"选项卡，如图 4.28 所示。

④ 在"节的起始位置"下拉列表中选择节起始位置。

⑤ 在"页眉和页脚"选项组中设置页眉和页脚的位置。

⑥ 单击"行号"或"边框"按钮，将会给文本行添加编号或给文本添加边框。

⑦ 单击"确定"按钮，返回文档编辑窗口。

图 4.28　"页面设置版式"对话框

4.3.4　文档网格设置

"页面设置"对话框中的"文档网格"选项卡，主要用于设置有关每页显示的行数、每行显示的字数、文字的排版方向等。

设置文档网格的具体操作步骤如下。

① 选定要设置网格的文档或其中一部分。

② 在"页面布局"选项卡上的"页面设置"组中，单击"页面设置"命令，打开"页面设置"对话框。

③ 在"页面设置"对话框中打开"文档网格"选项卡，如图 4.29 所示。

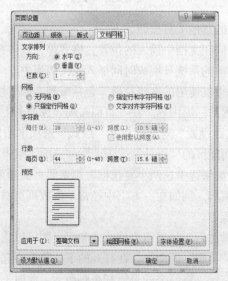

图 4.29　"页面设置文档网格"对话框

④ 在"网格"选项组中有"无网格"、"只指定行网格"、"指定行和字符网格"和"文字对齐字符网格"4 个单选按钮，根据需要进行选择。

⑤ 设置每页中行数和每行中的字数（包括指定每行中的字符数、每页中的行数、字符跨度和行跨度）。

⑥ 单击"绘图网格"按钮，打开"绘图网格"对话框，在该对话框中选中"在屏幕上显示网格线"复选框。

⑦ 在"预览"选项组中的"应用于"下拉列表中选取"整篇文档"或"插入点之后"选项。

⑧ 单击"确定"按钮，返回文档编辑窗口。

4.3.5　页眉和页脚设置

在文档顶部或底部添加图形或文本，则需要添加页眉或页脚。可以从库中快速添加页眉或页脚，也可以添加自定义页眉或页脚。页眉位于页面的顶部，页脚位于页面的底部，可以为页眉和页脚设置日期、页码、章节的名称等内容。用户可以根据自己的需要添加页眉和页脚，设置页眉和页脚的具体操作步骤如下。

① 在"插入"选项卡上的"页眉和页脚"组中，单击"页眉"或"页脚"按钮。

② 单击内置栏中要添加到文档中的页眉或页脚。或选择"编辑页眉"或"编辑页脚"。在光标的位置输入页眉的内容，单击"页眉和页脚工具"功能区的"设计"选项卡中"导航"组中的"转至页脚"按钮，在页脚虚线处输入页脚的内容。

③ 若要返回至文档正文，请单击"设计"选项卡（位于"页眉和页脚工具"下）上的"关闭页眉和页脚"命令，如图 4.30 所示。

图 4.30　"关闭页眉和页脚"命令

"页眉和页脚"工具栏中的其他工具按钮如下。

① "页码"：用于设置页码在文档中插入的位置，格式等，具体在 4.3.6 小节中介绍。

② "日期和时间"：将当前的系统日期或时间插入到文档当中。

③ "文档部件"：插入可重复使用的文档片段，包括域和文档属性等。

页眉和页脚属于页面设置的一项内容。在"页面布局"选项卡上的"页面设置"组中，单击"页面设置"命令，打开"页面设置"对话框。在"版式"选项卡中的"页眉和页脚"选项组中或者在"页眉和页脚工具"功能区的"设计"选项卡中"选项"组中有两个复选框，分别是"奇偶页不同"和"首页不同"。如果选中这两个复选框，则奇偶页面的页眉和页脚的内容可以不同；可以设置不同的首页页眉和页脚。例如在一本书中经常是偶数页眉上写书名，奇数页眉上写章节名，首页不添加页眉内容等。

在页面上添加页眉和页脚之后，如果需要修改或删除，则可以选择"插入"选项卡中的"页眉和页脚"组中"页眉"或"页脚"的命令，在打开的下拉菜单中选择所需的项目进行操作；或者在页眉和页脚上双击鼠标左键，将原来的页眉和页脚激活，此时，就可以对页眉和页脚的内容进行修改和删除了。

4.3.6　插入页码

在文档中插入页码的具体操作步骤如下：

① 在"插入"选项卡上的"页眉和页脚"组中，单击"页码"命令；

② 设置"位置"和"对齐方式"选择插入到页面顶端或底端，或页边距及当前位置等；

③ 单击"设置页码格式"按钮，打开"页码格式"对话框在其中设置页码格式。打开如图 4.31 所示的"页码"对话框；

④ 在"编号格式"下拉列表框中可以选择页码的格式；

⑤ 单击"确定"按钮，即可插入页码。

图 4.31　"页码"设置对话框

4.3.7　打印预览

完成文档的制作后，必须先对其进行打印预览，按照用户的不同需求进行修改和调整，然后对打印文档的页面范围、打印份数和纸张大小等进行设置，再将文档打印出来。打印预览功能可以使用户观察到文档打印结果的样式，通过打印预览文档，可以进一步调整版面设置，使打印结果与预想中的一致，避免浪费纸张。在 Word 2010 窗口中，单击"文件"按钮，从弹出的下拉菜单中选择"打印"命令，在右侧的预览窗格中可以预览打印效果，如图 4.32 所示。

如果看不清楚预览的文档，可以多次单击预览窗格下方的缩放比例工具右侧的按钮，以达到合适的缩放比例进行查看。单击按钮，可以将文档缩小至合适大小，以多页方式查看文档效果。另外，拖动滑块同样可以对文档的显示比例进行调整。或者单击"快速访问"工具栏中的"打印预览和打印"按钮🖨，即可切换到打印预览视图。

4.3.8　打印设置

如果一台打印机与计算机已正常连接，并且安装了所需的驱动程序，就可以在 Word 2010 中将直接输出所需的文档。

在文档中，单击"文件"按钮，在弹出的下拉菜单中选择"打印"命令，可在打开的视图中设置打印份数、打印机属性、打印页数和双页打印等，如图 4.32 所示。设置完成后，直接单击"打印"按钮，即可开始打印文档。

如果需要对打印机属性进行设置，单击"打印机属性"链接，打开"打印机属性属性"对话框，在该对话框中可以进行纸张尺寸、水印效果、打印份数、纸张方向和旋转打印等参数的设置。

在"打印"对话框中可以进行如下的设置。

① 在"打印机"选项组内的"名称"下拉列表中选择所要安装的打印机。

② 在"设置"选项组中，打开"打印所有页"的下拉菜单，如果选中"打印所有页"，则打印文档的全部内容；如果选中"打印当前页面"，则打印光标所在的当前页的内容；如果选中"打印自定义范围"，则打印所输入的页面的内容，比如：在"页码范围"文本框中输入"1-3"，则打印第 1 页至第 3 页的内容，如果输入"3，5-10，15"，则打印第 3 页、第 5 页至第 10 页、第 15 页的内容。

③ 在"份数"微调框中，可以输入要打印的份数。

④ 在"设置"选项组中，打开"纵向"的下拉菜单，可设置横纵向打印。

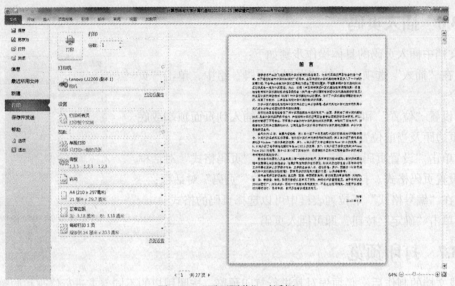

图 4.32 "页面预览"对话框

⑤ 在"设置"选项组中，打开"正常边距"的下拉菜单，可设置页边距。

⑥ 在"设置"选项组中，打开"每版打印页数"的下拉菜单，可设置一版打印的页数。

习 题 四

一、选择题

1. 在 Word 的编辑状态中，选择了整个表格，再执行"删除行"命令，则（　　）。

    A. 整个表格被删除　　　　　　　　B. 表格中一行被删除

    C. 表格中一列被删除　　　　　　　　D. 表格中没有被删除的内容

2. 在 Word 的编辑状态中，删除已经选中的表格，需要使用的选项卡是（　　）。

    A. 插入　　　　　　B. 视图　　　　　　C. 开始　　　　　　　D. 布局

3. 在使用 Word 进行文字编辑时，下面叙述中错误的是（　　）。

    A. Word 可将正编辑的文档另存为一个纯文本（TXT）文件

    B. 使用"文件"选项卡中的"打开"可以打开一个已存在的 Word 文档

    C. 打印预览时，打印机必须是已经开启的

    D. Word 允许同时打开多个文档

4. Word 2010 中，以下哪种操作可以使在下层的图片移置于上层（　　）。

    A. "绘图工具"选项卡中的"旋转"　　B. "绘图工具"选项卡中"位置"

    C. "绘图工具"选项卡中"组合"　　　　D. "绘图工具"选项卡中"上移一层"

5. 使图片按比例缩放应选用（　　）。

    A. 拖动图片边框线中间的控制柄　　　B. 拖动图片四角的控制柄

    C. 拖动图片边框线　　　　　　　　　　D. 拖动图片边框线的控制柄

6. 在 Word 中，页眉和页脚的建立方法相似，都使用（　　）选项卡中"页眉和页脚"组中的命令进行设置。

A. 开始　　B. 工具　　C. 插入　　D. 视图

7. 在 Word 的“审阅”选项卡中“字数统计”不能够统计的是（　　）。

A. 字数　　B. 行数　　C. 页数　　D. 图片

8. 下面哪一项是在 Word 中编辑“艺术字”“文本效果”中没有的？（　　）

A. 阴影　　B. 发光　　C. 棱台　　D. 柔化边缘

9. Word 2010 中，通过“插入”|“插图”组不可插入（　　）。

A. 公式　　B. 剪贴画　　C. SmartArt 图形　　D. 形状

10. 在 Word 中，用 SmartArt 工具创建的图形（　　）。

A. 可以更改颜色　　B. 不能更改图形的布局

C. 不能更改样式　　D. 只能整体设置效果

二、操作题

1. 在 D:\Word 文件夹中创建文档，名为 w41.docx，并完成如下操作。

（1）在文档中绘制一个表格，如图 4.33 所示。

个人简历表

姓名	性别	出生年月		婚姻状况
文化程度	专业	英语水平		
学习工作经历				
业务专长				
通讯地址				
联系电话		邮政编码		

图 4.33　简历表格

（2）设置标题为黑体小三号字、居中；表内文字为宋体 4 号字、居中显示。

（3）表格外框线采用 3 磅虚双线、绿色，其他采用 1 磅实线、粉色。

（4）在“性别”列前插入一空白列，删除“业务水平”行下的空白行。

（5）将第一列列宽设置成 3.6 厘米，浅青色 5%的底纹。

（6）合并“学习工作经历”单元格右侧的单元格，并将本行高度设为 4 厘米。

（7）拆分表格中“婚姻状况”单元格为两列。

（8）将表格右下角的三个单元格合并成一个，并在其中添加一张图片作为照片，图片自选。

2. 在 D:\Word 文件夹中新建 w42.docx 文件，并完成如下操作。

在文档中输入如下内容，如图 4.34 所示。

生物计算机

从外表上看这是一个像袖珍计算机的普通小盒子。它有一个非常薄的玻璃外壳，里面装着肉眼看不见的多层蛋白质，蛋白质间由复杂的晶格联结，很像电影《超人》中的北极圈避难所。这种精巧的蛋白质晶格里是一些生物分子，这就是生物计算机的集成电路。

生物计算机中的生物分子，在电流的作用下同样可以产生“开”和“关”的两种状态，并能储存、输出“0”和“1”这样的二进制信息。因此，可以像电子计算机一样进行运算和信息处理。

组成生物计算机的蛋白分子，直径只有头发丝上的五千分之一。体积仅手指头粗细的一只生物计算机，其储存信息的容量可以比现在的普通电子计算机大一千万倍。而且由于生物分子非常微小，彼此之间的距离又非常近，所以传递信息和计算速度非常快。如果将这种计算机和人脑比较，人脑进行思维是靠神经冲动传递的，与声音在空气中传递的速度（每秒 330 米）相当；而在生物计算机中，分子的电子运动速度与光速相接近，高达每秒约 30 万公里。因此，生物计算机的速度比人脑思维的速度快近 100 万倍。

生物计算机这样微小的体积和惊人的运算速度，可以用来制造真人大小的机器人，使机器人具有像人脑一样的智能。生物计算机能够与健康人的大脑连在一起，甚至植入人的大脑，代替大脑有病的人进行思维、推理、记忆。它可以装备机器人，使机器人更小巧，用来招待高度危险的任务；可以植入人体，使瘫痪病人站立走路，给盲人重建光明，国外有一个名叫罗斯纳的“共生人”，他有两个身体，但只有一个大脑。两个身躯接受同一个大脑的指令。如果给他植入一台生物计算机的话，那么这个机器脑就能控制其中一个躯体的一切活动，再通过外科手术，就能得到完整的两个人。

图 4.34　文档

第5章
电子表格处理软件 Excel 基础

电子表格处理软件 Excel 是进行数据处理的常用软件，可以帮助人们方便快速地输入和修改数据，进行数据的存储、查找和统计，还具有智能化的计算和数据管理能力，是目前世界上最流行的电子表格处理软件之一。它既可以存储信息，也可以进行计算、数据排序、用图表形式显示数据等。Excel 2010 中文版是 Office 2010 中文版的组成部分，既可单独运行，也可与其他组件相互调用，进行数据交换。

本章以中文版 Excel 2010 为例，介绍 Excel 的主要功能与基本操作方法。主要内容包括 Excel 2010 中文版的基本操作、工作簿文件的建立与管理、工作表的建立、工作表的编辑操作、格式化工作表等。

5.1 Excel 2010 的基本知识

本节主要介绍 Excel 2010 的启动、退出、窗口的相关概念及基本操作方法，通过本节的学习，我们可以掌握 Excel 2010 的基本操作。

5.1.1 Excel 2010 的启动和退出

1. Excel 2010 的启动

启动 Excel 2010 通常有两种方法。

（1）用"开始"菜单中的"程序"项启动

单击 按钮后，屏幕上将出现弹出式菜单，选择"所有程序"项，在出现的二级菜单中选择"Microsoft Office"项，单击"Microsoft Excel 2010"，即可启动 Excel 2010。

（2）用快捷图标启动

这是启动 Excel 2010 的最快捷的方法，使用该方法的前提是桌面上有 Excel 2010 的快捷图标。启动 Windows 操作系统后，在桌面上找到 Excel 2010 快捷图标，双击该图标即可启动 Excel 2010。

2. Excel 2010 的退出

如果要退出 Excel 2010，首先应保存 Excel 2010 所做的工作，然后采用以下几种方法之一退出。

（1）选择"文件"选项卡中的"退出"选项。

（2）单击 Excel 2010 标题栏右上角的"关闭"按钮。

（3）在任务栏的 Excel 2010 的窗口的图标上右击，在弹出的快捷菜单中选择"关闭窗口"命令。

（4）在当前编辑窗口为活动窗口的情况下，直接按【Alt+F4】组合键。

5.1.2　Excel 2010 界面介绍

启动 Excel 2010 后，可以看到 Excel 2010 的工作窗口，如图 5.1 所示。它由快速访问工具栏、标题栏、功能区、编辑栏、工作表标签、状态栏、工作表区等部分组成，各组成部分作用如下。

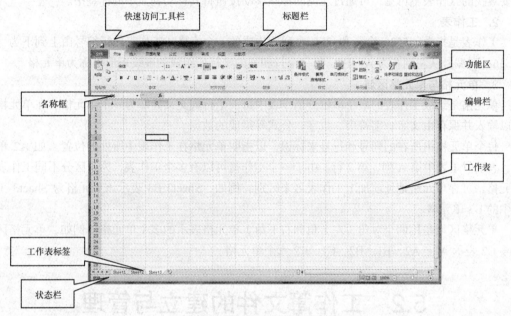

图 5.1　Excel 2010 工作界面

① 标题栏：位于 Excel 2010 窗口最顶端，用来显示当前工作簿文件的名称和应用程序的名称。最右侧是 Excel 2010 程序的"最小化"、"最大化"和"关闭"按钮。

② 快速访问工具栏：默认位置在标题栏的左边，可以设置在功能区下边。快速访问工具栏体现一个"快"字，栏中放置一些最常用的命令，例如新建文件、保存、撤销等。可以增加、删除快速访问工具栏中的命令项。

③ 功能区：Office 2010 的全新用户界面就是把下拉式菜单命令更新为功能区命令工具栏。在功能区中，将原来的下拉菜单命令，重新组织在"开始"、"插入"、"页面布局"、"公式"、"数据"、"审阅"、"视图" 7 个选项卡中。

④ 名称框：用来显示当前单元格（或区域）的地址或名称。

⑤ 编辑栏：主要用于输入和编辑单元格或表格中的数据或公式。

⑥ 工作表：工作表编辑区占据了整个窗口最主要的区域，也是用户在 Excel 操作时最主要的工作区域。

⑦ 工作表标签：工作簿底端的工作表标签用于显示工作表的名称，单击工作表标签将激活相应工作表。

⑧ 状态栏：位于文档窗口的最底部，用于显示所执行的相关命令、工具栏按钮、正在进行的操作或插入点所在位置等信息。

5.1.3　工作簿、工作表和单元格的概念

1. 工作簿

所谓工作簿，是指在 Excel 系统中用来存储和处理工作数据的文件，是 Excel 储存数据的基本单位。在一个工作簿中可以拥有 255 个不同类型的工作表。默认情况下，一个新工作簿有 3 个工作表，且分别以 Sheet1、Sheet2、Sheet3 为工作表命名。根据需要，可以随时插入新工作表，最多 255 个。工作表的名称以标签形式显示在工作簿窗口的底部，单击标签可以进行工作表切换。若要查找的工作表不可见，可通过左侧的标签移动按钮将其移动到显示的标签中。

2. 工作表

工作表是指由 65536 个行和 256 个列所构成的一个表格，工作表的行编号由上到下为 1～65536；列编号从左到右为 A～IV。每一个行和列的坐标所组成的虚线矩形格称为单元格。

3. 单元格与单元格区域

单元格是组成工作表的最小单位。工作表中每一个行列交叉处即为一个单元格。在单元格内可以输入并保存由文字、字符串、数字、公式等组成的数据。

每个单元格由所在的列号和行号来标识，以指明单元格在工作表中所处的位置。如 A2 单元格，表示位于表中第 A 列、第 2 行。由于一个工作簿可以有多个工作表，为了区分不同工作表的单元格，可在单元格地址前加上工作表名来区别，例如，Sheet3!B3 表示该单元格为 Sheet3 工作表中的 B3 单元格。

单元格区域是用两个对角（左上角和右下角）单元格表示的多个单元格。例如，单元格区域A1：C2 表示 A1、A2、B1、B2、C1、C2 六个单元格。

5.2　工作簿文件的建立与管理

本节主要介绍在 Excel 2010 系统中如何新建工作簿文件、打开工作簿文件、保存工作簿文件和关闭工作簿文件等基本操作。

5.2.1　工作簿文件的建立

1. 新建空白工作簿

在启动 Excel 2010 后，系统将自动创建一个新的工作簿。如果用户需要自己重新创建工作簿，可以选择"文件"选项卡中的"新建"选项，在"新建"对话框中双击"空白工作簿"，可新建一个空白工作簿。

2. 使用模板建立工作簿

Excel 2010 提供了很多精美的模板，模板是有样式和内容的文件，用户可以根据需要，找到一款适合的模板，然后在此基础上快速新建一个工作簿。

① 选择"文件"选项卡中的"新建"选项，显示"新建"对话框，如图 5.2 所示；

② 在"可用模板"列表中选择一个需要的模板，这里选择"样本模板"中的"销售报表"，如图 5.3 所示；

③ 根据实际需要进行修改，保存即可。

还可以使用在线模板新建工作簿，下面举例说明如何利用在线模板快速建立工作簿。

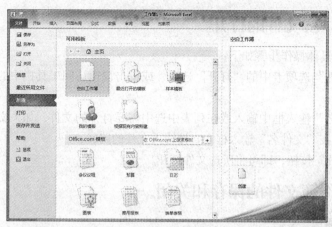

图 5.2　"新建"对话框

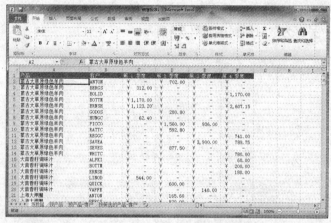

图 5.3　销售报表模板文件

① 选择"文件"选项卡中的"新建"选项，显示"新建"对话框，如图 5.2 所示；

② 在"Office.com 模板"列表中选择一类需要的模板，这里选择"预算"，在子类型中选择"业务预算"中的"商务旅行预算"，如图 5.4 所示；

③ 在文件中输入相关内容后，保存即可。

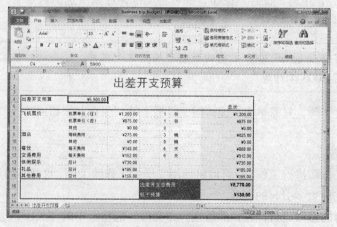

图 5.4　商务旅行预算模板文件

5.2.2　工作簿文件的打开

打开工作簿的具体操作步骤如下：

① 选择"文件"选项卡中的"打开"选项，或单击快速访问工具栏中的"打开"按钮，显示"打开"对话框；

② 在"文件名"输入框中输入或在列表中选中需要打开的文件，如果文件列表中没有所要打开的文档，可以在"文件名"输入框中直接输入文件的路径；

③ 单击"打开"按钮，即可将所选文件打开。

5.2.3　工作簿文件的保存和关闭

1. 保存工作簿

保存新建工作簿的具体操作步骤如下：

① 单击快速访问工具栏上的"保存"按钮或选择"文件"选项卡中的"保存"选项或"另存为"选项，显示"另存为"对话框，如图 5.5 所示；

图 5.5　"另存为"对话框

② 在"另存为"对话框的"文件名"处输入所需要保存文件的文件名，然后选择文件的保存位置；

③ 设置完毕后，单击"保存"按钮，即可将文件保存到所选的目录下，默认工作簿文件的扩展名是 xlsx。

提示　若需要在 Excel 2003 之前的版本中编辑这个文件，保存的时候需要选择文件类型为"Excel 97-2003 工作簿"。

保存已有的工作簿，只需单击快速访问工具栏上的"保存"按钮或选择"文件"选项卡中的"保存"选项即可。

2. 关闭工作簿

在使用多个工作簿进行工作时，可以将使用完毕的工作簿关闭，这样不但可以节约内存空间，还可以避免打开文件太多引起的混乱。

首先对工作簿的修改进行保存，然后选择"文件"选项卡中的"关闭"选项，即可将工作簿关闭。

如果没有对修改后的工作簿进行保存，就执行了关闭命令，此时将显示更改对话框，如图 5.6 所示。信息框中提示用户是否对修改后的文件进行保存，单击"保存"则保存对文件的修改并关闭文件；单击"不保存"则关闭文件而不保存对文件的修改。

图 5.6　提示信息对话框

3. 退出系统

退出系统时，应先关闭所有打开的工作簿，然后选择"文件"选项卡中的"退出"选项或单击右上角的 ████。如果没有未保存的工作簿，系统关闭；如果有未关闭的工作簿，或工作簿有未保存的修改内容，系统将提示是否要保存。

5.3　工作表的建立与管理

在 Excel 中，工作簿相当于文件夹，工作表则是存放在文件夹里的表格。本节主要介绍在工作簿中建立与管理工作表，其中包括建立工作表以及工作表的各种编辑操作等。

5.3.1　选取工作表

在进行各种工作表编辑之前，首要工作就是选择工作表。通常情况下，选择工作表有下列几种情况。

① 打开工作表所在的工作簿。在工作簿底端的工作表标签栏中，单击要选择的工作表标签，即可将其选中。

② 如果所要选择的多个工作表是连续的，首先单击选中其中第一个工作表标签，然后按住【Shift】键，再选择最后一个工作表标签即可。

③ 如果所要选择的多个工作表是间隔的，首先单击选中其中一个工作表标签，然后按住【Ctrl】键，再选择其他的几个工作表即可。

④ 在工作簿底部任意一个工作表标签上单击鼠标右键，在所显示的快捷菜单中选择"选定全部工作表"选项，即可将工作簿中的所有工作表选中，如图 5.7 所示。

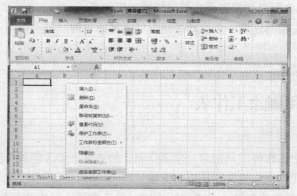

图 5.7　选中全部的工作表

5.3.2 切换工作表

在前面提到了一个工作簿中可以包含多个工作表，这些工作表屏幕不可能同时显示出来，所以在使用工作簿中的其他工作表时，必须要进行切换。

如果想要切换到的工作表标签已经显示在工作簿窗口底端，则单击工作表标签即可从当前工作表切换到所选工作表中，如图 5.8 所示。

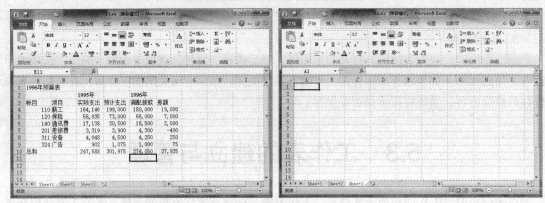

图 5.8 切换工作表

在一个工作簿中最多可以容纳 255 张工作表，由于屏幕长度的限制，这些工作表的标签名称不可能完全显示在工作簿底端，可能有一些被遮盖了，通常有以下两种办法可以切换到用户希望编辑的工作表。

1. 可以使用工作表标签切换到某个工作表

（1）单击以下按钮，将想要切换到的工作表标签显示出来。

① ◀|：单击此按钮，可以显示第一张工作表和其后的能够显示的工作表标签。

② ◀：每单击一次此按钮，工作表标签将向右移动一个。如果工作簿底端最左端显示的一个工作表标签是 Sheet2 的话，按一下此按钮最左端的工作表标签将变为 Sheet1。

③ ▶：单击此按钮，工作表标签将向左移动一个。

④ |▶：单击此按钮可以显示最后一张工作表和其前的能够显示的工作表标签。

（2）当想切换到的工作表标签显示出来后，单击那个工作表标签，即可将其切换到当前状态。

2. 使用快捷菜单也可以切换到用户希望编辑的工作表

在工作表标签栏左端的任意一个滚动按钮上单击鼠标右键，显示如图 5.9 所示的快捷菜单，在快捷菜单中选择要切换的工作表名称选项即可从当前工作表切换到所选工作表。

	Sheet1
√	Sheet2
	Sheet3

图 5.9 切换快捷菜单

5.3.3 插入和删除工作表

1. 插入工作表

在默认状态下一个工作簿中只包含三个工作表。如果这三个工作表不能满足需要，可以再向原工作簿中插入新的工作表，通常使用以下方法：

① 在工作簿底端工作表标签上单击鼠标右键，然后在显示的快捷菜单中选择"插入"选项，

显示插入对话框，如图 5.10 所示；

图 5.10   "插入"对话框

② 在"常用"标签中选择"工作表"图标，然后单击"确定"按钮，此时在原工作表标签前插入了一个新工作表。

也可以单击工作簿底端已知工作表标签右侧的"插入工作表"按钮，直接在已知工作表的右侧插入了一个新工作表。

2. 删除工作表

用户所打开的工作簿中一般包含多个工作表，如果含有没用的工作表，则应该将其删除，以释放所占用的空间。具体操作步骤如下：

在工作簿底端工作表标签上单击鼠标右键，然后在显示的快捷菜单中选择"删除"选项，可以将所选工作表删除。如果是空白工作表，直接删除；如果工作表中有数据，则询问是否将数据全部删除，对话框如图 5.11 所示。

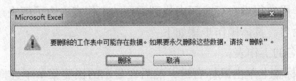

图 5.11   "删除"对话框

5.3.4   复制和移动工作表

1. 移动工作表

在工作中，经常需要在一个工作簿或不同工作簿之间复制或移动工作表。

（1）在同一个工作簿中移动工作表，具体操作步骤如下：

① 在工作簿底端工作表标签上单击鼠标右键，然后在显示的快捷菜单中选择"移动或复制工作表"选项，显示"移动或复制工作表"对话框，如图 5.12 所示；

② 在"移动或复制工作表"对话框的"下列选定工作表之前"列表中，选择工作表要移动的位置，然后单击"确定"按钮即可。

（2）在不同工作簿之间移动工作表，具体操作步骤如下：

① 将工作表要移动到的目标工作簿打开；

② 在源工作簿底端工作表标签上单击鼠标右键，然后在显示的快捷菜单中选择"移动或复制工作表"选项，显示"移动或复制工作表"对话框，如图 5.12 所示；

③ 单击"移动或复制工作表"对话框中的"工作簿"下拉列表按钮，在显示的工作簿列表中选择工作表要移动到的目标工作簿，然后在"下列选定工作表之前"列表中，选择工作表移动的位置；

④ 设置完毕后，单击"确定"按钮即可。

图 5.12 "移动或复制工作表"对话框

2. 复制工作表

可以在同一个工作簿中复制工作表，也可以在不同工作簿之间复制工作表，具体的操作是在进行上述移动工作表的操作时，在如图 5.12 所示的"移动或复制工作表"对话框中选中"建立副本"复选框，即可实现对工作表的复制。

提示

① 在一个工作簿中，按住鼠标左键并拖动一个工作表标签，然后在想要移动到的目标位置松开鼠标，即可将工作表移动到此位置；按住【Ctrl】键后拖动工作表的标签，可以将所选工作表复制到松开鼠标的位置。

② 如果使用鼠标在两个工作簿之间复制和移动工作表，首先要选择"视图"选项卡中"窗口"组的"全部重排"选项，在显示的"全部重排"对话框中选择"平铺"选项，使原工作簿和目标工作簿并列显示在屏幕当中；然后使用鼠标按上述方法即可将原工作簿中的工作表复制或移动到目标工作簿中。

5.3.5　重命名工作表

在系统默认状态下，工作簿中的每个工作表标签都是以"Sheet1、Sheet2…"来命名，这种命名方式有一定的弊端，用户很难在短时间内找到需要的工作表，为了解决这一问题，用户可以对工作表的标签进行重命名。具体操作步骤如下：

① 选择需要重命名的工作表；

② 在所选工作表标签上单击鼠标右键，然后在显示的快捷菜单中选择"重命名"选项，或者在工作表标签上双击鼠标，此时所选标签将变黑；

③ 使用键盘输入工作表的新名称，然后按一下回车键即可。

5.4　编辑单元格、行和列

本节主要介绍工作表的行、列以及单元格的基本操作，其中包括行、列以及单元格数据的删除、复制、移动、查找和替换等。

5.4.1　选取单元格或单元格区域

在执行绝大部分命令之前，必须选定要对其进行操作的单元格或单元格区域。单元格选取是电子表格的常用操作，主要包括选取单元格、选取多个连续单元格以及选取多个不连续单元格等。各种选取方法如表 5.1 所示。

表 5.1　　　　　　　　　　　　　　　选取单元格及单元格区域方法

选取区域	操作方法
单元格	单击该单元格
整行（列）	单击工作表相应的行号（列号）
整张工作表	单击工作表左上角行列交叉按钮
相邻行（列）	指针拖过相邻的行号（列号）
不相邻行（列）	选定第一行（列）后，按住【Ctrl】键，再选择其他行（列）
相邻单元格区域	单击区域左上角单元格，拖至右下角（或按住【Shift】键再单击右下角单元格）
不相邻单元格区域	选定第一个区域后，按住【Ctrl】键，再选择其他区域

如果要取消区域选定，只需单击工作表内任意一个单元格即可。

5.4.2　编辑单元格数据

1. 输入数据

在 Excel 2010 中可以有多种数据类型，如文本、数字、日期和时间等。输入数据时可以选定要输入数据的单元格，即可在单元格中输入数据。输入的内容同时出现在活动单元格和编辑栏上。如果输入过程中出现错误，可以在确认前按 Backspace 键删除光标前的字符，或单击数据编辑栏中的"取消"按钮✖删除单元格中的内容。单击数据编辑栏中的"输入"按钮✔，或按一下回车键完成数据输入，也可以直接将单元格光标移到下一个单元格，准备输入下一项。

（1）文本的输入

文本可以是任何字符串，包括字母、数字、汉字、空格等。在单元格中输入文本时自动左对齐。在实际应用中，用户可能需要将一个数字作为文本输入，如学生学号，电话号码等，此时可以在输入的数字前面加上单引号，如"12101"；或者在数字的前面加上一个等号并把输入的数字用双引号括起来，如"="12101""，注意单引号和双引号均要求是英文半角符号。

如果单元格的宽度容纳不下文本，可占相邻单元格的位置，如果相邻单元格已经有数据，就截断显示。用户还可以通过自动换行或缩小字体填充在一个单元格中显示文本，具体操作步骤如下：

① 选中要处理的单元格；

② 在"开始"选项卡上的"单元格"组中，单击"格式"按钮，然后单击"设置单元格格式"命令，弹出"设置单元格格式"对话框，选择"对齐"选项卡，如图 5.13 所示；

图 5.13　"设置单元格格式"对话框

③ 在"文本控制"选项组中，选定"自动换行"复选框，则文本可以显示在多行；选定"缩小字体填充"复选框，则文本自动缩小字体，使得单元格能容纳下输入的文本。

若要在单元格中另起一行输入数据，需在按住【Alt】键的同时再按【Enter】键，将输入一个换行符。

（2）数字的输入

在工作表中有效的数字包括数字字符 0～9 和一些特殊的数学字符，如"+"、"-"、"( )"、","、"\$"、"%"、"."等，这些字符的功能见表 5.2。在默认状态下所输入单元格的数字将自动右对齐。单元格内默认显示 11 个字符，也就是说，只显示 11 位数值，如果输入的数值多于 11 位，就用科学计数法来表示，例如 1234567891234，表示为 1.23457E+12。当单元格中放不下这个数字时，就用若干个"#"号代替（如"###"）。

表 5.2　　　　　　　　　　　　数字输入允许的字符及功能

字符	功　　能
0～9	阿拉伯数字的任意组合
+	表示正数，与 E 在一起时表示指数，如 2.14E+4
-	表示负数，如-456.78
( )	表示负数，如（213）表示-213
,	千位分隔符，如 123，568，000
/	表示代分数，如 3 1/2 表示三又二分之一，注意数字 3 和 1 之间用空格符分隔
/ /	表示日期分隔符，如 2013/4/30 表示 2013 年 4 月 30 日
\$	表示金额，如\$200 表示 200 美元
%	表示百分比，如 97%
.	表示小数点
E 和 e	科学记数法中指数表示符号，如 2.14E+4 表示 21400
:	时间分隔符，如 12：30 表示 12 点 30 分

（3）同时在多个单元格中输入相同数据

具体操作步骤如下。

① 按住并拖动鼠标选中要输入相同数据的单元格。

② 使用键盘在活动单元格中输入数据。

③ 同时按下【Ctrl+Enter】组合键，即可在所选中的多个单元格中输入相同的数据，如图 5.14 所示。

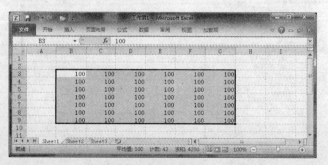

图 5.14　在多个单元格中输入相同数据

2. 使用自动填充输入数据

可以使用自动填充法输入类似"星期一"到"星期日"、"一月"到"十二月"这样有规律的数据。如果用户需要在相邻的单元格中输入相同或有规律的一些数据，可以使用自动填充的方法。

（1）填充柄

"自动填充"功能是通过"填充柄"来实现的。所谓"填充柄"是指位于当前选定区域右下角的一个小黑方块。将鼠标指针移到填充柄时，指针的形状就变为黑十字。

利用"填充柄"自动填充数据，具体操作步骤如下。

① 单击选中要填充区域中的第一个单元格，然后在此单元格中输入序列起始值或者公式，例如在第一个单元格中输入文字"一月"。

② 拖动区域中所选单元格右下角的填充句柄。

③ 释放鼠标左键，即可完成自动填充，如图 5.15 所示。

（2）通过"序列"对话框实现"自动填充"

具体操作步骤如下。

① 选定需要输入序列的第一个单元格并输入序列数据的第一个数据。

② 单击"开始"选项卡中"编辑"组的"填充"按钮，打开的"序列"对话框，如图 5.16 所示。

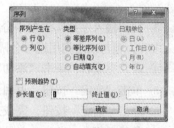

图 5.15　用"填充柄"自动填充数据　　　　图 5.16　"序列对话框"

③ 根据序列数据输入的需要，在"系列产生在"组中选定"行"或"列"单选按钮。

④ 在"类型"组中根据需要选"等差序列"、"等比序列"、"日期"或"自动填充"单选按钮。

⑤ 根据输入数据的类型设置相应的其他选项，设置完毕，单击"确定"按钮即可。

例如，利用"序列"对话框生成一个等比序列，可以这样操作：在 A2 单元格中输入 1，选定 A2，单击"开始"选项卡中"编辑"组的"填充"按钮，单击"系列"命令，在打开的"序列"对话框中，分别选中"行"、"等比序列"，在"步长值"框中填入 5，在"终止值"框中输入 10000，再单击"确定"按钮。这样就可以生成了一个 1∶5 的等比序列，如图 5.17 所示。

图 5.17　生成的"等比序列"

（3）自定义序列

对于经常使用的特殊数据系列，用户可以通过自定义序列功能，将其定义为一个序列。当使用自动填充功能时，就可以将这些数据快速输入到工作表中。

具体操作步骤如下。

① 选择"文件"选项卡中的"选项"按钮，打开"Excel 选项"对话框。

② 在对话框中选择"高级"选项，单击"编辑自定义列表"按钮，打开"自定义序列"对话框，如图 5.18 所示。

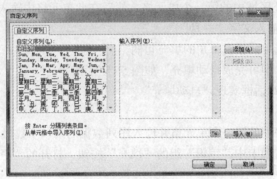

图 5.18 "自定义序列"对话框

③ 在"输入序列"表框中分别输入要自定义的序列，每输入完一项，按回车键。如果一行输入多项，项与项之间用逗号分隔。

④ 输入完成后，单击"添加"按钮，将其添加到左侧"自定义序列"列表框中。

⑤ 单击"确定"按钮，返回到"Excel 选项"对话框中。

⑥ 单击"确定"按钮，完成自定义序列设置。

3. 修改数据

在输入数据的过程中难免会出错，因此还要学习如何修改数据。

（1）无论在输入之中还是在输入之后，发现输入错误，就用鼠标左键双击该单元格。这时在单元格中出现插入光标 I，在编辑栏中也同时显示单元格的内容。将插入光标移到要修改的字符右侧。

（2）使用退格删除键，或选定编辑栏中要修改的内容，将输入错的内容删除，再重新输入正确的内容。

（3）如果整个单元格的内容都要删除，就选定这个单元格，然后输入新的内容，新内容会自动取代原来的内容。

4. 删除数据

删除单元格中的内容，首先选中要删除内容的单元格，然后按一下键盘上的【Delete】键，或在选中的内容上单击鼠标右键，在弹出的快捷菜单中选择"清除内容"，即可将所选单元格中的内容删除。

5. 查找和替换

在编辑一个比较大的工作表时，使用 Excel 中的查找和替换功能可以迅速准确地查找和替换所要编辑的数据或文本。

查找文本或数据，具体操作步骤如下。

（1）在"开始"选项卡的"编辑"组中选择"查找和选择"选项，在打开的下拉列表框中选择"查找"，弹出"查找和替换"对话框，如图 5.19 所示；如果进行高级操作，单击"选项"，则会出现如图 5.20 所示的带选项的"查找"对话框；在"查找"对话框中的"查找内容"输入框中，输入要查找的数据或文本，然后在搜索方式和搜索范围选项下设置查找条件。

图 5.19　"查找"对话框

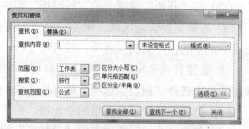

图 5.20　带选项的"查找"对话框

① 范围：单击"范围"下拉式列表按钮，在显示的下拉式列表中可以选择在"工作簿"还是在"工作表"中查找数据。

② 搜索：单击"搜索"下拉式列表按钮，在显示的下拉式列表中选择"按列"选项，查找将沿列向下进行；选择"按行"选项，查找将按行向右进行。

③ 查找范围：单击"查找范围"下拉式列表按钮，在显示的下拉式列表中可以选择查找数据的范围。

（2）设置完毕后，单击"查找下一个"按钮，即可在工作表中查找在"查找内容"输入框中所输入的内容，查找到的数据所在单元格将被选中。

替换对象具体操作步骤如下。

① 在"开始"选项卡的"编辑"组中选择"查找和选择"选项，在打开的下拉列表框中选择"替换"，弹出"查找和替换"对话框，如图 5.21 所示；如果进行高级操作，单击"选项"，则会出现带选项的"替换"对话框，如图 5.22 所示。

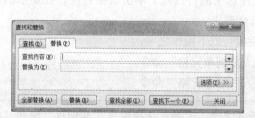

图 5.21　"替换"对话框

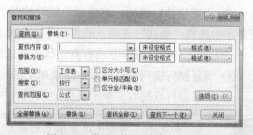

图 5.22　带选项的"替换"对话框

② 在"替换"对话框中的"查找内容"输入框中输入要查找的数据或文本，然后在"替换为"输入框中输入所要替换的数据或文本。

③ 单击"全部替换"按钮，将工作表中所有和查找内容相同的数据替换成"替换为"输入框中所输入的数据；如果只需要将部分的查找内容替换为替换内容，可以单击"查找下一个"按钮，查找到需要替换的对象后，单击"替换"按钮即可将其替换。

5.4.3　单元格、行和列的复制和移动

1. 复制或移动单元格

在 Excel 2010 系统中，可以对空白单元格或输入数据后的单元格进行复制和移动操作，将其

复制或移动到其他位置或其他的工作表中。

方法一：

（1）在工作表中选择要复制或移动的单元格。

（2）在"开始"选项卡的"剪贴板"组中，执行以下操作之一。

① 若要复制选定区域，单击"复制"按钮，或在选中的单元格上单击鼠标右键，在显示的快捷菜单中选择"复制"选项，或者按【Ctrl+C】组合键。

② 若要移动选定区域，单击"剪切"按钮，或在选中的单元格上单击鼠标右键，在显示的快捷菜单中选择"剪切"选项，或者按【Ctrl+X】组合键。

（3）选择粘贴区域左上角的单元格。

（4）单击"开始"选项卡中"剪贴板"组的"粘贴"按钮，或单击鼠标右键的快捷菜单中选择"粘贴"选项，或者按【Ctrl+V】组合键。

方法二：

（1）选中要复制或移动的单元格（可以是一个或多个单元格）；

（2）将鼠标指针移到选中单元格的黑色光标框上，此时鼠标指针将变为箭头形状；

（3）按住鼠标左键同时按下【Ctrl】键并拖动到目标位置，即可实现复制操作。按住鼠标左键并拖动到目标位置，即可实现移动操作。

2．复制或移动行和列

当复制或移动行和列时，Excel 会复制或移动其中包含的所有数据，包括公式及其结果值、批注、单元格格式和隐藏的单元格。

（1）在工作表中选择要复制或移动的行或列。

（2）在"开始"选项卡的"剪贴板"组中，执行以下操作之一。

① 若要复制行或列，单击"复制"按钮，或在选中的行或列上单击鼠标右键，在显示的快捷菜单中选择"复制"选项，或者按【Ctrl+C】组合键。

② 若要移动行或列，单击"剪切"按钮，或在选中的行或列上单击鼠标右键，在显示的快捷菜单中选择"剪切"选项，或者按【Ctrl+X】组合键。

（3）右击目标位置下方或右侧的行或列，然后执行以下操作之一：

① 当复制行或列时，单击快捷菜单上的"插入复制单元格"命令。

② 当移动行或列时，单击快捷菜单上的"插入剪切单元格"命令。

如果不是单击快捷菜单上的命令，而是单击"开始"选项卡中"剪切板"组的"粘贴"按钮或按【Ctrl+V】组合键，那么复制或移动后，目标单元格的内容将全部被替换。

5.4.4 单元格、行和列的插入及删除

1．插入单元格

（1）选定需要插入单元格的位置，使之成为活动单元格。

（2）在"开始"选项卡的"单元格"组中选择"插入"选项，在打开的下拉列表框中选择"插入单元格"，或单击鼠标右键，在快捷菜单中选择"插入"选项，弹出"插入"对话框，如图 5.23 所示。

（3）选择单元格插入的方式，单击"确定"按钮。插入后，原有单元格做相应移动。

图 5.23 "插入"对话框

2．插入行、列

（1）在工作表中单击选择一个行号，插入的行将位于所选行的上一行。

（2）在"开始"选项卡的"单元格"组中选择"插入"选项，在打开的下拉列表框中选择"插入工作表行"，或单击鼠标右键，在快捷菜单中选择"插入"命令，即可将一个空白的行插入到指定位置。插入后，原有行中的内容依次下移一行。

向工作表中插入空白的列的步骤同插入空白行的步骤相似，插入的列位于所选列的左侧。

3．删除单元格

（1）单击选中要删除的单元格或单元格区域。

（2）单击"开始"选项卡的"单元格"组中的"删除"按钮，打开下拉列表框，单击"删除单元格"选项，或在所选的单元格上单击鼠标右键，然后选择快捷菜单中的"删除"选项，弹出"删除"对话框，如图 5.24 所示。

图 5.24　"删除"对话框

（3）在"删除"对话框中，根据需要选择。

① 若选"右侧单元格左移"选项，所选单元格删除后，右侧单元格向左移动。

② 若选"下方单元格上移"选项，所选单元格删除后，下面单元格向上移动。

③ 若选"整行"，则删除选定单元格所在的整行。

④ 若选"整列"，则删除选定单元格所在的整列。

（4）单击"确定"按钮即可删除所选单元格。

4．删除行、列

（1）单击选择工作表中需要删除行或列。

（2）单击"开始"选项卡的"单元格"组中的"删除"按钮，打开下拉列表框。

（3）单击"删除工作表行"或"删除工作表列"选项，或在所选的行、列上单击鼠标右键，然后选择快捷菜单中的"删除"选项，选定的行或列及其内容就被删除了。

5.5　格式化工作表

本节主要介绍 Excel 2010 中为工作表提供的各种格式化的操作和命令，其中包括调节行高和列宽、数据的显示、文字的格式化、边框的设置、图案和颜色填充以及套用表格格式等。

5.5.1　设置数据格式

1．设置数字格式

在工作表中有各种各样数据，它们大多以数字形式保存，如数字、日期、时间等，但由于代表的意义不同，因而其显示格式也不同。用数字格式来改变数字外表，而不改变数字本身。设置数字格式有以下两种方法。

（1）用数字格式的各种按钮设置

选定需要设置数字格式的单元格或单元格区域，单击"开始"选项卡中"数字"组的"常规"按钮右侧的向下箭头，打开"常规"下拉列表框，如图 5.25 所示，根据需要单击相应的按钮即可。

（2）用"单元格格式"对话框的数字选项设置

选定需要设置数字格式的单元格或单元格区域，单击"开始"选项卡中"单元格"组"格式"

按钮右侧的向下箭头，打开"格式"下拉列表框，单击"设置单元格格式"，打开"设置单元格格式"对话框，如图 5.26 所示，选择"数字"选项卡，根据需要设置相应的选项，设置完毕，单击"确定"按钮即可。

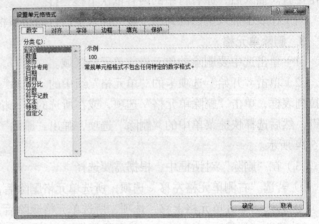

图 5.25 常规"数字"选项卡   图 5.26 "设置单元格格式"对话框

2. 设置字体

设置字体有以下两种方法。

（1）在"开始"选项卡中"字体"组中，有设置修饰文字的下拉列表框和按钮，如图 5.27 所示，根据需要进行相应设置即可。

（2）在如图 5.26 所示的"设置单元格格式"对话框，选择"字体"选项卡，根据需要设置相应的选项，设置完毕，单击"确定"按钮即可。

为工作表中的文字设置不同的字体、字形、字号，为这些文字设定各种颜色以及增加下划线等等，所有这些操作与 Word 中的操作一样。

3. 设置对齐格式

在输入数据到工作表时，默认是文字左对齐，数字右对齐，文本和数字都在单元格下边框水平对齐。

选定需要改变对齐方式的单元格或单元格区域，单击"开始"选项卡中"对齐方式"组相应的按钮进行设置，如图 5.28 所示，根据需要单击相应的按钮即可。水平方向有左对齐、右对齐、居中对齐；垂直方向有靠上对齐、靠下对齐和居中对齐等。

图 5.27 "字体"组   图 5.28 "对齐方式"组

在"对齐方式"组中单击"方向"下拉按钮 ，打开下拉列表框，单击某一选项，可将文本设置成各种旋转效果。

"合并单元格"是将多个单元格合并为一个单元格，用来存放长数据。当多个单元格都包含数据，合并后只保留左上角单元格的数据。一般常与"水平对齐"列表框中的"居中"选项合用，用于标题的显示。在"对齐方式"组中单击"合并后居中"下拉按钮，选择单元格的合并形式或取消单元格的合并。

另外，单击"方向"下拉列表框中的"设置单元格对齐方式"选项，打开"设置单元格格式"对话框，选择"对齐"选项卡，如图 5.13 所示，也可以进行上述设置。

4．设置边框线

默认情况下，Excel 2010 的表格线都是统一的淡虚线，在打印预览时看不见表格线，如果需要可以进行专门的设置。

具体操作步骤如下。

① 选定需要设置单元格边框的单元格区域，右键单击鼠标，在弹出的快捷菜单中选择"设置单元格格式"，或者单击"开始"选项卡中"单元格"组"格式"按钮右侧的向下箭头，打开"格式"下拉列表框，单击"设置单元格格式"，打开"设置单元格格式"对话框，从中选择"边框"选项卡，如图 5.29 所示。

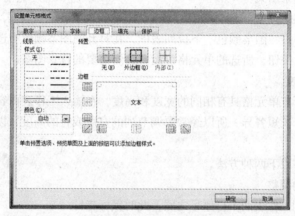

图 5.29　"边框"选项卡

② 在"样式"列表框中选择一种线型样式，单击"外边框"按钮，即可设置表格的外边框；单击"内部"按钮，即可设置表格的内部连线；也可以使用"边框"组中的 8 个边框按钮，设置需要的边框。

③ 在"颜色"下拉列表框中可以设置边框的颜色。

④ 设置完毕，单击"确定"按钮，即可设置需要的边框线。

5．设置背景

设置合适的图案可以使工作表显得更为生动活泼、错落有致。

（1）设置单元格背景色

选定需要设置的单元格区域，右键单击鼠标，在弹出的快捷菜单中选择"设置单元格格式"，或者单击"开始"选项卡中"单元格"组"格式"按钮右侧的向下箭头，打开"格式"下拉列表框，单击"设置单元格格式"，打开"设置单元格格式"对话框，从中选择"填充"选项卡，如图 5.30 所示。

在"背景色"组中选择一种颜色，或者单击"其他颜色"按钮，从打开的对话框中选择一种颜色。单击"填充效果"按钮，打开"填充效果"对话框，可设置不同的填充效果，设置完毕，单击"确定"按钮，返回到"填充"选项卡。

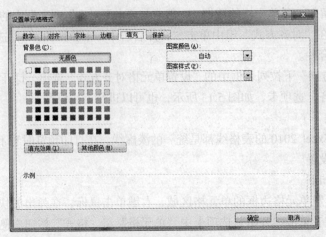

图 5.30 "填充"选项卡

（2）设置单元格背景图案

在如图 5.30 所示的"填充"选项卡中，单击"图案样式"下拉列表框，在打开的图案样式中选择一种图案样式；单击"图案颜色"下拉列表框，在打开的图案颜色中选择一种图案颜色。设置完毕，单击"确定"按钮，所选的单元格可设置为所需要的背景图案。

6. 调整行高和列宽

工作表建立时，所有单元格具有相同的宽度和高度。在输入工作表内容的过程中，由于各种文字和数据大小不同、长短各异，所以经常要调节列的宽度或行的高度，以达到数据完整清楚、表格整齐美观的效果。

调整行高和列宽有以下两种方法。

（1）使用鼠标拖动调整

将鼠标指针移动到工作表两个行序号之间，此时鼠标指针变为十字形且带有上下箭头状态。按住鼠标左键不放，向上或向下拖动，就会缩小或增加行高。放开鼠标左键，则行高调整完毕。调整列宽的方法相同。

（2）使用"单元格"组中的"格式"按钮调整

选定要调整列宽或行高的相关列或行，单击"开始"选项卡中"单元格"组的"格式"按钮右侧的向下箭头，打开下拉列表框，如图 5.31 所示。选择"列宽"或"行高"项，打开"列宽"或"行高"对话框，在对话框中输入要设定的数值，然后按"确定"按钮即可。

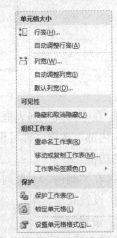

图 5.31 "格式"按钮的下拉列表框

5.5.2 条件格式化

所谓使用条件格式化显示数据，就是指设置单元格中数据在满足预定条件时的显示方式。例如：将给定的"学生成绩"工作表中总分大于 300 的显示为"浅红填充色深红色文本"。具体操作步骤如下。

① 选择要使用条件格式化显示的单元格区域。

② 单击"开始"选项卡中"样式"组的"条件格式"按钮右侧的向下箭头，打开"条件格

式"下拉列表框，如图 5.32 所示。

③ 在"突出显示单元格规则"的下一级选项中，选择"大于"选项，在"大于"对话框中，分别输入"300"和选择设置为"浅红填充色深红色文本"，如图 5.33 所示，然后单击"确定"按钮，条件格式设置的效果如图 5.34 所示。

图 5.32　"条件格式"下拉列表框　　　　　图 5.33　"大于"对话框

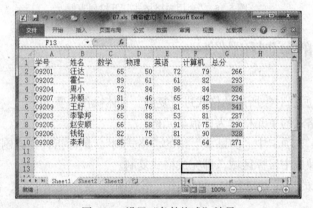

图 5.34　设置"条件格式"效果

用户可以以此例为基础，实验其他多种"条件格式"的设置方法。需要注意的是，利用条件格式设置的格式，在"字体"格式中是不能修改和删除的，如果要修改和删除设置的条件格式，只能到设置"条件格式"的状态中进行。

5.5.3　自动套用格式

所谓自动套用格式，是指一整套可以迅速应用于某一数据区域的内置格式和设置的集合，它包括诸如字体大小、图案和对齐方式等设置信息。通过自动套用格式功能，可以迅速构建带有特定格式的表格。Excel 2010 提供了多种可供选择的工作表格式。

设置自动套用格式，具体操作步骤如下。

① 选定需要应用自动套用格式的单元格区域。

② 单击"开始"选项卡中"样式"组的"套用表格格式"按钮右侧的向下箭头，打开"套用表格格式"下拉列表框，如图 5.35 所示。

③ 在示例列表框中，根据需要选择一种格式。

④ 选定的单元格区域按照选择的表格格式进行设置。

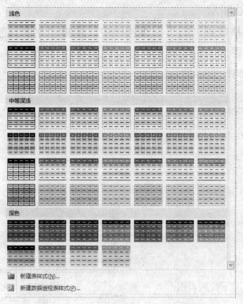

图 5.35 "套用表格格式"下拉列表框

5.5.4 格式的复制和删除

1. 格式复制

格式复制是指对所选对象所用的格式进行复制。具体操作步骤如下。

① 选中有相应格式的单元格作为样板单元格。

② 单击"开始"选项卡中"剪贴板"组的"格式刷",鼠标指针变成刷子形状。

③ 用刷子形指针选中目标区域,即完成格式复制。

如果需要将选定的格式复制多次,可双击"格式刷",复制完毕之后,再次单击"格式刷"即可。

2. 格式删除

要删除单元格中已设置的格式,具体操作步骤如下。

① 选取要删除格式的单元格区域。

② 单击"开始"选项卡中"编辑"组的"清除"按钮右侧的向下箭头,打开"清除"下拉列表框,如图 5.36 所示。

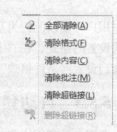

图 5.36 "清除"下拉列表框

③ 在列表框中,选择"清除格式",即可把应用的格式删除。格式被删除后,单元格中的数据仍以常规格式表示,即文字左对齐,数字右对齐。

习 题 五

一、选择题

1. 在 Excel 中,当两个都包含数据的单元格进行合并时(　　　)。

    A. 所有的数据丢失　　　　　　　　　　B. 所有的数据合并放入新的单元格

C.　只保留最左上角单元格中的数据　　D.　只保留最右上角单元格中的数据

2.　在 Excel 中，用户（　　）输入相同的数字。

    A.　只能在一个单元格中　　　　　　　B.　只能同时在两个单元格中

    C.　可同时在多个单元格中　　　　　　D.　不可以在单元格中

3.　在 Excel 中，当点击右键清除单元格的内容时（　　）。

    A.　将删除该单元格所在列　　　　　　B.　将删除该单元格所在行

    C.　将彻底删除该单元格　　　　　　　D.　以上都不对

4.　在 Excel 工作表中，当插入行或列，后面的行或列将向（　　）方向自动移动。

    A.　向下或向右　　　　　　　　　　　B.　向下或向左

    C.　向上或向右　　　　　　　　　　　D.　向上或向左

5.　在 Excel 的单元格中输入手机号码 13511111111 时，应输入（　　）。

    A.　'13511111111　　　　　　　　　　B.　"13511111111"

    C.　13511111111　　　　　　　　　　　D.　"13511111111

6.　在 Excel 工作表中，单元格区域 D2：E4 所包含的单元格个数是（　　）。

    A.　5　　　　　　B.　6　　　　　　C.　7　　　　　　D.　8

7.　Excel 选定单元格区域的方法是，单击这个区域左上角的单元格，按住（　　）键，再单击这个区域右下角的单元格。

    A.　Alt　　　　　　B.　Ctrl　　　　　　C.　Shift　　　　　　D.　任意键

8.　启动 Excel 后，系统会自动产生一个名为（　　）的工作簿文件。

    A.　Excel　　　　　　B.　Bookl　　　　　　C.　Doc1　　　　　　D.　工作簿 1

9.　在 Excel 中，对于上下相邻两个含有数值的单元格用拖拽法向下做自动填充，默认的填充规则是（　　）。

    A.　等比序列　　　　　　B.　等差序列　　　　　　C.　自定义序列　　　　　　D.　日期序列

10.　每一个工作表最多可存放（　　）列的数据。

    A.　65536　　　　　　B.　65535　　　　　　C.　255　　　　　　D.　256

二、实验题

1.　新建工作簿文件"学生成绩表.xlsx"，在工作表 Sheet1 中输入如图 5.37 所示的内容。

	A	B	C	D	E	F	G	H
1	学号	姓名	专业	性别	数学	物理	英语	计算机
2	09201	汪达	文秘	男	65	50	72	79
3	09202	霍仁	财会	男	89	61	61	82
4	09203	李挚邦	土木	女	65	88	53	81
5	09204	周小	工造	男	72	84	86	84
6	09205	赵安顺	外贸	女	66	58	91	75
7	09206	钱铭	金融	女	82	75	81	90
8	09207	孙颐	工商	男	81	46	65	42
9	09208	李利	文秘	女	85	64	58	64
10	09209	王好	财会	男	99	76	81	85

图 5.37　工作表数据

完成以下操作：

（1）将"专业"列移到"性别"列之后，在"姓名"列前插入一列。

（2）在第一行上面插入一行，将 A1~I1 单元格合并，输入标题"学生成绩表"。设置标题的字号为 20，字体为黑体，垂直、水平均为居中。

（3）将"数学"列的数据设置为保留一位小数。

（4）设置以下各列的格式，其中：

① "学号"列格式：14 号斜宋体，字体颜色黑色，图案设为黄色；

② "性别"列格式：14 号加粗宋体，字体颜色红色；

③ "专业"列格式：12 号隶书。

（5）设置 A 列宽度为 9，B～D 列宽度为 10，E～H 列的宽度为 7。

（6）设置第一行高度为 30，其他行高度均为 18。

（7）插入一个新的工作表，名称为"学生成绩"，放置到最后，将 Sheet1 中所有内容复制到新工作表中。

（8）所有操作完成后，另存为"第一题.xlsx"。

2. 对图 5.37 进行以下操作。

（1）在最后一条记录下面追加 6 条记录，学号使用自动填充输入"09210"～"09215"，其他内容任意。

（2）将所有的数据垂直、水平居中。

（3）使用"条件格式化"设置 E 列～H 列，要求分数>90 的数据变为红色，分数<60 的数据变为蓝色。

（4）按样表设置相应的表格线。

（5）将各列的宽度均设置为最适合的列宽。

（6）将第 2 行的内容清除，第 10 行删除。

（7）所有操作完成后，另存为"第二题.xlsx"。

第6章
电子表格处理软件 Excel 高级应用

前一章介绍了 Excel 的基础知识，本章进一步学习 Excel 的应用知识，包括公式与函数的运用、图表、数据排序和筛选、预览和打印等。

6.1 公式和函数

在 Excel 2010 中，除了可以对表格进行一般的数据处理（如数据编辑、格式设置等）之外，还可以在单元格中输入公式或直接使用系统提供的函数对单元格中的数据进行数值计算。

6.1.1 公式的使用

在 Excel 中，公式是以"="开头，其后由一个或多个单元格地址、数值和数学运算符构成的表达式。在工作表中可以使用公式进行表格数据的加、减、乘、除等各种运算。例如：计算单元格 A1、B1 和 C1 中数据的和，可以在除 A1、B1、C1 之外的单元格中输入公式：=A1+B1+C1。

1. Excel 2010 中的运算符号

表6 运算符号和功能列表

类型	运算符	运算符含义	样本公式	运算结果
算术运算符	+	加法运算	=A1+B1	1500
	–	减法运算或负数	=A1–B1	500
	*	乘法	=A1*2	2000
	/	除法	=A1/2	500
	^	乘幂	=A1^2	1000000
	%	百分比	=A1%	10
关系运算符	=	等于	=A1=B1	FALSE
	>	大于	=A1>B1	TRUE
	<	小于	=A1<B1	FALSE
	>=	大于或等于	=A1>=B1	TRUE
	<=	小于或等于	=A1<=B1	FALSE
	<>	不相等	=A1<>B1	TRUE

类型	运算符	运算符含义	样本公式	运算结果
引用运算符	:	区域运算符，对包括在两个引用之间的所有单元格的引用	A1:B2	引用四个单元格：A1，A2，B1 和 B2
	,	联合运算符，将多个引用合并为一个引用	A1:B2，C3	引用五个单元格：A1，A2，B1，B2 和 C3
	（空格）	交叉运算符，引用空格左右两边的两个引用共有的单元格	A1:B3 B2:C4	引用两个引用相交部分的两个单元格：B2 和 B3
其他	()	括号，可以改变运算优先级	=(A1+B1+C1)/3	600

在 Excel 2010 中使用公式计算单元格数据时，需要了解表 6 所示的最基本的运算符和对应的运算法则。

了解表 6 中几种基本运算符号和功能后（假定 A1，B1 和 C1 三个单元格的数据分别为 1000，500，300），下面将介绍如何使用这些运算符号进行表格数据的基本运算。

2. 使用公式计算工作表数据

如图 6.1 中左边的图所示，要计算一月份工资总额，也就是 B3 到 B6 四个单元格的数据之和，具体操作如下。

① 选中计算结果要存放的单元格，这里我们选择 B7。

② 在所选单元格 B7 中输入公式"=B3+B4+B5+B6"。

③ 按回车键，计算结果将显示在所选单元格 B7 中，如图 6.1 中右边的图所示。

图 6.1　单元格求和

上例是使用公式计算单元格数据的和，其他数据运算的步骤与之相同，在此不再重复。

3. 显示和隐藏公式

在单元格中输入公式后，显示在单元格中的不是所输入的公式，而是使用此公式计算单元格数据的结果。如果用户需要查看单元格数据计算所使用的公式，可以根据下面的方法进行操作。

选择"公式"选项卡，在"公式审核"选项组中单击"显示公式"按钮，"显示公式"按钮被点击后，突出显示，如图 6.2 所示。即将工作表单元格中的公式显示出来，如图 6.3 所示。

隐藏公式，显示计算结果，具体操作步骤如下：

选择"公式"选项卡，在"公式审核"选项组中单击"显示公式"按钮，"显示公式"按钮退出突出显示，即可将单元格中的公式隐藏，显示计算结果。

此外，按键盘上的【Ctrl+ `】组合键，可以在显示公式和显示计算结果之间切换。将计算结果选中，所使用的计算公式将自动显示在数据编辑栏的数据输入框中。

图 6.2　"公式审核"选项组

	A	B	C	D
1		第一季度工资表		
2	姓名	一月	二月	三月
3	张三	1000	1100	1050
4	李四	1200	1300	1000
5	王二	1500	1200	1080
6	赵五	1300	1300	1300
7	总计	=B3+B4+B5+B6		

图 6.3　显示公式

4．公式的编辑

将公式输入工作表的单元格后，它就相当于一个普通的数据，可以对它进行与普通数据相同的各种编辑操作。

修改公式，具体操作步骤如下。

① 选中要修改公式的单元格。

② 在数据编辑栏的数据输入框中，将输入光标定位到公式要修改的位置或按【F2】键，进入数据的编辑模式，然后就可以对公式进行必要的修改。

③ 公式修改完毕后，单击数据编辑栏上的"输入"按钮，或按回车键（Enter），即可将修改后的公式输入到单元格。

删除公式，具体操作步骤如下。

选中要删除公式的单元格，选择"开始"选项卡，单击"编辑"选项组中的"清除"按钮右边的三角按钮，弹出一个下拉菜单，如图 6.4 所示，选择"清除内容"选项，即可将所选单元格中的公式清除。

图 6.4　清除公式

6.1.2　公式中的引用

在前面我们学习过单元格的复制，其实复制和引用公式的方法与单元格复制的方法相同。Excel 提供了三种不同的引用类型：相对引用、绝对引用和混合引用。在实际应用中，要根据数据的关系决定采用哪种引用类型。

1．相对引用

所谓相对引用，就是在同一个工作表中，将一个单元格中的公式复制并粘贴到另一个单元格，此公式将自动变化为适用这一单元格的形式。直接引用单元格区域名，不需要加"$"符。

使用相对引用公式的方法计算单元格数据：

在源单元格 E1 中的公式为=A1+B1+C1+D1；选中公式所在的单元格 E1，然后对其进行复制；选择复制公式要粘贴到的目标单元格 E2，然后执行粘贴命令，此时公式显示为=A2+B2+C2+D2。

将公式引用到需要的单元格后，按【Enter】键，即可在单元格中显示计算结果，如图 6.5 所示。

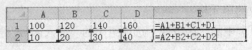

图 6.5　相对引用公式

2. 绝对引用

所谓绝对引用，就是公式复制到新位置后不改变公式的单元格引用。绝对引用的单元格名中，列、行号前都有"$"符号。

使用绝对引用公式的方法计算单元格数据：

在源单元格 E1 中的公式为=$A$1+$B$1+$C$1+$D$1；选中公式所在的单元格 E1，然后对其进行复制；选择复制公式要粘贴到的目标单元格 E2，然后执行粘贴命令，此时公式显示仍然为=$A$1+$B$1+$C$1+$D$1，如图 6.6 所示。

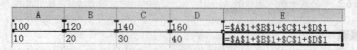

图 6.6　绝对引用公式

3. 混合引用

混合引用有两种情况，若在列号前有"$"符号，而行号前没有"$"符号，被引用的单元格列的位置是绝对的，行的位置是相对的；反之，列的位置是相对的，行的位置是绝对的。

使用混合引用公式的方法计算单元格数据：

在源单元格 E1 中的公式为=$A$2+$B1+C$1+$D$2；选中公式所在的单元格 E1，然后对其进行复制；选择复制公式要粘贴到的目标单元格 F2，然后执行粘贴命令，此时公式显示为=$A$2+$B2+D$1+$D$2，如图 6.7 所示。

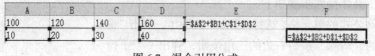

图 6.7　混合引用公式

6.1.3　函数的使用

Excel 2010 提供了几百个可以单独使用或与其他公式或函数结合使用的函数。比如求和、取平均值、取最大值等，都可以使用函数来实现。

1. 输入和使用函数

在工作表中使用函数计算数据，首先要将函数输入单元格，下面将介绍两种函数输入单元格的方法。

（1）在单元格中输入函数与输入公式的方法相同。手工输入函数，具体操作步骤如下。

① 首先选中需要输入函数的单元格，然后在单元格中输入一个等号"="。

② 输入所要使用的函数。例如，在所选单元格中输入函数"=SUM（B3：B6）"，计算工作表中一月份的工资总额，如图 6.8 所示。

使用手工输入函数，主要适用于一些简单的函数，对于参数较多且比较复杂的函数，建议用户使用粘贴函数来输入。使用这种输入函数的方法，可以避免在输入函数的过程中产生输入错误。

（2）使用粘贴函数输入，具体操作步骤如下。

① 选择需要输入函数的单元格。

② 选择"公式"选项卡中的"函数库"选项组中的"插入函数"按钮，显示如图 6.9 所示的"插入函数"对话框。

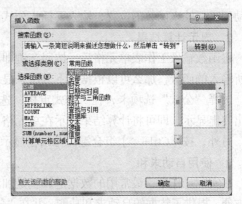

图 6.8　在单元格中输入函数　　　　　　　　　图 6.9　"插入函数"对话框

③ 在"插入函数"对话框的"选择类别"列表框中，选择需要的函数类型，然后在"选择函数"列表框中选择需要使用的函数（这里我们选择常用函数）。

④ 单击"确定"按钮，将弹出如图 6.10 所示的"函数参数"对话框。

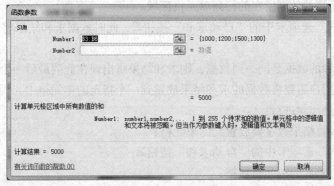

图 6.10　函数编辑对话框

⑤ 在"函数参数"对话框中，设置函数所需的参数，可以直接输入参数，我们输入 B3:B6；也可以单击 Number1 右边的按钮，选择要进行计算的 4 个单元格：B3、B4、B5 和 B6。如果还有参与运算的单元格，可以继续在 Number2 中输入要进行计算的单元格名称。

⑥ 单击"确定"按钮，所选函数将被填入到所选单元格，如图 6.11 所示。

	A	B	C	D
1		第一季度工资表		
2	姓名	一月	二月	三月
3	张三	1000	1100	1050
4	李四	1200	1300	1000
5	王二	1500	1200	1080
6	赵五	1300	1300	1300
7	总计	5000		

图 6.11　粘贴函数

在实际的表格数据计算工作中，使用系统所提供的函数只能满足一些简单的数据运算。有时为了进行一个复杂的数据运算，需要将函数和公式组合起来使用，这就需要我们在公式中输入函数。

单击选中要输入公式和函数的单元格；先输入需要使用的公式，然后将输入光标（插入点）

移动到需要输入函数的位置，输入要插入公式的函数。

2. 显示计算结果

将函数输入工作表单元格后，按回车键即可得出函数的计算结果。如果单元格中显示的依然是所输入的函数，那么可以根据以下方法来显示函数的计算结果：

选择"公式"选项卡，在"公式审核"选项组中单击"显示公式"按钮，"显示公式"按钮退出突出显示，即可将计算结果显示在单元格中。

另外，按【Ctrl+ `】组合键，可以在显示函数和显示计算结果之间切换。

3. 使用自动求和

在实际操作中，最常用的数据运算就是加法求和运算。Excel 2010 为了使表格数据求和运算更方便，提供了数据的自动求和功能，并在"公式"选项卡中提供了"自动求和"按钮Σ。实际上，Σ按钮代表着一个"sum"函数，利用这一函数可以将一个复杂的累加公式转化为一个简单的公式。例如，可以将公式"=B1+B2+…B5"，转化为"=SUM（B1：B5）"。下面将介绍如何使用自动求和功能进行数据的求和。

使用自动求和功能，对表格中的行或列相邻数据进行求和，具体操作步骤如下。

① 选中参与运算的数据所在的行列单元格区域。

② 单击"公式"选项卡中的"自动求和"按钮Σ，此时数据求和结果将出现在相应的单元格中。

例如，如果求和的数据是同一列数据，则求和结果将出现在此列最后一个数据下面的那一空白单元格中；如果用户需要将数据的求和结果放置到一个指定的单元格中，而不是系统默认的单元格，可以根据下列步骤进行：

① 选中求和计算结果数字要放置到的单元格；

② 单击"公式"选项卡中的"自动求和"按钮Σ；

③ 选择要进行求和的单元格数据；

④ 再次单击"公式"选项卡中的"自动求和"按钮Σ即可。

对多个选定区域的数据进行汇总求和，具体操作步骤如下。

① 选中计算结果要放置的单元格。

② 单击"公式"选项卡中的"自动求和"按钮。

③ 按住【Ctrl】键不放，然后选择要汇总求和的多个单元格区域。

④ 再次单击"公式"选项卡中的"自动求和"按钮，即可将所选单元格区域的数据之和计算出来，并显示在指定的单元格中。

6.2 图 表

"图表"为数字数据提供了直观的、图形化的表示。数字转换成条形图、折线图、饼图、曲面图、圆环图等图表后，更为直观。例如：使用折线图，年度利润增长趋势变得更有说服力。

6.2.1 创建图表

在 Excel 2010 中创建图表的方式有两种：一种是嵌入式图表，就是将图表创建在工作表中，作为工作表的一部分；另一种为单独式图表，就是将图表创建在单独的空白工作表中。用这两种方式创建图表的最大区别就是，第二种方式将图表创建在一个空白的工作表中，可以单独打印。不论是哪种方式的图表，其依据都是工作表中的数据源，当工作表中的数据源改变时，图表也将作相应的变动，以反映出图表数据的变动情况。

1. 嵌入式图表

以图 6.12 所示表格中的数据作为数据源，建立嵌入式图表，具体操作步骤如下。

① 在表格中将需要建立图表的数据源选中，这里我们选择表格 A2 到 D7 区域的数据为图表的数据源；

② 选择"插入"选项卡，如图 6.13 所示，单击"图表"选项组右下角的缩放按钮，将弹出"插入图表"对话框，如图 6.14 所示；

图 6.12　表格数据源图　　　　　　　　　　图 6.13　"图表"选项组

③ 在左侧列表框中选择某种类型图形，我们选择柱形图，然后在右边列表中选择具体的柱形图，将光标在某个图标上面稍微停留几秒，就会有提示出现，我们选择"簇状柱形图"，单击确定按钮；

④ 新创建的图表将插入到当前工作表中，如图 6.15 所示。

图 6.14　"插入图表"对话框

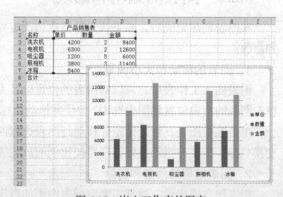

图 6.15　嵌入工作表的图表

此外，当图表嵌入工作表后，图表处于选中状态时，它所代表的数据单元格将显示不同的颜色，这样有利于观察图表数据。图表嵌入工作表后，使用鼠标可以根据需要对其进行适当的缩放和位置调整。

2. 创建单独放置的图表

以如图 6.12 所示表格中的数据作为数据源，创建单独放置在空白工作表的图表，具体操作步骤如下。

① 选择表格 A2 到 D7 区域的数据作为创建图表的数据源。

② 先创建嵌入式图表，如图 6.15 所示。

③ 插入图表之后，将会增加"图表工具"相关的三个选项卡——设计、布局和格式，如

图 6.16 所示。

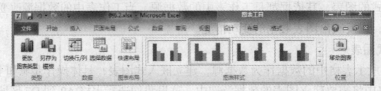

图 6.16 "图表工具"相关选项卡

④ 选择"设计"选项卡，选择"位置"选项组中的"移动图表"，将弹出如图 6.17 所示的"移动图表"对话框。

⑤ 选择新工作表，输入新的工作表名，然后单击"确定"按钮，将创建单独放置的图表，如图 6.18 所示。

图 6.17 "移动图表"对话框

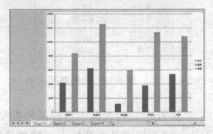

图 6.18 单独放置的图表

6.2.2 图表的编辑和修改

在图表创建完成后，如果认为没能达到预定要求，则可根据需要对图表进行一些必要的编辑和修改。

1. 图表的移动和大小调整

图表插入工作表后，可以对图表的位置以及大小进行调整，增强图表的可视性和美观程度。单击图表的空白位置将图表选中。按住并拖动鼠标将图表移动到适当的位置，然后松开鼠标即可。

单击选中图表，将鼠标指针移动到图表边框四个角的任意一个调节句柄上，此时鼠标光标将变换状态，按住并拖动鼠标，即可按比例缩放图表。

2. 图表数据的添加和删除

图表建立完成后，通常需要向图表中添加数据和删除图表中已有的数据。

（1）向图表中添加数据，具体操作步骤如下。

① 将需要添加到图表中的表格数据选中。

② 单击"开始"选项卡中"剪切板"选项组的"复制"按钮，复制所选数据。

③ 在图表的空白处单击鼠标右键，然后在显示的快捷菜单中选择"粘贴"选项，即可将所选数据源粘贴到图表中。

（2）删除图表中的某一组数据，具体操作步骤如下。

① 选中图表，然后右键单击在图表中要删除的数据系列。

② 在弹出的快捷菜单中选择"删除"选项，即可将所选数据系列从图表中删除。

（3）可以采用"选择数据源"对话框进行数据的添加、编辑和删除等操作。

① 选中要修改的图表，选择"图表工具"中的"设计"选项卡，在"数据"选项组中选择

"选择数据"按钮，将弹出"选择数据源"对话框，如图 6.19 所示。

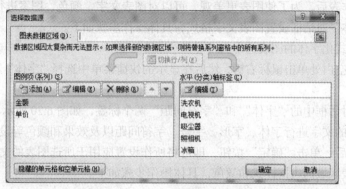

图 6.19　"选择数据源"对话框

② 选择"添加"按钮，然后选择需要添加的数据，将数据加入到图表中；先选择需要删除的数据列后，单击"删除"按钮，可以实现数据删除。

③ 选择需要调整显示位置的数据列，然后点击右边的向上的三角按钮或者向下的三角按钮，调节数据列的位置。

（4）删除图表，具体操作步骤如下。

在要删除的图表空白处单击鼠标右键，选择快捷菜单中的"清除"选项，或者选中图表，然后按下键盘上的【Delete】键，即可将图表删除。

3. 更改图表

在图表创建完成后，通常需要更改图表的类型、位置（插入位置）和所代表的数据源。

（1）更改图表的类型，具体操作步骤如下。

① 选中要更改类型的图表。

② 选择"图表工具"中的"设计"选项卡，在"类型"选项组中选择"更改图表类型"，弹出"更改图表类型"对话框，选择一种满意的图表类型。

③ 单击"确定"按钮，即可将所选图表类型应用于图表。

（2）更改图表的位置，具体操作步骤如下。

这里所说的更改图表位置，是在工作表之间进行的而不是在一个工作表中调整图表位置。通过这种图表位置的更改，可以对"嵌入式图表"和"单独式图表"进行相互转换。

① 选中需要更改位置的图表。

② 选择"设计"选项卡，选择"位置"选项组中的"移动图表"，将弹出"移动图表"对话框。

③ 在"移动图表"对话框中根据需要修改图表的位置，单击"确定"按钮，即可将图表调整到所设置的位置。

（3）更改图表的数据源，具体操作步骤如下。

① 选中要进行更改数据源的图表。

② 选择"图表工具"中的"设计"选项卡，在"数据"选项组中选择"选择数据"按钮，显示"选择数据源"对话框。

③ 在"图表数据区域"输入框中，更改图表数据源的区域。

④ 单击"确定"按钮，图表将根据所更改的数据源区域进行相应的改动。

4. 设置图表

图表插入工作表后，为了使图表更美观，可以对图表文字、颜色、图案进行编辑和设置。

（1）在"字体"对话框设置图表文字格式，具体操作步骤如下。

① 将需要格式化字体的图表选中。

② 在图表的空白处单击鼠标右键，然后在显示的快捷菜单中选择"字体"选项，将显示"字体"对话框。

③ "字体"对话框中的"字体"和"字符间距"两个标签，如图 6.20 所示。

④ 对图表中的文字进行字体、字形、字号、字符间距以及效果和颜色等设置。

⑤ 设置完毕后，单击"确定"按钮，即可将所作设置应用于所选图表的文字。

（2）设置图表区域的边框样式和颜色，具体操作步骤如下。

① 将需要设置颜色的图表选中。

② 在图表空白区中单击鼠标右键，在快捷菜单中选择"设置图表区格式"选项（也可以直接在图表上双击），弹出"设置图表区格式"对话框，如图 6.21 所示。

③ 在"边框颜色"和"边框样式"选项中，可以设置图表边框的颜色和样式。

④ 设置完毕后，单击"确定"按钮，即可将所设置的边框颜色和边框样式应用于所选图表。

（3）设置图表的填充效果，具体操作步骤如下。

① 将要设置图案填充的图表选中。

② 在图表空白区中单击鼠标右键，在快捷菜单中选择"设置图表区格式"选项，弹出"设置图表区格式"对话框，如图 6.21 所示。

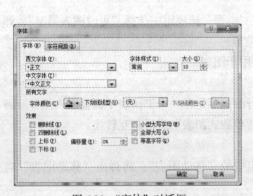

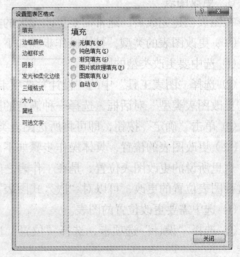

图 6.20 "字体"对话框　　　　　　　图 6.21 "设置图表区格式"对话框

③ 在"填充"选项中，可以设置纯色填充、渐变填充、图片或纹理填充、图案填充和无填充效果。

④ 选择一种满意的填充效果，对其进行设置。

⑤ 单击"确定"按钮即可将所设置的效果应用于图表。

（4）添加或修改图表标题。

① 用鼠标单击要修改或需要设置的图表，在"图表工具"中的"设计"选项卡，选择"图表布局"选项组中，可以选择适合的图表标题布局。

② 单击要修改的标题，单击鼠标右键，在弹出的菜单中选中“编辑文字”选项，修改文字，然后单击鼠标右键，在弹出的菜单中选择“退出文本编辑”即可。

（5）添加或修改横（纵）坐标标题。

① 用鼠标单击要修改或需要设置的图表，在“图表工具”中的“设计”选项卡，选择“图表布局”选项组中，可以选择适合的含有坐标轴标题的图表标题布局。

② 单击要修改的坐标标题，单击鼠标右键，在弹出的菜单中选中“编辑文字”选项，修改文字，然后单击鼠标右键，在弹出的菜单中选择“退出文本编辑”即可。

6.3　数据管理

电子表格软件中的数据文件一般称为数据列表（或数据清单），又常常称为数据表。Excel 不仅具备简单的数据计算处理能力，而且在数据管理和分析方面具有数据库功能。Excel 2010 提供了一整套功能强大的命令，使得数据列表的管理变得非常容易。利用这些命令可以很容易地完成对数据的排序、筛选、分类汇总等操作。

为了便于讲解，先建立一个学生成绩单数据表，如图 6.22 所示。

	A	B	C	D	E	F	G
1				学生成绩单			
2	学号	姓名	性别	数学	英语	语文	总分
3	10401	汪达	男	95	71	62	228
4	10402	霍倜仁	男	89	66	56	211
5	10403	李挚邦	女	65	71	80	216
6	10404	周胄	男	72	73	82	227
7	10405	赵安顺	女	66	66	91	223
8	10406	钱铭	女	82	76	70	228
9	10407	孙颐	男	81	64	91	236
10	10408	李利	女	85	77	51	213

图 6.22　学生成绩单数据表

6.3.1　数据排序

1. 使用升序按钮和降序按钮进行排序

具体操作步骤如下。

① 单击要排序的列。

② 单击“数据”选项卡中“排序和筛选”选项组中的“升序”按钮或“降序”按钮。

2. 用“排序”按钮进行排序

用“排序”按钮可以根据多个列对数据进行排序，具体操作步骤如下。

① 单击列表区域中的任意位置。

② 单击“数据”选项卡中“排序和筛选”选项组中的“排序”按钮。

③ 单击“主要关键字”下拉箭头，选择要作为排序基础的字段（主要排序字段）。

④ 单击“递增”或“递减”选项按钮。

⑤ 如果指定的主要关键字中出现相同值，可以根据需要单击添加条件，再指定“次要关键字”，在 Excel 2010 中，最多可以指定 63 个次要关键字。

⑥ 根据是否有标题行决定是否选中“数据包含标题”复选框，选中复选框，排序时排除第一行；未选中复选框，排序时包含第一行。

⑦ 单击"确定"按钮。

例如在如图 6.22 所示的学生成绩单数据表中按总分（G 列）从高分到低分排序，总分相同，按英语（E 列）从高分到低分排序。排序及结果如图 6.23 所示。

图 6.23　排序对话框及排序结果

6.3.2　数据筛选

数据筛选的功能是可以将不满足条件的记录暂时隐藏起来，只显示满足条件的数据。

1. 自动筛选

具体操作步骤如下。

① 单击列表区域。

② 单击"数据"选项卡中"排序和筛选"选项组中的"筛选"按钮。

③ 单击要使用的字段的筛选箭头。

④ 选择与显示的记录匹配的记录项目。

⑤ 单击"数据"选项卡中"排序和筛选"选项组中的"清除"按钮，重新显示列表中的所有记录。

⑥ 单击"数据"选项卡中"排序和筛选"选项组中的"筛选"按钮，取消筛选。

例如在如图 6.22 所示的学生成绩单数据表中，将女学生总分大于等于 220 分的学生成绩筛选出来。单击"性别"右侧的筛选箭头，打开下拉式列表，选择"女"；单击"总分"右侧的筛选箭头，打开下拉式列表，选择"数字筛选"中的"大于或等于"项，弹出"自定义自动筛选方式"对话框，设置如图 6.24 所示。自动筛选的结果如图 6.25 所示。

图 6.24　"自定义自动筛选方式"对话框

图 6.25　自动筛选的结果

在设置自动筛选的自定义条件时，可以使用通配符，其中问号（？）代表任意单个字符，星号（*）代表任意一组字符。

2. 高级筛选

如果条件比较多，可以使用"高级筛选"来进行。使用"高级筛选"功能，可以一次把想要的数据都筛选出来，并且可以将符合条件的数据复制到另一个工作表或当前工作表的其他空白位置上。

高级筛选时，必须在工作表中建立一个条件区域，输入各条件的字段名和条件值。条件区由一个字段名行和若干条件行组成，可以放置在工作表的任何空白位置。条件区字段名行中的字段名排列顺序可以与数据表区域不同，但对应字段名必须完全一致。条件区的第二行开始是条件行，同一条件行不同单元格的条件互为"与"的逻辑关系；不同条件行单元格的条件互为"或"的逻辑关系。

例如在如图 6.22 所示的学生成绩单数据表中，将女学生总分大于等于 220 分的学生成绩筛选出来。具体操作步骤如下：

① 在工作表的空白位置指定筛选条件，如图 6.26 所示；

② 单击列表区域；

③ 单击"数据"选项卡中"排序和筛选"选项组中的"筛选"按钮，单击"数据"菜单，指向"筛选"，然后单击"高级筛选"，弹出"高级筛选"对话框，如图 6.27 所示；

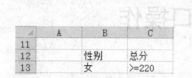

图 6.26　筛选条件　　　　　　　图 6.27　"高级筛选"对话框

④ 在"高级筛选"对话框中选中"将筛选结果复制到其他位置"单选项；

⑤ 在"列表区域"框中指定要筛选的数据区域 A2：G10；

⑥ 指定"条件区域"B12：C13；

⑦ 在"复制到"文本框内指定复制筛选结果的目标区域 A15；

⑧ 若选中"选择不重复的记录"复选框，则显示的结果不包含重复的行；

⑨ 单击"确定"按钮，筛选结果复制到指定的目标区域，如图 6.28 所示。

图 6.28　高级筛选结果

6.3.3　分类汇总

分类汇总建立在已排序的基础上，将相同类别的数据进行统计汇总。Excel 可以对工作表中选定的列进行分类汇总，并将分类汇总结果插入相应类别数据行的最上端或最下端。

分类汇总并不局限于求和，也可以进行计数、求平均值等其他运算。

例如在如图 6.22 所示的学生成绩单数据表中，按性别对总分进行分类汇总。具体操作步骤如下：

① 按分类字段"性别"排序；

② 单击列表区域；

③ 单击"数据"选项卡，选择"分级显示"选项组中的"分类汇总"按钮，弹出"分类汇总"对话框；

④ 在"分类汇总"对话框中进行设置，如图 6.29 所示；
⑤ 单击"确定"按钮，结果如图 6.30 所示。

图 6.29　"分类汇总"对话框

1 2 3		A	B	C	D	E	F	G
	1				学生成绩单			
	2	学号	姓名	性别	数学	英语	语文	总分
	3	10401	汪达	男	95	71	62	228
	4	10402	霍倜仁	男	89	66	56	211
	5	10404	周胄	男	72	73	82	227
	6	10407	孙颐	男	81	64	91	236
	7			男　平均值				225.5
	8	10403	李挚邦	女	65	71	80	216
	9	10405	赵安顺	女	66	66	91	223
	10	10406	钱铭	女	82	76	70	228
	11	10408	李利	女	85	77	51	213
	12			女　平均值				220
	13			总计平均值				222.75

图 6.30　分类汇总结果

6.4　窗口操作

6.4.1　冻结窗口

有时我们在对页面很大的表格进行操作时，需要将某行或者某列冻结，以便于编辑其他行或者列时保持可见。

为了便于讲解，我们先建立一个成绩数据表，如图 6.31 所示。

	A	B	C	D	E	F	G
1	学号	姓名	性别	数学	英语	语文	总分
2	10401	汪达	男	95	71	62	228
3	10402	霍倜仁	男	89	66	56	211
4	10403	李挚邦	女	65	71	80	216
5	10404	周胄	男	72	73	82	227
6	10405	赵安顺	女	66	66	91	223
7	10406	钱铭	女	82	76	70	228
8	10407	孙颐	男	81	64	91	236
9	10408	李利	女	85	77	51	213

图 6.31　成绩数据表

1. 冻结首行

① 单击"视图"选项卡中的"窗口"选项组中的"冻结窗格"按钮；
② 在弹出的列表中，选择"冻结首行"，即可实现冻结首行效果。此时拖动右侧的行滚动条，会发现第一行将始终位于首行位置。

取消"冻结首行"效果，单击"视图"选项卡中的"窗口"选项组中的"冻结窗格"按钮，在弹出的列表中，单击"取消冻结窗格"即可。

2. 冻结首列

① 单击"视图"选项卡中的"窗口"选项组中的"冻结窗格"按钮；
② 在弹出的列表中，选择"冻结首列"，即可实现冻结首列效果。此时拖动下面的列滚动条，会发现第一列将始终位于首列位置。

取消"冻结首列"效果，单击"视图"选项卡中的"窗口"选项组中的"冻结窗格"按钮，在弹出的列表中，单击"取消冻结窗格"即可。

3. 冻结拆分窗格

① 如果需要冻结前 n 行前 m 列，则需要单击单元格 xy（x 为从 a 开始数第 $m+1$ 列，y 为 $m+1$），我们以冻结前两行前三列为例，首先选中单元格 D3；

② 单击"视图"选项卡中的"窗口"选项组中的"冻结窗格"按钮，在弹出的列表中，选择"冻结拆分窗格"，即可实现冻结效果。此时拖动行或列滚动条，会发现前三列和前两行始终保持可见。

取消冻结效果，单击"视图"选项卡中的"窗口"选项组中的"冻结窗格"按钮，在弹出的列表中，单击"取消冻结窗格"即可。

6.4.2　拆分窗口

所谓拆分是指将窗口拆分为不同的窗格，这些窗格可单独滚动。

拆分窗格的具体操作步骤如下。

① 选择要拆分定位的基准单元格，我们以 D3 单元格为例，拆分之后将划分为四个窗格，即：A1、A2、B1、B2、C1 和 C2 这六个单元格为第一窗格，第一行剩余部分和第二行剩余部分为第二窗格，第一列剩余部分、第二列剩余部分和第三列剩余部分为第三窗格，其余为第四窗格；

② 单击"视图"选项卡中的"窗口"选项组中的"拆分"按钮，即可实现拆分效果，如图 6.32 所示。

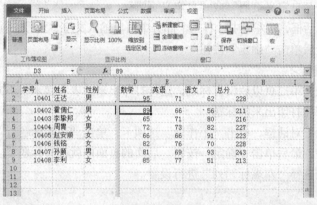

图 6.32　拆分效果

如果要进行水平拆分，要选择第一列的单元格；如果要进行垂直拆分，要选择第一行的单元格。

取消拆分：此时"视图"选项卡的"窗口"选项组中的"拆分"按钮已经处于选中状态，此时再次点击"拆分"按钮即可取消拆分效果。

6.5　工作表的预览和打印

本节将学习如何将所创建的表格和图表打印出来。

1. 打印预览

一般在打印工作表之前都会先预览一下，这样可以防止打印出来的工作表不符合要求。我们可以通过单击"文件"选项卡，在弹出菜单中选择"打印"选项，此时会出现与打印相关的部分。右边即打印预览窗口，看到和打印一样的效果。可以通过单击右下角的"缩放到页面"按钮，把显示的图形放大，看得清楚一些，再单击，又可以返回整个页面的视图形式。

单击"打印"按钮，可以将工作表打印出来。再次单击"文件"选项卡，则可以返回到表格继续编辑。

2. 页面设置

单击"文件"选项卡，在弹出的菜单中选择"打印"选项，在右侧出现打印相关部分。我们选择页面设置，将弹出页面设置对话框，如图 6.33 所示。

在"页面设置"对话框中的"页面"选项卡中，可以对纸张大小、打印方向（纵向或横向）、缩放比例等进行设置。"页边距"选项卡用来设置上、下、左、右页边距，以及是否水平居中和垂直居中等。

在"页面设置"对话框中，选择"页眉/页脚"选项卡，单击"页眉"或"页脚"下拉列表框中的下拉箭头，选择某个页眉或页脚的形式，就给工作表设置好了一个页眉或页脚，从预览框中可以看到打印效果。

除了给定的页眉和页脚的形式，还可以自定义页眉和页脚。方法是单击"自定义页眉"或"自定义页脚"

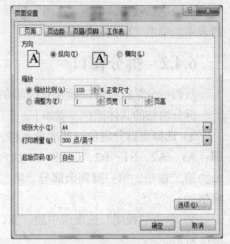

图 6.33 "页面设置"对话框

按钮，打开相应的对话框，在左、中、右三个部分中可以输入文字、页号、页数、日期和时间等，设置需要的格式，最后单击"确定"按钮。

3. 设置打印标题

如果一个表很长，第二页以后没有标题，这样打印出来的表看起来很不方便。我们可以给它设置一个在每页中都能打印出来的标题。

打开"页面设置"对话框，单击"工作表"选项卡，单击"顶端标题行"的编辑区，再单击要作为标题的单元格，最后单击"确定"按钮。后面的页面中就都有标题了。同样道理，如果横向内容特别多，可以选择"左端标题列"进行设置。

4. 打印

单击"文件"选项卡，在弹出的菜单中选择"打印"选项，在右侧出现打印相关部分。在这里可以设置一次打印几份工作表，可以设置打印开始和结束的页码，可以设置打印范围是活动工作表，还是整个工作簿或者是选定区域。最后，单击"打印"按钮进行打印。

6.6 共享工作簿

共享工作簿以允许其他用户可以同时处理该工作簿。我们可以使用这个功能在局域网内协同完成某个工作，将 Excel 文件设置为共享工作簿，与多人共同进行编辑，同时还可以知道其他人对文件进行了什么操作。

具体操作步骤如下。

① 建立一个工作簿文件：学生信息表.xlsx，并打开此文件。输入如图 6.34 所示的内容；

	A	B	C	D	E	F	G
1				学生成绩单			
2	学号	姓名	性别	数学	英语	语文	总分
3	10407	孙颐	男	81	64	91	
4	10406	钱铭	女	82	76	70	
5	10401	汪达	男	95	71	62	
6	10404	周胄	男	72	73	82	
7	10405	赵安顺	女	66	66	91	
8	10403	李挚邦	女	65	71	80	
9	10408	李利	女	85	77	51	
10	10402	霍倜仁	男	89	66	56	

图 6.34　"学生信息表"内容

② 选择"审阅"选项卡，单击"更改"选项组中的"共享工作簿"按钮。弹出共享工作簿对话框。在"编辑"标签中，选中"允许多用户同时编辑，同时允许工作簿合并"复选框，如图 6.35 所示；在"高级"标签中，根据需要，设置修订等相关设置。点击"确定"按钮，弹出确认对话框，如图 6.36 所示；

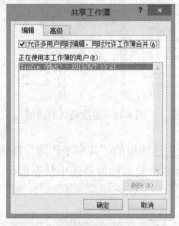

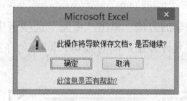

图 6.35　"共享工作簿"对话框　　　　　　　　图 6.36　确认对话框

③ 此时 Excel 2010 标题栏的文件名位置将多出"[共享]"字样，如图 6.37 所示，共享工作簿设置完成；协同人员就可以访问工作簿，并进行相关操作；

图 6.37　共享后的标题栏

④ 我们添加公式计算总分，操作完成后完成保存操作，将改动保存。

设置共享操作的人员在完成保存操作后，会在设置共享操作人员的窗口弹出提醒信息，告知发生变更，如图 6.38 所示。对方变更部分会用其他颜色显示，如图 6.39 所示。

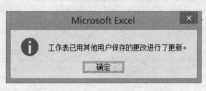

	A	B	C	D	E	F	G
1				学生成绩单			
2	学号	姓名	性别	数学	英语	语文	总分
3	10407	孙颐	男	81	64	91	236
4	10406	钱铭	女	82	76	70	228
5	10401	汪达	男	95	71	62	228
6	10404	周胄	男	72	73	82	227
7	10405	赵安顺	女	66	66	91	223
8	10403	李挚邦	女	65	71	80	216
9	10408	李利	女	85	77	51	213
10	10402	霍倜仁	男	89	66	56	211

图 6.38　"更新"确认对话框　　　　　　　　图 6.39　其他用户更改后的数据

如果双方都对某一个单元格进行了修改，会提示接受哪一方的修改，如图 6.40 所示。

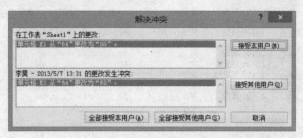

图 6.40　更改通知对话框

这里我们选择全部接受其他人员的修改，弹出窗口，告知发生变更，如图 6.41 所示，对方变更部分会以其他颜色显示，如图 6.42 所示。

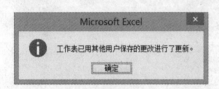

	A	B	C	D	E	F	G
1				学生成绩单			
2	学号	姓名	性别	数学	英语	语文	总分
3	10407	孙颐	男	81	69	93	243
4	10406	钱铭	女	82	76	70	228
5	10401	汪达	男	95	71	62	228
6	10404	周胄	男	72	73	82	227
7	10405	赵安顺	女	66	66	91	223
8	10403	李挚邦	女	65	71	80	216
9	10408	李利	女	85	77	51	213
10	10402	霍偶仁	男	89	66	56	211

图 6.41　更改确认对话框　　　　　　图 6.42　更改确认对话框

取消共享的方法：单击"审阅"选项卡中"更改"选项组的"共享工作簿"按钮，将"编辑"标签中的"允许多用户同时编辑，同时允许工作簿合并"复选框取消选中状态即可。

习 题 六

一、选择题

1. 将 C3 单元格的公式"=A2-$B3+C1"复制到 D4 单元格，则 D4 单元格中的公式是（　　）。

   A．=A2-$B4+D2　　　　　　　　　　　B．=B3-$B4+D2

   C．=A2-$B3+C1　　　　　　　　　　　D．=B3-$B3+D2

2. 下列（　　）不能对数据表排序。

   A．单击数据区中任意单元格，然后单击"数据"选项卡中的"升序"或"降序"按钮

   B．选择要排序的数据区域，然后单击"数据"选项卡中的"升序"或"降序"按钮

   C．选择要排序的数据区域，然后使用"数据"选项卡中的"排序"命令

   D．选择要排序的数据区域，然后使用"审阅"选项卡中的"排序"命令

3. 用筛选条件"数学>65 或总分>250"对成绩数据表进行筛选后，在筛选结果中都是（　　）。

   A．数学>65 的记录

   B．数学>65 且总分>250 的记录

   C．总分>250 的记录

   D．数学>65 或总分>250 的记录

4. 在 Excel 工作表操作中，可以将公式"=B1+B2+B3+B4"转换为（　　）。

A. "SUM（B1：B5）" B. "=SUM（B1：B4）"

C. "=SUM（B1：B5）" D. "SUM（B1：B4）"

5. 在 Excel 单元格内输入计算公式时，应在表达式前加一前缀字符（　　）。

A. 左圆括号"（" B. 等号"="

C. 美元号"$" D. 单撇号"'"

6. 在 Excel 2010 中，关于工作表及为其建立的嵌入式图表的说法，正确的是（　　）。

A. 删除工作表中的数据，图表中的数据系列不会删除

B. 增加工作表中的数据，图表中的数据系列不会增加

C. 修改工作表中的数据，图表中的数据系列不会修改

D. 以上三项均不正确

7. 公式=MAX（C2：C6）的作用是（　　）。

A. 求 C2 到 C6 这五个单元格数据的和

B. 求 C2 到 C6 这五个单元格数据的最大值

C. 求 C2 和 C6 这两个单元格数据的最大值

D. 以上说法都不对

8. 在对数据进行分类汇总之前要先进行（　　）操作。

A. 排序 B. 筛选

C. 求和 D. 不用任何操作

9. 将单元格 L2 的公式=SUM（C2：K3）复制到单元格 L3 中，显示的公式是（　　）。

A. =SUM（C2：K2） B. =SUM（C3：K4）

C. =SUM（C2：K3） D. =SUM（C3：K2）

10. 在 Excel 操作中，某公式中引用了一组单元格，它们是(C3:D7,A1:B2)，该公式引用的单元格总数为（　　）。

A. 12 B. 14 C. 16 D. 18

二、实验题

1. 在 Excel 中用公式输出如下乘法表。

	1	2	3	4	5	6	7	8	9
1	1								
2	2	4							
3	3	6	9						
4	4	8	12	16					
5	5	10	15	20	25				
6	6	12	18	24	30	36			
7	7	14	21	28	35	42	49		
8	8	16	24	32	40	48	56	64	
9	9	18	27	36	45	54	63	72	81

2. 在 Excel 中创建如下表格，用公式求出平均分和总分，通过排序给出名次。选定"学号"和"平均分"两列数据，绘制一个分离型三维饼图，标题为"成绩分布图"，图表采用嵌入式工作表。

学号	数学	英语	语文	平均分	总分	名次
3101	74	90	88			
3102	98	92	86			
3103	80	78	76			
3104	78	86	79			

3. 在 Excel 中创建如下表格，并按要求做相应操作：

姓名	数学	英语	语文	物理
汪达	65	71	65	51
霍偶仁	89	66	66	88
李挚邦	65	71	80	64
周青	72	73	82	64
赵安顺	66	66	91	84
钱铭	82	66	70	81
孙颐	81	64	61	81
李利	85	77	51	67
平均分				

（1）将"姓名"列水平居中；

（2）在表的相应行，利用函数计算"数学"、"英语"、"语文"和"物理"平均分；

（3）用自动筛选将英语成绩高于平均分的学生筛选出来。

4. 在 Excel 中创建如下表格，并按要求做相应操作：

学号	姓名	专业	性别	数学	物理	英语	计算机	总分
09201	汪达	文秘	男	65	50	72	79	
09202	霍仁	财会	男	89	61	61	82	
09203	李挚邦	土木	女	65	88	53	81	
09204	周小	工造	男	72	84	86	84	
09205	赵安顺	外贸	女	66	58	91	75	
09206	钱铭	金融	女	82	75	81	90	
09207	孙颐	工商	男	81	46	65	42	
09208	李利	文秘	女	85	64	58	64	
09209	王好	财会	男	99	76	81	85	

（1）用高级筛选将数学>80 并且物理>70 的学生筛选出来，把筛选结果复制到其他位置；

（2）用高级筛选将性别为男或者计算机>80 的学生筛选出来，把筛选结果复制到其他位置；

（3）用自动求和按钮计算总分；

（4）按"性别"对总分进行分类汇总，汇总方式"平均值"。

5. 在 Excel 中创建如下表格，并按要求做相应操作：

建筑产品销售情况			
日期	产品	销售地区	销售额(万元)
1995-5-23	塑料	西北	2324
1995-5-15	钢材	华南	1540.5
1995-5-24	木材	华南	678
1995-5-21	木材	西南	222.2
1995-5-17	木材	华北	1200
1995-5-18	钢材	西南	902
1995-5-19	塑料	东北	2183.2
1995-5-13	木材	华北	1355.4
1995-5-22	钢材	东北	1324
1995-5-16	塑料	东北	1434.85
1995-5-12	钢材	西北	135

（1）按"产品"进行分类汇总，求出各种类型产品的销售总额；

（2）按"销售地区"进行分类汇总，求出各地区的销售总额。

6. 在 Excel 中创建如下表格，并按要求做相应操作：

姓名	编制	职称	工资
郭小峰	临时	工人	207.5
陈云竹	合同工	工人	234.55
李志刚	干部	助工	249.19
刀立霞	正式工	工程师	299.88
段志强	合同工	助工	300.5
张小云	正式工	工人	300.95
陈水君	临时工	工人	345.65
钱大成	干部	工程师	395.65
金亦坚	干部	高工	565.75
毛小峰	合同工	工人	608.88
朱宇强	干部	助工	657.54

（1）在当前工作表中根据工人的姓名和工资两列建立簇状柱形图，图表标题为"工人工资图"，X轴标题为"姓名"，Y轴标题为"工资"；

（2）将图形移到表格下方；

（3）将图表放到一个新建的名称为"图表"的工作表中；

（4）将图表类型修改为"三维簇状柱形图"；

（5）图表区所有的字体设置为黑体、斜体，字体颜色设为红色。

第7章
演示文稿制作软件 PowerPoint 基础

PowerPoint 2010 是 Microsoft 公司集成办公软件 Office 2010 的主要成员。利用它能制作出包含文字、图形、图像、声音以及视频剪辑等多媒体的演示文稿。PowerPoint 简单易学，无论是初学者还是老用户，通过 PowerPoint 提供的智能向导以及丰富的模板，都能很容易地制作出具有专业水平的演示文稿。

PowerPoint 2010 较之以前的版本相比功能更加丰富，其新增功能如下：

① 使用新增和改进的图像编辑和艺术过滤器可以使图像更加引人注目。

② 添加个性化视频体验，可直接嵌入和编辑视频文件，使用视频触发器，可以插入文本和标题以引起访问者的注意。

③ 使用美妙绝伦的图形创建高质量的演示文稿，PowerPoint 2010 提供数十个新增的 SmartArt 布局可以创建多种类型的图表（例如组织系统图、列表和图片图表）。

④ 将演示文稿发布到 Web，可以从其他位置或在其他设备上访问演示文稿。

⑤ PowerPoint 2010 提供了全新的动态切换（如动作路径和看起来与在电视机相似的动画效果），可以轻松访问、发现、应用、修改和替换演示文稿。

⑥ 可将一个演示文稿分为逻辑节或与他人合作时为特定作者分配幻灯片，这些功能允许您更轻松地管理幻灯片。

还有一些其他新增功能，在这里就不赘述了。

7.1 PowerPoint 2010 概述

7.1.1 PowerPoint 2010 的安装、启动与退出

1. 安装 PowerPoint 2010

PowerPoint 2010 是 Microsoft Office 2010 的一个重要组件，要安装 PowerPoint 2010 就需要安装 Office 2010。

安装 Office 2010 的过程与安装较低版本的 Office 大致相同，只要按照 Office 2010 安装向导的提示进行操作就可轻松安装，也可以任选需要的组件进行安装。

2. 启动 PowerPoint 2010

启动 PowerPoint 2010 的方法有多种，下面我们将介绍最常用的启动的方法。

（1）执行"开始"|"程序"|"Microsoft PowerPoint"命令，如图 7.1 所示。

图 7.1 利用开始菜单启动 Powerpoint 2010

（2）在 Windows 的"资源管理器"或"我的电脑"中，双击任何一个 PowerPoint 2010 演示文稿文件，可启动 PowerPoint 2010 并打开该文件。

（3）通过快捷方式启动 PowerPoint 2010。双击桌面上的 PowerPoint 2010 图标，就可启动 PowerPoint 2010 打开 PowerPoint 2010 窗口，如图 7.2 所示。

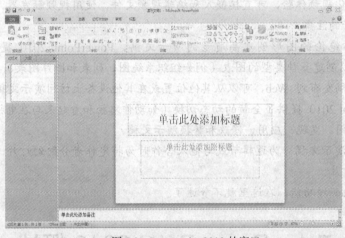

图 7.2 Powerpoint 2010 的窗口

3. 退出 PowerPoint 2010

退出 PowerPoint 2010，返回到系统桌面，有下面几种方法。

（1）选择"文件"选项卡|"退出"命令。

（2）按【Alt+F4】组合键。

（3）单击 PowerPoint 标题栏右上角的关闭按钮。

对演示文稿操作完成，在退出之时，PowerPoint 会弹出一个对话框，提示是否在退出之前保存文件，单击"保存"按钮，则保存所进行的修改。单击"不保存"按钮，在退出之前不保存文件，对文件所进行的操作将丢失。单击"取消"按钮，取消此次退出操作，返回到 PowerPoint 操作界面。

7.1.2　PowerPoint 2010 窗口

PowerPoint 窗口主要用于编辑幻灯片的总体结构，既可以编辑单张幻灯片，也可以编辑大纲。我们把 PowerPoint 2010 的窗口划分为 8 个功能区域，如图 7.3 所示。

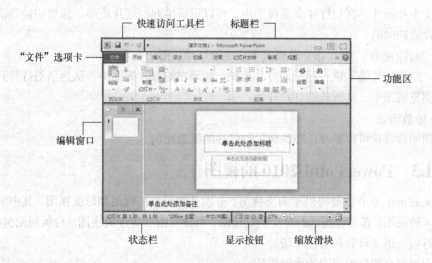

图 7.3　PowerPoint 窗口的功能划分

下面对 PowerPoint 2010 窗口所划分的 8 个功能区域作简要介绍。

1. 快速访问工具栏

常用命令工具按钮位于此处，如"保存"和"撤消"等，用户也可以向此处添加自己的常用命令。

2. 标题栏

标题栏位于窗口的顶部，它的左边显示的是应用软件名和当前的演示文稿名。如果还没有保存演示文稿且未命名，标题栏显示的是通用的默认名（例如"演示文稿 1"）。它的右边是"最小化"按钮 、"还原／最大化"按钮 和"关闭"按钮 。

3. "文件"选项卡

选择该选项卡可以查看一些基本的命令，如"新建"、"打开"、"关闭"、"另存为"，"打印"和"退出"等。

4. 功能区

设计制作幻灯片时需要用到的命令均位于功能区的各个选项卡中。功能区主要包括"开始"、"插入"、"设计"、"切换"、"动画"、"幻灯片放映"、"审阅"和"视图"等八个选项卡。该功能区的作用与其他软件中的菜单或工具栏相同。

5. 编辑区

编辑区用来显示正在编辑的演示文稿。

6. 状态栏

状态栏位于窗口的左下方，用来显示正在编辑的演示文稿的相关信息。如果在幻灯片浏览视图中，状态栏会显示出相应的视图模板名称；如果在普通视图中，则还会显示当前的幻灯片编号，并显示整个演示文稿中有多少张幻灯片。

7. 显示按钮

可以根据要求更改正在编辑的演示文稿的显示模式，主要用于在"普通视图"、"幻灯片浏览"、"阅读视图"和"幻灯片放映"模式之间进行切换。

① "普通视图"按钮 ▣：切换到普通视图，可以同时显示幻灯片、大纲及备注。

② "幻灯片浏览"按钮 ▦：切换到幻灯片浏览视图，显示演示文稿中所有幻灯片的缩略图、完整的文本和图片。在幻灯片浏览视图中，可以重新排列幻灯片顺序、添加切换和动画效果、设置幻灯片放映时间。

③ "阅读视图" ▦：非全屏模式下放映幻灯片，便于查看。

④ "幻灯片放映" ▽：运行幻灯片放映。如果在幻灯片视图中，从当前幻灯片开始；如果在幻灯片浏览视图中，从所选幻灯片开始。

8. 缩放滑块

使用缩放滑块可以更改正在编辑的幻灯片的缩放比例。

7.1.3　PowerPoint 2010 的视图

PowerPoint 2010 主要提供了两类视图，分别是演示文稿视图和母版视图。其中演示文稿视图又包含 4 种视图：普通视图、幻灯片浏览视图、阅读视图和备注页视图。母版视图包括 3 种视图：幻灯片母版、讲义母版和备注母版。

下面简要介绍每种视图的主要作用。

1. 普通视图

普通视图是主要的编辑视图，可用于撰写或设计演示文稿。通常认为该视图有 4 个工作区域："大纲"选项卡、"幻灯片"选项卡、幻灯片窗格和备注窗格。

在该视图中，可以看到整张幻灯片。如果要显示其他幻灯片，可以直接拖动垂直滚动条上的滚动块，系统会提示切换的幻灯片编号和标题。当已经指到所需要的幻灯片时，松开鼠标左键，即可切换到该幻灯片中。

下面分别介绍普通视图的各组成部分。

（1）"大纲"选项卡

选中该选项卡，用户可以方便地输入演示文稿要介绍的一系列主题，系统将根据这些主题自动生成相应的幻灯片，且把主题自动设置为幻灯片的标题。在这里，可对幻灯片进行简单的操作（例如，选择、移动和复制幻灯片）和编辑（例如，添加标题）。在该窗格中，是按幻灯片编号由小到大的顺序和幻灯片内容的层次关系，显示演示文稿中的全部幻灯片的编号、图标、标题和主要的文本信息，所以大纲视图最适合编辑演示文稿的文本内容。

（2）"幻灯片"选项卡

选中该选项卡，在编辑时以缩略图大小的图像在演示文稿中观看幻灯片。使用缩略图能方便地遍历演示文稿，并可以直接观看任何设计更改的效果。在这里还可以轻松地重新排列、添加或删除幻灯片。

（3）幻灯片窗格

幻灯片窗格显示当前幻灯片的大视图。在此视图中显示当前编辑的幻灯片，并可以添加文本，插入图片、表格、SmartArt 图形、图表、图形对象、文本框、电影、声音、超链接和动画等。

（4）备注窗格

可以在其中添加与每个幻灯片内容相关的备注，并且在放映演示文稿时，将它们用作打印形式的参考资料，或者创建希望让观众以打印形式或在 Web 页上看到的备注。

2. 幻灯片浏览视图

单击窗口右下方的【幻灯片浏览】按钮，演示文稿就切换到幻灯片浏览模式的显示方式。用户可以集中精力调整演示文稿的整体显示效果。

在幻灯片浏览视图中，各个幻灯片将按次序排列，用户可以看到整个演示文稿的内容，浏览各幻灯片及其相对位置。同在其他视图中一样，在该视图中，也可以对演示文稿进行编辑，包括改变幻灯片的背景设计和配色方案、重新排列幻灯片、添加或删除幻灯片、复制幻灯片及制作现有幻灯片的副本。与其他视图不同的是，在该视图中不能编辑幻灯片的具体内容，类似的工作只能在普通视图中进行。

3. 阅读视图

阅读视图用于向用那些利用计算机查看演示文稿的人员而非受众（例如，通过大屏幕）放映演示文稿。如果希望在一个设有简单控件以方便审阅的窗口中查看演示文稿，而不想使用全屏的幻灯片放映视图，则也可以使用阅读视图。如果要更改演示文稿，可随时从阅读视图切换至某个其他视图。

4. 备注页视图

如果要以整页格式查看和使用备注，可以在"视图"选项卡上的"演示文稿视图"组中单击"备注页"。

5. 母版视图

母版视图包括幻灯片母版、讲义母版和备注母版。它们是存储有关演示文稿信息的主要幻灯片，其中包括背景、颜色、字体、效果、占位符大小和位置。使用母版视图的一个主要优点在于，在幻灯片母版、备注母版或讲义母版上，可以对与演示文稿关联的每个幻灯片、备注页或讲义的样式进行全局更改。

每种视图都包含特定的工作区、按钮和工具栏等组件。每种视图都有自己特定的显示方式和加工特色，并且在一种视图中对演示文稿的修改和加工会自动反映在该演示文稿的其他视图中。

一般情况下，打开 PowerPoint 时会显示普通视图，用户可以根据需要指定 PowerPoint 在打开时显示另一个视图作为默认视图。方法是：单击"文件"选项卡；单击屏幕左侧的"选项"，在"PowerPoint 选项"对话框的左窗格上单击"高级"；在"显示"下的"用此视图打开全部文档"列表中，选择要设置为新默认视图的视图，然后单击"确定"按钮。

7.2　PowerPoint 2010 基本操作

7.2.1　创建演示文稿

PowerPoint 2010 提供了几种创建演示文稿的方法：可以新建空白演示文稿，然后再添加文本、表格、图表等其他对象，也可以使用设计模板或根据现有内容新建演示文稿来创建演示文稿，在创建的时候就可以为演示文稿确定背景、配色、方案、幻灯片放映形式等。无论哪一种方法，在演示文稿创建之后，都可以在任何时候编辑修改。

① 空白演示文稿：选择该选项后，可以从一个空演示文稿开始建立幻灯片。

② 根据设计模板：通过该选项可以先选择一种设计模板，用以确定演示文稿的外貌，然后

再丰富演示文稿的内容。

③ 根据现有文件：选择该选项就可以在其下方的列表框中打开一个已存在的演示文稿文件，通过对其进行修改、编辑，可建立新的演示文稿。

1. 新建空白演示文稿

打开 PowerPoint 2010，会自动创建一个新的空白演示文稿，默认的文件名是"演示文稿 1"，并给出一张空白的标题幻灯片，等待编辑，可以参看如图 7.2 所示内容。

如果在 PowerPoint 2010 环境下，想要另外建立一个新的空白演示文稿，则需单击"文件"选项卡，选中"新建"选项，进入如图 7.4 所示的演示文稿创建方式选择界面。

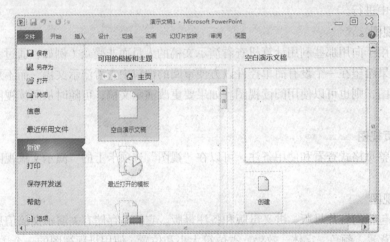

图 7.4　新建演示文稿方式选择界面

新建演示文稿默认的方式为"空白演示文稿"，在演示文稿创建方式选择界面右侧，单击"创建"按钮，即可新建一个空白的演示文稿。

2. 使用模板创建演示文稿

对于初学者来说，刚开始创建演示文稿时，对文稿没有特殊的构想，要想创作出专业水平的演示文稿，最好使用主题模板或样本模板来创建演示文稿。

（1）使用主题模板

使用 PowerPoint 2010 创建演示文稿的时候，可以通过使用主题模板功能来快速地美化和统一每一张幻灯片的风格。

用户可以使用主题模板来创建演示文稿的结构方案，包括色彩配制、背景对象、文本格式和版式等，然后开始建立各个幻灯片。

PowerPoint 2010 提供了许多主题模板供用户选择，以便在输入演示文稿内容时就能看到其设计方案。

新建一个空白的演示文稿，会自动包含一张标题幻灯片。如果想要依据主题模板来设计幻灯片，可以选择"设计"选项卡，再打开"所有主题"对话框，就可以进入主题库，看到可供选择的主题模板，如图 7.5 所示。在主题库当中可以非常轻松地选择某一个主题。将鼠标移动到某一个主题上，就可以实时预览到相应的效果。最后单击某一个主题，就可以将该主题快速应用到整个演示文稿当中。

如果对主题效果的某一部分元素不够满意，可以通过颜色、字体或者效果进行修改。如果对自己设计的主题效果满意的话，还可以将其保存下来，供以后使用。要想保存主题，需要在如图 7.5 所示的"所有主题对话框"中，选择"保存当前主题"，则会弹出保存主题对话框，如图 7.6 所示，进行保存位置和保存文件名的设置，然后单击"保存"按钮保存后的主题可以在主题库中查看到，也可以用于其他演示文稿的设计。

使用主题模板设计幻灯片，还可以选择"文件"选项卡，单击"新建"项，然后在如图 7.7 所示界面选择"主题"选项，打开主题库，最后选中某一主题，就可以建立新的演示文稿并应用该主题设计幻灯片。

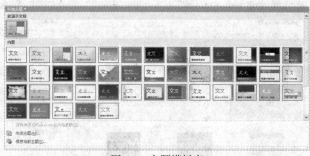

图 7.5　主题模板库

图 7.6　"保存当前主题"对话框

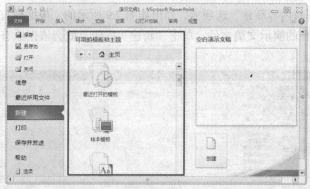

图 7.7　"可用的模板和主题"对话框

（2）使用样本模板

使用样本模板创建演示文稿比使用主题模板创建演示文稿更简单，不同之处在于使用主题模板只提供诸如配色方案、标题和文本格式等设计方案，而样本模板则除了提供设计方案外，还提供主题模板不能提供的实际内容。使用样本模板创建的演示文稿会自动包含多张幻灯片，并且包含建议的文本内容。

使用样本模板创建演示文稿，可按照下述步骤进行。

① 选择"文件"选项卡|"新建"命令，打开"可用的模板和主题"对话框。

② 单击"样本模板"选项卡，打开如图 7.8 所示的样本模板库，选择一种模板，右边的预览框中就会显示相应的版式。

图 7.8　样本模板库

③ 单击"创建"按钮，系统便自动生成一份包含多张幻灯片的演示文稿。

④ 根据需要，用户可以在所生成的演示文稿中插入各种对象，如文本、图片和表格等，还可以删除某些不需要的幻灯片或插入新的幻灯片。

3. 根据现有内容新建演示文稿

PowerPoint 2010 还允许依据现有的演示文稿来建立新的演示文稿。这样只需要在已有演示文稿的基础上进行编辑即可，可以达到快速建立新演示文稿的目的，可按照下述步骤进行。

① 选择"文件"选项卡|"新建"命令，打开"可用的模板和主题"对话框。

② 单击"根据现有内容新建"选项卡，弹出如图 7.9 所示的"根据现有演示文稿新建"对话框，找到一个已经存在的演示文稿文件，单击"新建"按钮，就会依据原有演示文稿的内容和模板新建一个演示文稿。

图 7.9　"根据现有演示文稿新建"对话框

③ 用户可以根据需要，在所生成的演示文稿中插入各种对象进行编辑，也可以添加或删除幻灯片。

7.2.2　打开演示文稿

编辑还未完工的演示文稿或者制作演示文稿新版本的时候，都需要打开演示文稿。打开演示文稿后，系统会将其从磁盘读入到内存中并在演示文稿窗口中显示出来。

1. 快速打开演示文稿

快速打开演示文稿可以分为以下两种情况：一是没有进入 PowerPoint 程序环境时，如何快速打开演示文稿；二是在 PowerPoint 程序窗口中如何快速打开演示文稿。在 PowerPoint 环境之外，有两种方法可以快速打开演示文稿。

（1）建立要经常打开的演示文稿的快捷方式，并将其置于桌面上。建立该演示文稿的快捷方式之后，只要双击该快捷方式图标即可打开该演示文稿。

（2）单击 Windows 状态栏上的"开始"按钮，在弹出的菜单中选择文档命令，然后在文档菜单中单击要打开的演示文稿文件。

在 PowerPoint 的文件菜单底部显示有最近打开过的几个演示文稿的名字。单击某个演示文稿的名字，即可打开该演示文稿。

2. 通过"打开"对话框

选择"文件"选项卡｜"打开"命令，会弹出如图 7.10 所示的"打开"对话框，利用该对话框可打开一个已经存在的演示文稿。

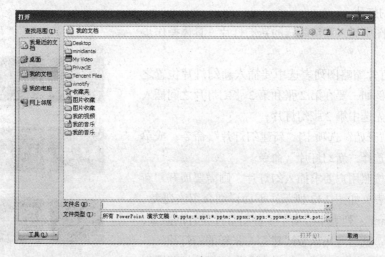

图 7.10　"打开"对话框

7.2.3　插入、删除幻灯片

制作了一个演示文稿后，就可以在幻灯片浏览视图中观看幻灯片的布局，检查前后幻灯片是否符合逻辑，用户可以对幻灯片进行调整管理，使之更加具有条理性。

1. 选择幻灯片

在普通视图的大纲选项列表中，显示了幻灯片的缩略图。此时，单击幻灯片的缩略图，即可选择该幻灯片。被选中的幻灯片的边框呈高亮显示。例如，在"幻灯片"选项列表和"大纲"选项列表中分别选中第 2 张幻灯片，如图 7.11 和图 7.12 所示。

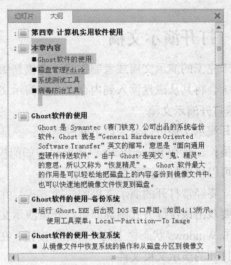

图 7.11 "幻灯片"选项卡   图 7.12 "大纲"选项卡

如果要选择一组连续的幻灯片，可以先单击第 1 张幻灯片的缩略图，然后再按住【Shift】键的同时，单击最后一张幻灯片的缩略图，即可将这一组连续的幻灯片全部选中。

如果要选择多张不连续的幻灯片，在按住【Ctrl】键的同时，分别单击需要选择的幻灯片缩略图即可。

2．插入幻灯片

在普通视图中插入默认版式的新幻灯片，具体操作步骤如下。

① 在幻灯片缩略图列表选中要插入新幻灯片位置之前的幻灯片。例如，要在第 2 张和第 3 张幻灯片之间插入新幻灯片，则先选中第 2 张幻灯片；

② 选择"开始"选项卡|"新建幻灯片"命令；或单击鼠标右键，选择"新幻灯片"命令。

如果想要按照用户要求插入幻灯片，则需要展开"新建幻灯片"列表，如图 7.13 所示，下面详细介绍该列表。

（1）"Stream"：列表中给出了 8 种幻灯片设计的版式，单击某种版式，就会应用该版式建立一张新的幻灯片。

（2）"复制所选幻灯片"：如果事先在幻灯片缩略图列表选中第 2 张幻灯片，然后选择如图 7.13 所示列表中的"复制所选幻灯片"命令，就会在第 2 张幻灯片后生成一张幻灯片，该幻灯片与第 2 张幻灯片完全一样。

（3）"幻灯片（从大纲）"：选中该项命令，就会弹出如图 7.14 所示的"插入大纲"对话框，如果选择了指定文件类型中的某个文件，就会依据该文件的内容生成若干张幻灯片。

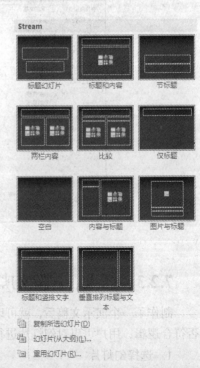

图 7.13 "新建幻灯片"列表

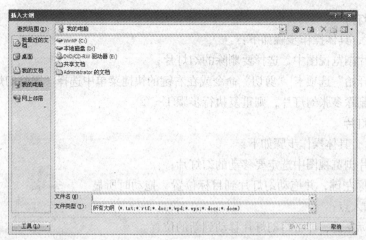

图 7.14　"插入大纲"对话框

（4）"重用幻灯片"：选中该选项，就会弹出"重用幻灯片"对话框，浏览并打开指定的演示文稿文件，如图 7.15 所示。在"重用幻灯片"对话框的幻灯片列表中单击某张幻灯片，就会把该张幻灯片插入到当前编辑的演示文稿中。如果想要插入列表中的所有幻灯片，则需在幻灯片列表处单击鼠标右键，弹出如图 7.16 所示的快捷菜单，选择"插入所有幻灯片"命令，即可完成操作。

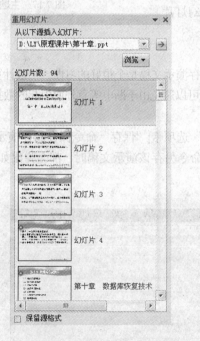

图 7.15　"重用幻灯片"对话框

图 7.16　插入方式快捷菜单

　　如果想要将幻灯片复制到任意位置，可以在幻灯片浏览视图中，使用"开始"选项卡中的"复制"按钮与"粘贴"按钮，具体操作步骤如下。

说明

　　① 选中所要复制的幻灯片；

　　② 选择"开始"选项卡，单击"复制"按钮；

　　③ 将插入点置于想要插入幻灯片的位置，然后单击"粘贴"按钮即可。

3. 删除幻灯片

删除幻灯片，具体操作步骤如下：

① 在幻灯片浏览视图中，选择要删除的幻灯片；

② 选择"开始"选项卡|"剪切"命令或在右键的快捷菜单中选择"删除幻灯片"命令";

③ 如果要删除多张幻灯片，则重复执行步骤①~②。

4. 移动幻灯片

移动幻灯片，具体操作步骤如下：

① 在幻灯片浏览视图中选定要移动的幻灯片；

② 按住鼠标左键，并拖动幻灯片到目标位置，拖动时所显示的直线就是插入点；

③ 松开鼠标左键，即可将幻灯片移动到新的位置。

5. 更改幻灯片版式

通常情况下创建的演示文稿中幻灯片的版式是固定的，第一张幻灯片默认的版式为"标题幻灯片"，从第二张幻灯片开始默认的版式为"标题和内容"。那么如何更改幻灯片的版式，达到最佳设计效果呢？需要先选中要更改版式的幻灯片，然后选择"开始"选项卡|"版式"，展开"Office 主题"版式列表，如图 7.17 所示，单击某一版式，即可将该版式应用到所选幻灯片。

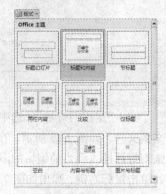

图 7.17　主题版式列表

7.2.4　保存演示文稿

在建立和编辑演示文稿的过程中，随时注意保存演示文稿是个很好的习惯。一旦计算机突然断电或者系统发生意外而非正常退出 PowerPoint 的话，可以避免由于断电等意外而引起的数据丢失。

1. 保存或另存演示文稿

在建立新演示文稿过程中，首次单击"文件"选项卡|"保存"命令保存新建演示文稿或者在编辑演示文稿时单击"文件"选项卡|"另存为"命令另存该演示文稿时，都会弹出如图 7.18 所示的"另存为"对话框。

图 7.18　"另存为"对话框

PowerPoint 2010 中的"另存为"对话框与"打开"对话框很相似：在"保存位置"列表框中可以选定文件的保存位置；在"文件名"列表框中可以指定文件名；在"保存类型"列表框中可以指定文件的保存类型。

2. 保存并发送文件

可以选择将任何一个已有的演示文稿发布到网络上与其他用户共享，也可以根据需要保存成其他文件形式，选择"文件"选项卡|"保存并发送"命令，就可以看到如图 7.19 所示的保存样式列表，选择一种保存形式进行相关设置即可。

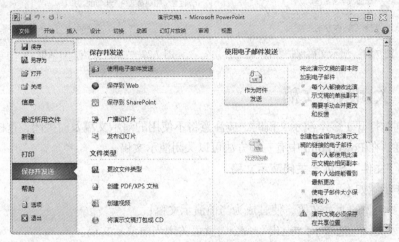

图 7.19　"保存并发送"设置界面

3. 给演示文稿加密码保护

为了使演示文稿更加安全可靠，可以给演示文稿添加密码保护，具体操作步骤如下。

① 选择"文件"选项卡|"信息"命令，展开演示文稿信息列表，如图 7.20 所示。

图 7.20　演示文稿相关信息

② 单击"保护演示文稿"按钮，打开演示文稿保护方式列表，如图 7.21 所示。

③ 选择演示文稿保护方式中的"用密码进行加密"，弹出"密码文档"对话框，如图 7.22 所示。

④ 输入密码，单击"确定"按钮，完成密码设置。

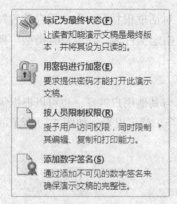

图 7.21 演示文稿保护方式

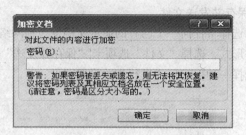

图 7.22 "加密文档"对话框

7.2.5 关闭演示文稿

当用户同时打开了多个演示文稿时，应注意将不使用的演示文稿及时关闭，这样可以加快系统的运行速度。在 PowerPoint 中有三种方法可以关闭演示文稿。

1. 通过"文件"选项卡关闭演示文稿

具体操作步骤如下：

① 选择要关闭的演示文稿，使其成为当前演示文稿；

② 单击"文件"选项卡|"退出"命令，就可关闭当前演示文稿。

2. 通过"关闭"按钮关闭演示文稿

只要单击演示文稿窗口右上角的"关闭"命令按钮即可。

3. 通过快捷键关闭演示文稿

按【Alt+F4】组合键，即可关闭演示文稿，返回桌面。

当对演示文稿进行了操作，在退出之前没有保存文件时，PowerPoint 会显示一个对话框，询问是否在退出之前保存文件，单击"保存"按钮，则保存所进行的修改。单击"不保存"按钮，在退出前不保存文件，对文件所进行的操作将丢失；单击"取消"按钮，取消此次退出操作，返回到 PowerPoint 操作界面。如果没有给演示文稿命名，还会出现"另存为"对话框，让用户给演示文稿命名，在"另存为"对话框中键入文件名之后，单击"保存"按钮即可。

7.3 幻灯片的编辑

用户建立了新的幻灯片后，便需要为新的幻灯片添加内容，而文本则是其中最重要的部分。另外，用户还可以在幻灯片中添加备注、图片、图形对象、艺术字、影片和声音、表格、图表等对象，这会使演示文稿更加生动有趣并富有吸引力。

7.3.1 输入文本

PowerPoint 2010 的普通视图能够让用户同时查看幻灯片、大纲和备注。另外，也可以选中幻灯片窗格输入文本。在幻灯片窗格中添加文本的最简单方式是直接在占位符（指带有虚线标记边框的框）中输入文本；如果要在占位符之外添加文本，通常需要使用绘图工具区的"文本框"工具按钮。

　　当用户在插入幻灯片时，PowerPoint 会让用户选择一种自动版式。自动版式中使用了许多占位符，用户可以根据实际需要用自己的文本代替占位符中的文本。例如演示文稿的第一张幻灯片通常为标题幻灯片，其中包括两个文本占位符：一个为标题占位符，另一个是副标题占位符，如图 7.23 所示。

图 7.23　文本占位符

　　如果要选择文本占位符，只需要单击占位符中的任意位置，此时边框虚线将被加粗的斜线所代替。占位符的原始示例文本将消失，占位符内出现一个闪烁的插入点，表明可以输入文本了。

1. 向文本占位符中输入文本

在占位符中输入文本的具体操作步骤如下。

　　① 单击占位符，在占位符内出现闪烁的插入点。

　　② 输入内容，输入文本时，PowerPoint 会自动将超出占位符的部分转到下一行，或者按【Enter】键开始新的文本行。

　　③ 输入完毕，单击幻灯片的空白区域即可，效果如图 7.24 所示。

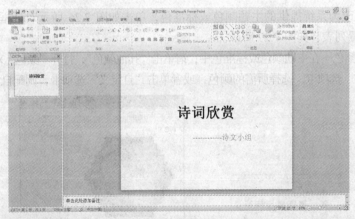

图 7.24　在占位符区输入文本

2. 使用文本框输入文本

　　当需要在幻灯片中的其它位置添加文本时，可以利用"绘图"工具栏中的"文本框"按钮来完成。为幻灯片添加文本的具体操作步骤如下。

① 单击"绘图"工具栏中的"文本框"按钮。

② 需要添加不自动换行的文本，在要添加文本的位置单击并开始输入。如果要添加自动换行的文本，则需要在要添加文本的位置拖动限定范围，松开鼠标左键，此时在文本框中会出现一个闪烁的插入点，表明用户可以输入文本了。在文本框中输入文本，然后单击文本框之外的任何位置即可。

在幻灯片中输入文本之后，可以对文本进行修改。其基本修改方法同 Word 下操作相似，所以这里不再介绍，读者可以参考本书 Word 有关章节的内容。

7.3.2　设置幻灯片背景

为了美化幻灯片，用户可以为幻灯片设置不同的颜色、阴影、图案或者纹理的背景，也可以使用图片作为幻灯片背景。设置幻灯片背景颜色的操作步骤如下。

① 如果要设置单张幻灯片背景，可以将该幻灯片选为当前幻灯片，如果希望设置所有幻灯片的背景，则需进入幻灯片母版中。

② 选择"设计"选项卡，单击"背景样式"，出现背景样式列表，如图 7.25 所示。

③ 单击"设置背景格式"，弹出"设置背景格式"对话框，如图 7.26 所示。

图 7.25　背景样式列表　　　　　图 7.26　"设置背景格式"对话框

④ 如需要更改为系统提供的主题颜色或标准色，单击如图 7.26 所示对话框中的"颜色"按钮，展开颜色设置列表，如图 7.27 所示。

⑤ 如果所需颜色不在主题颜色或标准色中，请单击"其他颜色"，打开"颜色"对话框，如图 7.28 所示。单击"标准"选项卡，选择所需的颜色，或者单击"自定义"选项卡，调配自己需要的颜色。

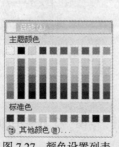

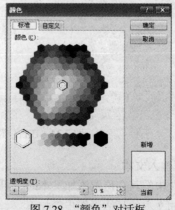

图 7.27　颜色设置列表　　　　　图 7.28　"颜色"对话框

⑥ 如果单击选中某种颜色,该颜色就会应用到所选幻灯片。如果要应用到所有的幻灯片,单击"全部应用"按钮即可。

1. 设置渐变色填充背景

渐变过渡背景可使沿色彩深浅某一方向逐渐变化,使幻灯片的背景有特殊的视觉效果。在"设置背景格式"对话框,选择"渐变填充",如图 7.29 所示。

设置渐变填充,主要完成以下几方面的操作。

(1)单击"预设颜色",打开预设颜色列表,如图 7.30 所示,选择一种预设颜色方案即可应用到所选幻灯片。

图 7.29　设置渐变填充

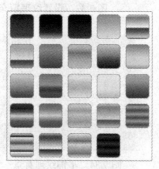

图 7.30　预设颜色列表

(2)如果用户想要自行设置渐变颜色,需要对"渐变光圈"进行编辑,默认情况下"渐变光圈"颜色轴上有 3 个"停止点",每个"停止点"可以设置一种颜色,从而实现颜色的渐变。如果想要更多颜色的渐变,可以单击"添加渐变光圈"按钮,增加"停止点";如果想要减少颜色的渐变,则要单击"删除渐变光圈"按钮。

设置"停止点"颜色,需要单击选中某个"停止点",然后单击"颜色"按钮,再进行颜色的选取。除此之外,还可以设置"停止点"的"位置"、"亮度"和"透明度"。如图 7.31 所示为有 5 个"停止点"渐变光圈颜色轴,分别设置了不同的颜色,并进行了位置的调整。

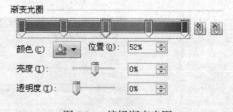

图 7.31　编辑渐变光圈

(3)渐变类型的设置也很重要,主要包括"线性"、"射线"、"矩形"、"路径"和"标题的阴影"5 种类型。

(4)选择不同的渐变方向,将会影响到渐变的效果,这里有 8 种渐变方向可供选择。

此外,还可设置渐变的"角度"等。总之,以上设置都是为了达到更为理想的渐变效果。

2. 设置纹理填充背景

在"设置背景格式"对话框上,选择"图片或纹理填充"选项,如图 7.32 所示。

要想将纹理设置为背景,需单击"纹理"按钮,展开纹理列表,如图 7.33 所示。例如选择纹理列表第二行的"鱼类化石"纹理样式,并勾选如图 7.32 所示对话框中的"将图片平铺为纹理"

选项；效果如图 7.34 所示，取消"将图片平铺为纹理"选项，效果如图 7.35 所示。

图 7.32　设置纹理填充

图 7.33　纹理列表

图 7.34　平铺纹理背景

图 7.35　取消平铺纹理背景

3. 设置图片填充背景

将图片设置为幻灯片背景，主要有三种方法。

（1）来自图片文件

单击"插入自"下方的"文件"按钮，弹出"插入图片"对话框，如图 7.36 所示，选择一个图片文件，单击"插入"按钮，完成图片背景的设置。

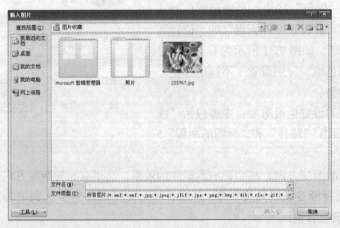

图 7.36　"插入图片"对话框

（2）来自剪贴板

如果事先把素材画面复制到剪贴板中，则单击"剪贴板"按钮，就可以将剪贴板中的素材画面作为幻灯片背景。应用这种方法设置图片背景非常灵活，浏览到好的图片素材可即时放入剪贴板，以备使用。

（3）来自剪贴画

要想把剪贴画库中的图片作为幻灯片背景，可以单击"剪贴画"按钮，打开如图 7.37 所示的"选择图片"对话框，选中一幅剪贴画，再单击"确定"按钮，就可以将选中的剪贴画应用为选定幻灯片背景，如图 7.38 所示。

图 7.37 "选择图片"对话框　　　　　　图 7.38 应用了剪贴画做背景的幻灯片

4. 设置图案填充背景

在"设置背景格式"对话框中，选择"图案填充"选项，对话框内容如图 7.39 所示。例如，在图案样式列表中选择"瓦形"图案，并分别设置好前景色和背景色，所做的设置就会应用到所选幻灯片，如图 7.40 所示。如果单击"全部应用"按钮，所选图案就会应用到演示文稿的所有幻灯片背景中去；如果单击"重置背景"按钮，就会撤销所设置的图案背景，恢复到设置前的显示状态。

图 7.39 设置图案填充　　　　　　图 7.40 背景为"瓦形"图案的幻灯片

7.3.3 配色方案

所谓配色方案，是指一组可以应用到所有幻灯片、个别幻灯片、备注页或听众讲义的颜色。在演示文稿中应用设计模板时，从每个设计模板预定义的配色方案中选择，可以很容易地更改幻灯片或整个演示文稿的配色方案，并确保新的配色方案和演示文稿中的其他幻灯片相互协调。

配色方案中的各种颜色都有其特定的用途，例如可以控制背景、阴影、标题文本、填充、强调文字、超级链接等。每一个默认的配色方案都是系统精心调配的，可以使演示文稿有最佳的效果。一般在套用演示文稿设计模板时，同时也套用一个配色方案。

1. 应用标准配色方案

应用系统标准配色方案步骤如下。

① 打开演示文稿，在普通视图下选择要应用配色方案的幻灯片。

② 选择"设计"选项卡，然后单击"颜色"，出现配色方案列表框，如图 7.41 所示。

③ 在配色方案列表中选择一种配色方案，单击鼠标右键，在弹出的快捷菜单中选择"应用于所选幻灯片"，则将新的配色方案应用于当前的幻灯片；单击"应用于所有幻灯片"，则将新的配色方案应用于整个演示文稿。

2. 新建主题颜色

如果想要定义一个符合用户个人风格的颜色方案，则需单击配色方案列表下方的"新建主题颜色"命令，弹出"新建主题颜色"对话框，如图 7.42 所示。

图 7.41 配色方案列表框　　　　　　图 7.42 "新建主题颜色"对话框

新建的主题颜色，命名后保存，就会存在于配色方案列表框的最上方，可以查看并使用。

3. 删除自定义配色方案

如果想要删除用户定义的配色方案，只需在配色方案列表框中，选中该配色方案，然后单击鼠标右键，在快捷菜单中，选择"删除"命令，即可删除配色方案。

7.3.4 插入艺术字

艺术字是高度风格化的文字，经常被应用于各种演示文稿、海报和广告宣传册中，在演示文稿中使用艺术字，可以达到更为理想的设计效果，下面介绍艺术字的制作方法。

1. 插入艺术字

插入艺术字的具体操作步骤如下。

① 选择"插入"选项卡，单击"艺术字"，展开艺术字库，如图 7.43 所示。

② 单击选择一种艺术字效果，会自动在当前幻灯片上添加一个艺术字图形区，并在图形区里显示"请在此放置您的文字"字样，单击提示文字，插入点置于其中，输入艺术字的文字内容即可，如图 7.44 所示。

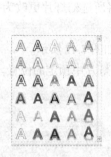

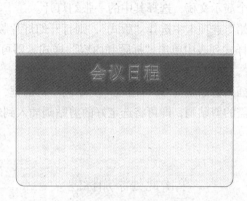

图 7.43　艺术字库　　　　　　　　图 7.44　应用艺术字的幻灯片

2. 编辑艺术字

插入艺术字之后，如果用户要对所插入的艺术字进行修改、编辑或格式化，可以选择如图 7.45 所示的工具按钮对艺术字和艺术字的图形区做相应设置。

图 7.45　"形状样式"和"艺术字样式"设置工具

① 形状填充：用于设置艺术字图形区的背景，可以是纯颜色、渐变色、纹理和图形。
② 形状轮廓：用于设置艺术字图形区边线的颜色、线条的样式和线条的粗细等。
③ 形状效果：用于设置艺术字图形区效果，包括预设、阴影、映像、发光、柔化边缘、棱台和三维旋转。
④ 文本填充：用于设置艺术字文本的填充色，可以是纯颜色、渐变色、纹理和图形。
⑤ 文本轮廓：用于设置艺术字文本的边线颜色、线条的样式和线条的粗细。
⑥ 文本效果：用于设置艺术字文本的效果，包括阴影、映像、发光、棱台、三维旋转和转换。

7.3.5　插入图片

就像漂亮的网页少不了亮丽的图片一样，一个精彩的幻灯片也一定包含生动多彩的图像。通过在 PowerPoint 2010 文稿中使用图片，可使幻灯片的外形显得更加美观，更加生动。

在 PowerPoint 2010 中，用户既可以插入剪贴画，也可以插入来自文件的图片，还可以插入自己绘制的图形，从而使幻灯片更加美观。

Office 2010 为用户提供了大量的素材，用户可以很方便地将它们插入到幻灯片中。将剪贴画插入到幻灯片中的方法很多：一种是利用自动版式建立带剪贴画的幻灯片；另一种是向已存在的幻灯片中插入剪贴画。

1. 利用自动版式建立带剪贴画的幻灯片

依据版式建立带剪贴画的幻灯片，具体操作步骤如下。

① 打开一个演示文稿，选择其中的一张幻灯片。

② 在"开始"选项卡中选择"版式"，则打开幻灯片版式列表框。

③ 从版式样式列表中单击"标题和内容"样式，即可将所选幻灯片更改为一个含有"插入剪贴画"的版式，如图 7.46 所示。

④ 单击"插入剪贴画"，即可出现"剪贴画"对话框，如图 7.47 所示。

⑤ 单击所需的剪贴画，即可将选定好的剪贴画插入到幻灯片中预定的位置。

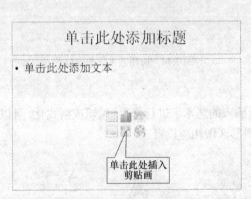

图 7.46 包含剪贴画版式的幻灯片   图 7.47 "剪贴画"对话框

2. 在幻灯片中插入剪贴画

向已存在的幻灯片插入剪贴画，可以按照下述步骤进行。

① 在幻灯片窗格，显示要插入剪贴画的幻灯片。

② 选择"插入"选项卡中的"剪贴画"按钮，弹出"剪贴画"对话框。

③ 单击所需的剪贴画，即可将选定好的剪贴画插入到幻灯片中。

3. 插入来自文件的图片

在 PowerPoint 2010 中，除了可以插入剪贴画之外，还允许用户插入在其他图形程序中创建的图片。在幻灯片中插入来自文件的图片，其具体操作步骤如下。

① 在大纲选项卡中选择要插入图片的幻灯片。

② 选择"插入"选项卡中的"图片"按钮，打开"插入图片"对话框，见图 7.36。

③ 在"查找范围"下拉列表框中选择图形文件所在的位置，或者在"文件名"文本框中输入文件的名称。

④ 单击"插入"按钮，即可插入所需的图形文件。

4. 插入图形

（1）插入形状

可以在幻灯片中添加一个形状，或者合并多个形状以生成一个绘图或一个更为复杂的形状。可用的形状包括：线条、基本几何形状、箭头、公式形状、流程图形状、星、旗帜和标注。单击"插入"选项卡中的"形状"按钮，打开如图 7.48 所示的形状列表。

添加一个或多个形状后，您可以在其中添加文字、项目符号、编号和快速样式。

（2）插入 SmartArt 图形

SmartArt 图形是信息的可视化表示形式，可以从多种不同布局中进行选择，从而快速轻松地创建所需形式，以便有效地传达信息或观点。单击"插入"选项卡中的"SmartArt"按钮，打开如图 7.49 所示的"选择 SmartArt 图形"对话框。先从对话框左侧选择某一图形分类，再从该分类的列表中选取一种图形样式，单击"确定"按钮即可。

图 7.48　形状列表

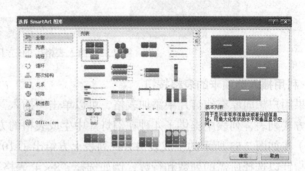

图 7.49　"选择 SmartArt 图形"对话框

7.3.6　插入表格

当用户需要在演示文稿中包含表格时，可以利用表格自动版式创建一张新幻灯片，也可以向已包含其他对象的原幻灯片中添加表格，还可以将 Excel 表格中的数据复制到演示文稿中。

1．创建表格幻灯片

创建表格幻灯片，其具体操作步骤如下。

① 新建一张幻灯片并为其应用含有表格的版式，如图 7.50 所示。

② 单击内容占位符上的"插入表格"，弹出"插入表格"对话框，如图 7.51 所示。

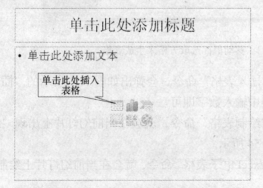

图 7.50　含有表格版式的幻灯片

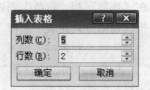

图 7.51　"插入表格"对话框

③ 在"列数"数值框中输入表格的列数，在"行数"数值框中输入表格的行数。用户也可以单击数值框边上的微调按钮来选择所需的行数和列数。

④ 单击"确定"按钮。此时，在幻灯片上就生成了如图 7.52 所示的表格，同时在 PowerPoint 功能区给出"表格"工具选项。

图 7.52　插入表格后的幻灯片

2. 利用插入选项卡的表格按钮

如果用户想向原有幻灯片中添加表格，可以单击"插入"选项卡中的"表格"按钮，展开生成表格方式列表，列表中提供了 4 种在幻灯片中生成表格的方法。

（1）在如图 7.53 所示的生成表格方式列表上方给出了 10（列）×8（行）的方格，单击并移动鼠标指针以选择所需的列数和行数，例如选择"8×4 表格"，然后释放鼠标按钮，就可以在幻灯片上生成一个 4 行 8 列的表格。

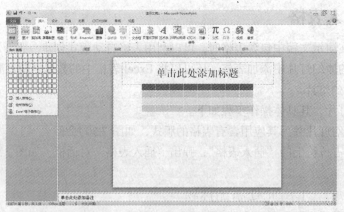

图 7.53　移动鼠标选取方格来生成表格

（2）在生成表格方式列表中选择"插入表格"命令，会弹出如图 7.51 所示的"插入表格"对话框，然后在"列数"和"行数"列表中输入数字即可。

（3）在生成表格方式列表中选择"绘制表格"命令，就会在当前幻灯片上出现"绘图笔"工具，使用该工具可以绘制表格，如图 7.54 所示。

（4）在生成表格方式列表中选择"Excel 电子表格"命令，就会在当前幻灯片上绘制类似 Excel 环境的电子表格，如图 7.55 所示。

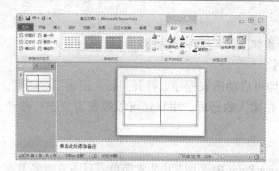

图 7.54　绘制表格

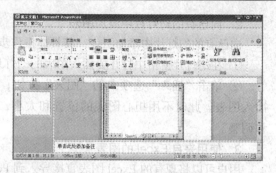

图 7.55　插入 Excel 电子表格

3. 从 Word 中复制和粘贴表格

将 Word 中的表格复制到幻灯片中，具体操作步骤如下。

① 在 Word 中，单击要复制的表格，然后在"表格工具"下的"布局"选项卡上，单击"表格"组中"选择"旁边的箭头，然后单击"选择表格按钮"。

② 在"开始"选项卡上的"剪贴板"组中，单击"复制"按钮。

③ 在 PowerPoint 演示文稿中，选择要复制表格的幻灯片，然后在"开始"选项卡上单击"粘贴"按钮。

7.3.7　插入图表

用户可以创建特殊的图表幻灯片来表现一个完整的图表，或者将图表添加到现有的幻灯片中，还可以使用来自 Excel 的图表增强文本信息的效果。

1. 创建图表幻灯片

创建图表幻灯片，其具体操作步骤如下。

① 新建一个幻灯片并为其应用含有图表的版式，如图 7.56 所示。

② 单击内容占位符上的"插入图表"选项，启动图表程序，打开"插入图表"对话框，如图 7.57 所示。选择一种图表样式，插入图表。

图 7.56　含有图表版式的幻灯片

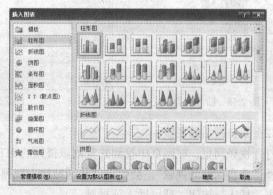

图 7.57　"插入图表"对话框

③ 若要替换示例表数据，则单击数据表上的单元格，然后键入所需的信息即可。

④ 若要返回幻灯片窗格，单击图表以外的区域即可。再次双击图表占位符可以重新启动图表程序。

2. 向已有的幻灯片中添加图表

向已有的幻灯片中添加图表，其具体操作步骤如下。

① 在幻灯片窗格中打开要插入图表的幻灯片。

② 单击"插入"选项卡的"图表"按钮，即可启动图表程序，打开"插入图表"对话框，插入图表。此时不用担心图表的位置和大小，在输入数据后，用户还可以根据需要进行移动和调整。

3. 使用来自 Excel 的图表

用户可以将现有的 Excel 图表直接导入到 PowerPoint 中，其方法非常简单：只需直接将图表从 Excel 窗口拖曳或复制到 PowerPoint 的幻灯片中。

7.3.8 插入多媒体对象

为了让制作的幻灯片给观众带来视觉、听觉上的冲击，PowerPoint 2010 提供了插入音频和视频的功能，并在剪辑管理器中提供了素材。

1. 插入视频

PowerPoint 提供三种插入视频的方式

（1）文件中的视频

选中要插入影片的幻灯片，选择"插入"选项卡中"媒体"组的"视频"项，出现插入视频方式列表，如图 7.58 所示。选择"文件中的视频"命令，出现"插入视频文件"对话框，如图 7.59 所示。选择一个视频文件，单击"插入"按钮，就会插入想要的视频文件，播放幻灯片可以查看该视频。

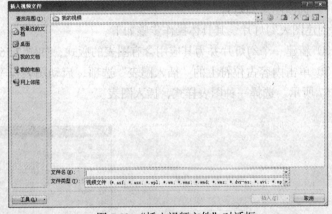

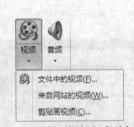

图 7.58　插入视频方式列表　　　　　　图 7.59　"插入视频文件"对话框

（2）来自网站的视频

打开视频网页，在网页中找到并复制该视频的 HTML 代码。接着，在如图 7.58 所示的列表中选择"来自网站的视频"，会弹出"从网站插入视频"对话框，在对话框中粘贴 HTML 代码，再单击"插入"按钮，即可插入该视频。

（3）剪贴画视频

插入视频时，若在下拉列表中单击"剪贴画视频"选项，可插入剪辑管理器中的视频。

2. 插入音频

向幻灯片中插入音频有 3 种方式。

（1）文件中的音频

在演示文稿中选中要插入声音的幻灯片。选择"插入"选项卡，在"媒体"组中单击"音频"按钮下方的下拉列表按钮，在弹出的下拉列表中单击"文件中的音频"选项，就可以选择一个声音文件插入到当前幻灯片中。

（2）剪贴画音频

插入声音时，若在下拉列表中单击"剪贴画音频"选项，可插入剪辑管理器中的声音。

（3）录制音频

若单击"录制音频"选项，可自行录制声音，录制完成后便可插入到当前幻灯片。

7.3.9　设置超级链接

在演示文稿中，若对文本或其他对象（如图片、表格等）添加超链接，此后单击该对象时可直接跳转到其他位置。在 PowerPoint 中，超链接可以是从一张幻灯片到同一演示文稿中另一张幻灯片的连接，也可以是从一张幻灯片到不同演示文稿中另一张幻灯片、到电子邮件地址、网页或文件的连接。

下面介绍设置超链接的方法。

1. 利用超链接按钮创建超链接

利用功能区中的超链接按钮来设置超链接是常用的一种方法，虽然它只能创建鼠标单击的激活方式，但在超链接的创建过程中可以方便地选择所要跳转的目的地文件，同时还可以清楚地了解所创建的超链接路径。利用超链接按钮设置超链接，具体操作步骤如下。

① 在要设置超链接的幻灯片中选择要添加链接的对象。

② 选择"插入"选项卡中"链接"组里的"超链接"按钮，弹出"插入超链接"对话框，如图 7.60 所示。

图 7.60　"插入超链接"对话框

③ 如果链接的是此文稿中的其他幻灯片，就在左侧的"链接到"选项中单击"本文档中的位置"图标，在"请选择文档中的位置"中单击所要链接到的那张幻灯片（此时会在右侧的"幻灯片预览"框中看到所要链接到的幻灯片）或是单击"书签"按钮，弹出"在文档中选择位置"对话框，如图 7.61 所示；如果链接的目的地在计算机其他文件中，或是在 Internet 上的某个网页上或是一个电子邮件的地址，则在"链接到"选项中，单击相应的图标进行相关的设置。

④ 单击"确定"按钮即可完成超链接的设置，设置了超链接的幻灯片如图 7.62 所示，包含超链接的文本默认带下划线。

图 7.61 "在文档中选择位置"对话框

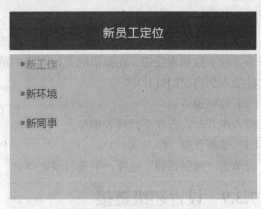

图 7.62 设置了超链接的幻灯片

2. 利用"动作"创建超链接

用鼠标单击创建超链接的对象,使之高亮度显示,并将鼠标指针停留在所选对象上。选择"插入"选项卡中"链接"组里的"动作"按钮,弹出"动作设置"对话框,如图 7.63 所示。在对话框中有两个选项卡"单击鼠标"与"鼠标移过",通常选择默认的"鼠标单击",单击"超级链接到"选项,展开超链接选项列表,根据实际情况选择其一,然后单击"确定"按钮即可。

如果要取消超链接,可使用鼠标右键单击插入了超链接的对象,在弹出的快捷菜单中单击"取消超链接"命令即可。

图 7.63 "动作设置"对话框

习　题　七

1. 设计一个自我介绍的幻灯片,要求如下:共 5 张,第一张是标题,第二张灯片介绍自己的基本信息,第三张介绍自己的爱好,第四张介绍自己的家乡,第五章介绍自己的大学;添加各张幻灯片间的过渡效果,并在每张幻灯片中添加返回到第一张幻灯片的动作按钮。

　　2．设计一个内容是和自己大学生活相关的幻灯片。在幻灯片中介绍自己学习、饮食、住宿、课后活动等和联系自己等若干张幻灯片。要求在各张幻灯片中添加进入和退出效果；在联系自己的那张幻灯片中添加一个超级链接，单击时链接到你的电子邮件。

　　3．以唐诗《月下独酌》为内容制作一个演示文稿。

月下独酌

花间一壶酒，独酌无相亲。

举杯邀明月，对影成三人。

月既不解饮，影徒随我身。

暂伴月将影，行乐须及春。

我歌月徘徊，我舞影零乱。

醒时同交欢，醉后各分散。

永结无情游，相期邈云汉。

要求唐诗的题目"月下独酌"4 个字使用艺术字效果，色彩搭配美观。

第8章

演示文稿制作软件 PowerPoint 高级应用

本章将设置幻灯片以及其中对象的动画效果、幻灯片的切换效果以及幻灯片的放映方式等。同时通过两个实例向大家介绍完整的演示文稿制作过程。

8.1 PowerPoint 2010 的高级应用

本节将介绍设置幻灯片放映的各种技巧，如设置幻灯片及其中对象的动画效果、幻灯片的切换效果以及幻灯片的放映方式等。如果用户在幻灯片中应用了这些技巧，会大大提高演示文稿的表现力。

8.1.1 幻灯片动画效果

1. 使用动画效果

用户可以为幻灯片的切换、幻灯片中的文本、声音、图像和其他对象设置动画效果，这样可以突出演示文稿的内容重点和控制信息的流程，并提高演示文稿的趣味性。

PowerPoint 2010 提供了多种动画方案，在其中设定了幻灯片的切换效果和幻灯片中各对象的动画显示效果。其具体操作步骤如下。

① 打开演示文稿，在幻灯片窗格中打开要设置动画效果的幻灯片。

② 选择"切换"命令，则会看到如图 8.1 所示。

图 8.1 执行"动画切换"选项

③ 选择要使用的动画方案，为当前幻灯片应用该动画方案中设定的动画效果，单击"全部应用"，则对所有幻灯片应用了该动画方案，单击"预览"按钮，就可以预览动画效果。如果要删除为幻灯片设置的动画方案，则选择"无动画"即可。

2. 自定义动画效果

除了使用预定义的动画方案外，用户还可以为幻灯片中的对象应用自定义的动画效果，从而使幻灯片更具个性化。

用户为幻灯片中的对象添加动画效果，其具体操作步骤如下。

① 在普通视图中，显示包含要设置动画效果的文本或对象的幻灯片。

② 选择要设置动画的对象。

③ 选择"动画"命令，然后单击相应的动画效果，如图 8.2 所示。用户可以根据需要选择一个效果，然后可以看到如图 8.3 所示的效果修改选项，用户可以自行定义文本和对象播放的动画效果。

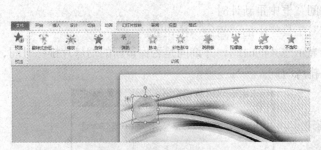

图 8.2　"动画"选项卡中添加效果选项　　　　图 8.3　效果修改选项设置

8.1.2　设置放映时间

幻灯片的放映方式分为人工放映幻灯片和自动放映幻灯片。如果在幻灯片放映时不想人工移动每张幻灯片，有以下两种方法设置幻灯片在屏幕上显示的时间：第一种方法是人工为每张幻灯片设置时间，然后运行幻灯片放映并查看设置的时间；第二种方法是使用排练计时功能，在排练时自动记录时间。

如果在排练之前设置时间，用幻灯片浏览视图处理方法最为方便，因为在该视图中可以看到演示文稿的每张幻灯片缩图，并且显示"幻灯片浏览"工具栏。

人工设置幻灯片放映的时间间隔，操作步骤如下。

① 选择"视图"|"演示文稿视图"命令，切换到幻灯片浏览视图。

② 选择要设置放映时间的幻灯片。

③ 选择"切换"命令，出现"计时"选项，如图 8.4 所示。

④ 在"换页方式"框中选择"设置自动换片时间"复选框，输入希望幻灯片在屏幕上出现的秒数。

⑤ 如果要将此时间应用到所有的幻灯片上，单击"全部应用"按钮。

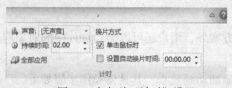

图 8.4　幻灯片"计时"设置

8.1.3　使用排练计时

如果用户对自行决定幻灯片放映时间没有把握，那么可以在排练幻灯片放映的过程中设置放映时间。PowerPoint 具有排练计时功能，可以首先演示文稿，进行相应的演示操作，同时记录幻灯片之间切换的时间间隔。用排练计时来设置幻灯片切换的时间间隔，具体操作步骤如下。

① 选择"幻灯片放映"|"排练计时"命令。

② 系统以全屏幕方式播放，并出现"录制"工具栏，如图 8.5 所示。在"录制"工具栏中，"幻灯片放映时间"框 0:00:03 中显示当前幻灯片的放映时间，在"总放映时间"框 0:00:03 中显示当前整个演示文稿的放映时间。

③ 如果对当前幻灯片的播放时间不满意，可以单击"重复"按钮 ↺，重新计时。如果知道幻灯片放映所需的时间，可以直接在"幻灯片放映时间"框中输入所需的时间。

④ 要播放下一张幻灯片，可以单击"录制"工具栏中的"下一项"按钮 ➡，这时可以播放下一张幻灯片，同时在"幻灯片放映时间"框中重新计时。

如果要暂停计时，可以单击"预演"工具栏中的"暂停"按钮 ▌▌。

放映到最后一张幻灯片时，系统会显示总共的时间，并询问是否保留新的幻灯片排练时间，如图 8.6 所示，单击"是"按钮则保留排练时间。

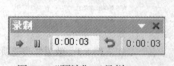

图 8.5　"预演"工具栏

图 8.6　系统提示信息

在设置幻灯片的计时之后，如果要将设置的计时应用到幻灯片放映中，请选择"幻灯片放映"菜单中的"设置放映方式"命令，打开"设置放映方式"对话框，如图 8.7 所示。在"换片方式"框中单击"如果存在排练时间，则使用它"单选按钮。如果不选择此选项，即使设置了放映计时，在放映幻灯片时也不能使用。

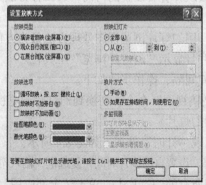

图 8.7　"设置放映方式"对话框

8.2　PowerPoint 2010 应用实例

本节将用前面学到的知识来制作幻灯片，通过几个实例来巩固深化所学知识，达到灵活运用所学知识的目的。

8.2.1　诗萃欣赏

通过本实例的学习，读者将对应用幻灯片设计、插入艺术字、设计艺术字格式、设置自定义动画等知识有更深入的理解，本实例的最终结果如图 8.8 所示。

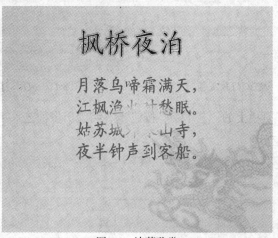

图 8.8　诗萃欣赏

操作步骤如下：

① 选择"文件"|"新建"命令，单击"新建"选项卡中的"空演示文稿"图标，单击"创建"命令，新建一篇演示文稿。

② 选择"开始"命令，在幻灯片选项卡中选择"版式"命令，弹出"版式"下拉列表框，在"Office 主题"选项区中选择"空白"版式。

③ 单击"设计"任务窗格标题栏右侧的下拉按钮，在弹出的下拉菜单中选择"主题"选项。如图 8.9 所示。

图 8.9　选择"幻灯片设计"

④ 在弹出的"主题"任务窗格中的选项区中选择"龙腾四海"设计模板。单击其右侧的下拉按钮，显示更多的相关 Office 主题，如图 8.10 所示。

该设计模式将应用于所选幻灯片，效果如图 8.11 所示。

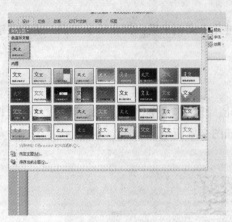
图 8.10 设置幻灯片主题

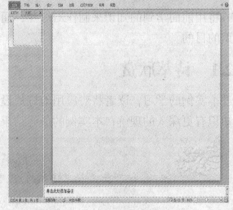
图 8.11 应用幻灯片设计模板

⑤ 单击"插入"工具栏上的"艺术字"按钮▲，将弹出多种艺术字形式，选择第四行第三列的样式，如图 8.12 所示。

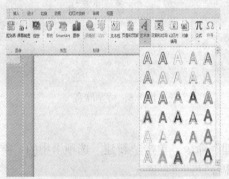
图 8.12 艺术字库对话框

⑥ 单击"确定"按钮，在文本区中输入内容"枫桥夜泊"，选中所设置的艺术字，在"字体"下拉列表框中选择"楷体_GB2312"，在"字号"下拉列表框中选择 72，如图 8.13 所示。

图 8.13 编辑"艺术字"文字对话框

⑦ 设置完成后，效果如图 8.14 所示。

图 8.14　插入艺术字后效果图

⑧ 选中艺术字"枫桥夜泊"，单击鼠标右键，在弹出的对话框中选择"字体颜色"下拉列表框的下拉按钮，在弹出的选项板中选择第六行第三列的颜色块，如图 8.15 所示。

图 8.15　设置艺术字颜色

⑨改变艺术字的颜色后，适当调整艺术字的位置，如图 8.16 所示。

图 8.16　改变艺术字颜色

⑩ 单击"绘图"选项卡中"形状"的下拉按钮，在"基本形状"中选择的文本框按钮，在幻灯片中间绘制一个文本框，在其中输入内容并选中，选择 "字体"命令，将弹出"字体"对话框。在"中文字体"下拉列表框中选择"楷体_GB2312"，在"字号"列表框中选择 44，在"颜色"下拉列表框中选择"绿色"，如图 8.17 所示。

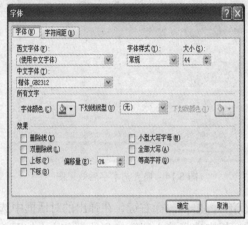

图 8.17　设置字体样式

⑪ 单击"确定"按钮，效果如图 8.18 所示。

⑫ 选中艺术字"枫桥夜泊"，选择"动画"任务窗格，选择"飞入"动画效果，如图 8.19 所示。

图 8.18　设置字体后的效果

图 8.19　选择动画效果

⑬ 在"效果选项"下拉按钮中单击"自顶部"按钮，如图 8.20 所示。

⑭ 此时，光速效果应用于所选择的文字内容，在"计时"选项卡中设置动画的持续时间，单击"预览"按钮可以显示当前设置的效果，如图 8.21 所示。

图 8.20　选择进入效果

图 8.21　设置动画时间

⑮ 选中文本框，在"高级动画"选项卡中选择"添加动画"下拉按钮，在弹出的下拉菜单中选择"更多进入效果"|"菱形"选项，如图 8.22 所示。

⑯ 该效果应用于所选文字内容后，单击"开始"下拉列表框的下拉按钮，在弹出的下拉列表中选择"上一动画之后"选项，在"效果选项"下拉列表框中选择"方向"|"放大"选项，如图 8.23 所示。

图 8.22　选择文本内容进入效果　　　　　图 8.23　设置动画方向

⑰ 设置完成后，单击"动画"任务窗格下方的"幻灯片放映"按钮，预览所制作的幻灯片。

8.2.2　考试成绩分析

通过本实例的学习，读者将对应用幻灯片设计、设置表格格式、设置图表格式、有更深入的理解。本实例的最终结果如图 8.24 所示。

操作步骤如下。

① 新建一篇演示文稿，选择"开始"|"幻灯片"命令，弹出"版式"任务窗格，在下拉按钮中选择"比较"版式，在"Office 主题"选项区选择"波形"模板，并应用于"此演示文稿"，效果如图 8.25 所示。

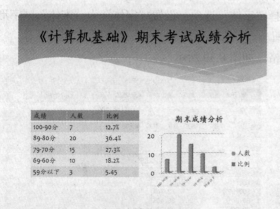

图 8.24　考试成绩分析幻灯片　　　　　图 8.25　选择版式和模板后的效果

② 选择"标题占位符"在其中输入"《计算机基础》期末考试成绩分析"，选中输入的文字，右键设置字体、字号和颜色。在"中文字体"下拉列表框中选择"楷体_GB2312"，在"字号"列

表框中选择 40，在"颜色"下拉列表框中选择"黑色"。

③ 选择"格式"|"占位符"命令，在弹出的"设置自选图形格式"对话框中选择"颜色和线条"选项卡，在其中单击"填充"选项区中的"颜色"下拉列表框的下拉按钮，在弹出的选项板中选中"背景"。效果如图 8.26 所示。

图 8.26　设置"占位符"格式后的效果

④ 单击左边的内容占位符上的"插入表格"按钮，弹出"插入表格"对话框，在"列数"数值框中输入表格的列数（3 列），在"行数"数值框中输入表的行数（6 行）。用户也可以单击数值框边上的微调按钮来选择所需的行数和列数。单击"确定"按钮，此时，在幻灯片上就生成一个表格。在表格中输入适当的内容，如图 8.27 所示。

⑤ 单击右侧的内容占位符上的"插入图表"按钮，启动图表程序，这时在图表占位符内将插入一个示例图表，并且出现一个包含示例图表的数据表窗口。删除数据表中不需要的数据内容，填入需要的数据。数据表如图 8.28 所示。

⑥ 鼠标指向横向坐标轴并右键单击，选择"字体"选项，在"字体"列表框中选择"宋体"，在"字形"列表框中选择"常规"，"字号"列表框中选择 9，如图 8.29 所示，单击"确定"按钮。

⑦ 鼠标指向纵向坐标轴并右键单击，选择"字体"选项，设置"字体"为"宋体"，"字形"为"常规"，"字号"为 20，单击"确定"按钮。

⑧ 单击图表以外的区域，返回幻灯片窗格。如图 8.30 所示。

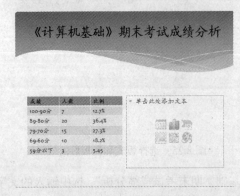

图 8.27　插入表格后的幻灯片

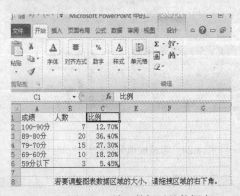

图 8.28　填入数据后的数据表

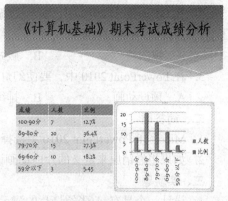

图 8.29　设置坐标字体及字体大小　　　　图 8.30　插入图表后的幻灯片

⑨ 在图表区域单击鼠标右键，在随后弹出的快捷菜单中，选择"布局"选项，在"标签"选项卡中，设置好图表和数值轴标题等内容，如图 8.31 所示。

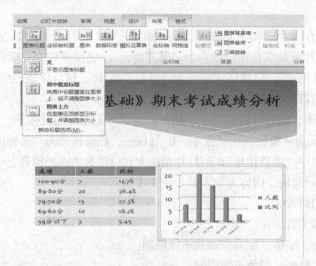

图 8.31　图表选项对话框

⑩ 设置"图表标题"（相当于一个文本框）格式，再图表标题下拉按钮中选择"图表上方"，在图表上方添加标题，单击鼠标右键选择"编辑文字"选项，选中编辑后的文本框中的标题，设置"字体"为"宋体"，"字形"为"常规"，"字号"为 20，单击"确定"按钮返回。

⑪ 对"标题"、"表格"、"图表"的格式和排放位置做相应的调整，然后单击"幻灯片放映视图"按钮 🖵，就可以得到如图 8.24 所示的幻灯片。

习　题　八

一、选择题

1. 在 PowerPoint 2010 中，使用（　　）选项卡中的"背景样式"命令改变幻灯片的背景。

　　A. 设计　　　　　　　　B. 动画　　　　　　　　C. 视图　　　　　　　　D. 插入

2. 在 PowerPoint 2010 中，演示文稿中每张幻灯片都是基于某种（　　）创建的，它预定义了新幻灯片的各种占位符布局情况。

   A. 视图　　　　　　　　B. 版式　　　　　　　　C. 母版　　　　　　　　D. 模板

3. 在 PowerPoint 2010 中，要使幻灯片在放映时能够自动播放，需要为其设置（　　）。

   A. 预设动画　　　　　　B. 排练计时　　　　　　C. 动作按钮　　　　　　D. 录制旁白

二、简答题

1. Microsoft PowerPoint 2010 中选择动画开始的时间有哪几种？ 这几种效果有什么不同？

2. 如果想撤销原来定义的片内动画该如何进行？

三、实验题

1. 设计一个具有 4 张幻灯片的演示文稿，将最后一张幻灯片向前移动，作为演示文稿的第一张幻灯片，并在副标题处键入"计算机学院"文字；字体设置成宋体，加粗，倾斜，44 磅。将最后一张幻灯片的版式更换为"垂直排列标题与文本"。使用"场景型模板"演示文稿设计模板修饰全文；全文幻灯片切换效果设置为"从左下抽出"；第二张幻灯片的文本部分动画设置为"底部飞入"。

2. 设计一个具有 4 张幻灯片的演示文稿，将第三张幻灯片版式改变为"垂直排列标题与文本"，将第一张幻灯片背景填充预设颜色为"薄雾浓云"，底纹样式为"横向"。第三张幻灯片加上标题"计算机硬件组成"，设置字体字号为：隶书，48 磅。然后将该幻灯片移为整个文稿的第二张幻灯片。全文幻灯片的切换效果都设置成"盒状展开"。

3. 制作生日贺卡，幻灯片内容为一个信封，上面写上相应的祝福字。幻灯片背景的填充效果为双色，"颜色 1"为"粉色"，"颜色 2"为"红色"，底纹样式为"从标题"；利用图形工具画一个信封；插入艺术字"生日快乐"；幻灯片切换方式设置为"水平梳理"。

4. 制作一篇演示文稿，内容为个人简介。要求如下。

（1）包含 3 张幻灯片。

（2）使用模板做为背景。

（3）标题：内容、字体、字号、颜色不做限制。

（4）有艺术字，样式、颜色不做限制。

（5）有文字内容，字数不少于 10 个字，内容不限。

（6）幻灯片切换：第一张效果为"向右下飞入"，换页方式为"每隔 00：02"，声音为"疾驰"；第二张效果为"纵向棋盘式"，换页方式为"单击鼠标"，声音为"幻灯放映机"；第三张效果为"向右飞入"，换页方式为"单击鼠标"，声音为"照相机"。

第9章
数据结构与算法

计算机是对各种各样数据进行处理的机器。在进行数据处理时，实际需要处理的数据元素一般有很多，而这些大量的数据元素都需要存放在计算机中，因此，在计算机中如何组织数据，如何处理数据，从而如何更好地利用数据是计算机科学的基本研究内容。掌握数据在计算机中的各种组织和处理方法是深入学习计算机的基础。

9.1 数据结构的基本概念

本章的主要目的是为了提高数据处理的效率。所谓提高数据的处理效率，主要包括两个方面：一是提高数据处理的速度；二是尽量节省在数据处理过程中所占用的计算机存储空间。

9.1.1 数据结构的定义

计算机已被广泛用于数据处理。实际问题中的各数据元素之间总是相互关联的。所谓数据处理，是指对数据集合中的各元素以各种方式进行运算，包括插入、删除、查找、合并和排序等运算，也包括对数据元素进行分析。在数据处理领域中，人们最感兴趣的是知道数据集合中各数据元素之间存在什么关系，应如何表示所需要处理的数据元素。

下面先介绍与数据结构相关的几个术语。

1. 数据

数据（data）就是载荷信息的符号。是指所有能够输入到计算机中，并被计算机识别和处理的符号的集合。数据实际上就是计算机加工的"原料"。例如：数值、字符、汉字、图形、图像、音频、视频等各种媒体都称为数据。

2. 数据元素

数据元素（data element）是数据这个集合中的每一个个体，它是组成数据的基本单位。一个数据元素可由若干个数据项（也称字段、域）所组成，数据项是具有独立含义的最小数据单位（不可再分割）。

数据元素具有广泛的含义。一般来说，现实世界中客观存在的一切个体都可以是数据元素。例如：

表示数值的各个数：12、45、67、78、454、423、23、…可以作为数值的数据元素。

表示学生情况的信息：张军、男、18 岁等，可以作为表示学生情况的一个数据元素（这个数据元素包含姓名、性别、年龄三个数据项）。

总之，在数据处理领域中，每一个需要处理的对象都可以抽象成数据元素。数据元素一般简称为元素。

在实际应用中，被处理的数据元素一般有很多，而且，作为某种处理，其中的数据元素一般具有某种共同特征。一般来说，人们不会同时处理特征完全不同且互相之间没有任何关系的各数据元素，对于具有不同特征的数据元素总是分别进行处理。

3. 数据对象

数据对象（data object）是性质相同的数据元素的集合，是数据的一个子集。例如：整数数据对象是集合 N={0，±1，±2，…}，字母字符数据对象是集合 C={ 'A'，'B'，…，'Z' }。

4. 数据结构

数据结构（data structure）是指相互之间存在一种或多种特定关系的数据元素所组成的集合。更通俗地说，数据结构是指带有结构的数据元素的集合。在此，所谓结构实际上就是指数据元素之间的相互关系。通常有四种基本结构。

（1）集合：数据元素之间除"属于同一集"外无其他关系（与数学相同）。

（2）线性结构：数据元素之间存在一个对一个的关系。

（3）树形结构：数据元素之间存在一个对多个的关系。

（4）图（网）状结构：数据元素之间存在多个对多个的关系。

9.1.2 数据结构的内容

在数据结构定义中，数据元素之间的相互关系具体应包含三个方面的内容：数据的逻辑结构、数据的存储结构和对数据所施加的运算（操作）集合。

1. 逻辑结构

数据的逻辑结构是数据元素之间抽象化的相互关系，也称逻辑特性。它独立于计算机，是数据集合中各数据元素之间所固有的逻辑关系。

一般情况下，在具有相同特征的数据元素集合中，各个数据元素之间存在有某种关系（联系），这种关系反映了该集合中的数据元素所固有的一种结构。在数据处理领域中，通常把数据元素之间的这种固有的关系简单地用直接前驱与直接后继这种逻辑上的前后关系来描述。逻辑上的前后关系所表示的实际意义随具体对象的不同而不同。一般来说，数据元素之间的任何关系都可以用逻辑上的前后关系来描述。

数据的逻辑结构有两个要素：一是数据元素的集合，通常记为 D；二是 D 上的关系集合，它反映了 D 中各数据元素之间的逻辑上的前后关系，通常记为 R。

数据结构的形式定义为：数据结构是一个二元组，可以表示成 B=（D，R），其中 B 表示数据结构，D 是数据元素的有限集，R 是 D 上关系的有限集。

假设 a 与 b 是 D 中的两个数据，则二元组（a，b）表示 a 是 b 的直接前驱，b 是 a 的直接后继。这样，在 D 中的每两个元素之间的关系都可以用这种二元组来表示。

例如：

数据结构 DS=（D1，R1）

D1={1，3，6，7}

R1={（1，6），（6，3），（3，7）}

数据的逻辑结构可分为两大类型：线性结构和非线性结构。

① 线性结构。

如果在一个非空的数据结构中，元素之间为一对一的线性关系，第一个元素无直接前驱，最后一个元素无直接后继，其余元素都有且仅有一个直接前驱和一个直接后继，这种逻辑结构称为线性结构，又称为线性表。

在线性结构中，各数据元素之间的逻辑关系是很简单的。在一个线性结构中，插入和删除任何一个结点后，还应该是线性结构。

常用的线性结构主要有线性表、栈、队列和字符串。

② 非线性结构。

如果一个数据结构不是线性结构，则称之为非线性结构。元素之间为一对多或多对多的非线性关系，每个元素可以有多个直接前驱或多个直接后继。

显然，在非线性结构中，各数据元素之间的逻辑关系要比线性结构复杂，因此，对非线性结构的存储与处理比线性结构要复杂得多。

常用的非线性结构主要有树、二叉树和图。线性结构和非线性结构都可以是空的数据结构。一个空的数据结构究竟是属于线性结构还是属于非线性结构，这要根据具体的情况来确定。如果对该数据结构的运算是按线性结构的规则来处理的，则属于线性结构；否则属于非线性结构。

2. 存储结构

数据的存储结构是逻辑结构在计算机中的存储表示，也称物理特性、存储特性。它必需依赖于计算机。

数据处理是计算机应用的一个重要领域，在实际进行数据处理时，被处理的各数据元素总是被存放在计算机的存储空间中，并且，各数据元素在计算机存储空间中的位置关系与它们的逻辑关系不一定是相同的，而且一般也不可能相同。由于数据元素在计算机存储空间中的位置关系可能与逻辑关系不同，因此，为了表示存放在计算机存储空间中的各数据元素之间的逻辑关系，在数据的存储结构中，不仅要存放各数据元素的信息，还需要存放各数据元素之间的逻辑关系的信息。

一般来说，一种数据的逻辑结构根据需要可以表示成多种存储结构，常用的存储结构有顺序存储结构、链式存储结构等。

① 顺序存储（向量存储）结构。

所有元素存放在一片连续的存储空间中，逻辑上相邻的元素存放到计算机存储器中仍然相邻。即各元素按逻辑关系顺序地存放到存储空间中，这是最简单的存储结构，也是占用存储空间最少的存储结构。可通过存储序号随机访问各元素。

② 链式存储结构。

这种存储方式对每一个数据元素用一块小的连续区域存放，称为一个结点（node）。不同的数据元素存储区可以连续，也可以不连续（离散存储）。即逻辑上相邻的元素存放到计算机存储器后不一定相邻。为了存储数据元素之间的逻辑关系，需另外开辟存储空间，存放邻接元素的地址，即使用指针域，在节点中可以设置一个或多个指针，指向其前驱或后继元素的地址。

采用不同的存储结构，其数据处理的效率是不同的。因此，在进行数据处理时，选择合适的存储结构是很重要的。

3. 运算集合

运算是指所施加的一组的操作总称。运算的定义直接依赖于逻辑结构，但运算的实现必需依赖于存储结构。数据结构就是研究一类数据的表示及其相关的运算操作。

9.2 算　　法

9.2.1　算法的基本概念

1. 算法

算法（algorithm）就是为了求解问题而给出的指令序列，可以理解为有基本运算及规定的运算顺序所构成的完整的解题步骤，而程序是算法的一种实现。计算机按照程序逐步执行算法，实现对问题的求解。简单地说，算法可以看成是按照要求设计好的有限的确切的计算序列，并且这样的步骤和序列可以解决某一个（类）问题。

通俗地讲，算法就是一种解题的方法，是解题方案的准确而完整的描述。

对于一个问题，如果可以通过一个计算机程序，在有限的存储空间内运行有限的时间而得到正确的结果，则称这个问题是算法可解的。但算法不等于程序，也不等于计算方法。当然，程序也可以作为算法的一种描述，但程序通常还需要考虑很多与方法和分析无关的细节问题，这是因为在编写程序时要受到计算机系统环境的限制。通常，程序的编制不可能优于算法的设计。

2. 算法的基本特性

更严格地说，算法是由若干条指令组成的有穷序列，它必须满足下述五大基本特性。

（1）输入

一个算法有 0 个或多个外部量作为算法的输入。有些输入量需要在算法执行过程中输入，而有的算法表面上可以没有输入，实际上已被嵌入算法之中。

（2）输出

一个算法产生至少一个或多个量作为输出。它是一组与输入有确定关系的量值，是算法进行信息加工后得到的结果。

（3）确定性

算法中的每一条指令必须有确切的含义，无二义性。即每种情况下所应执行的操作，在算法中都有确切的规定，使算法的执行者或阅读者都能明确其含义及如何执行。并且，在任何条件下，对于相同的输入只能得到相同的输出。

（4）有穷性

是指算法必须能在执行有限步骤后、有限的时间内终止。即每条指令的执行次数和执行时间必须是有限的。

（5）可行性

算法描述的操作可以通过已经实现的基本操作执行有限次来实现。就是指算法的每一个步骤，计算机都能执行。计算机所能执行的动作，是预先设计好的，一旦出厂就不会改变。所以，设计算法时，应考虑每个步骤必须能用计算机所能执行的操作命令实现。

综上所述，算法是一组严谨定义运算顺序的规则，并且每一个规则都是有效的、明确的，此顺序将在有限的次数后终止。

3. 算法的三要素

算法由操作、控制结构和数据结构三要素组成。

（1）操作

算法实现平台尽管有许多种类，它们的函数库、类库也有较大差异，但是必须具备的最基本的操作功能是相同的。

① 算术运算：加法、减法、乘法、除法等运算。

② 关系比较：大于、小于、等于、不等于等运算。

③ 逻辑运算：与、或、非等运算。

④ 数据传送：输入、输出、赋值等操作。

（2）控制结构

一个算法功能的实现不仅取决于所选用的操作，而且还与各操作之间的执行顺序有关。算法中各操作之间的执行顺序称为算法的控制结构。算法的控制结构给出了算法的基本框架，它不仅决定了算法中各操作的执行顺序，而且也直接反映了算法的设计是否符合结构化原则。

算法的基本控制结构有以下三种。

① 顺序结构：顺序结构是程序设计中最简单、最常用的基本结构。在该结构中，各操作块按照出现的先后顺序依次执行。它是任何程序的主体基本结构，即使在选择结构或循环结构中，也常以顺序结构作为其子结构。

② 选择结构：又称为分支结构，是指程序依据条件所列出表达式的结果来决定执行多个分支中的哪一个分支，进而改变程序执行的流程。依据条件选择分支的结构称为选择结构。

③ 循环结构：某一类问题可能需要重复多次执行完全一样的计算和处理方法，而每次使用的数据都按照一定的规律在改变。这种可能重复执行多次的结构称为循环结构，又称重复结构。

（3）数据结构

算法操作的对象是数据，数据间的逻辑关系、数据的存储方式及处理方式就是数据的数据结构。它与算法设计是紧密相关的。

有了计算机的帮助，使得许多过去仅靠人工无法计算的大量复杂问题有了解决的希望。不过，使用计算机进行计算，首先要解决的是如何将被处理的对象存储到计算机中，也就是要选择适当的数据结构。

9.2.2　算法分析

1．算法的评价标准

如何评价一个算法的优劣呢？一个"好"的算法评价标准一般有 5 个方面。

（1）正确性

说一个算法是正确的，是指对于一切合法的输入数据，改算法经过有限时间的执行都能产生正确（或者说满足规格说明要求）的结果。正确性是算法设计最基本、最重要、第一位的要求。

（2）可读性

可读性的含义是指算法思想表达的清晰性、易读性、易理解性、易交流性等多个方面，甚至还包括适应性、可扩充性和可移植性等。一个可读性好的算法常常也相对简单。

（3）健壮性

一个算法的健壮性是指其运行的稳定性、容错性、可靠性和环境适应性等。当出现输入数据错误或无意的操作不当或某种失误、软/硬件平台和环境变化等故障时，能否保证正常运行，不至于出现莫名其妙的现象、难以理解的结果甚至经常瘫痪死机。

（4）时间复杂度

为了分析某个算法的执行时间，可以将那些对所研究的问题来说是基本的操作或运算分离出来，计算基本运算的次数。一个算法时间复杂度是指该算法所执行的基本运算的次数。下节将详细介绍。

（5）空间复杂度

算法执行需要存储空间来存放算法本身包含的语句、常量、变量、输入数据和实现其运算所需的数据（如中间结果等），此外还需要一些工作空间来对（以某种方式存储的）数据进行操作。算法所占用的空间数量与输入数据的规模、表示方式、算法采用的数据结构、算法的设计以及输入数据的性质有关。算法的空间复杂性指算法执行时所需的存储空间的数量。

在评价一个算法优劣的这 5 个标准中，最重要是时间复杂度和空间复杂度。人们总是希望一个算法的运行时间尽量短，而运行算法所需的存储空间尽可能少。实际上，这两个方面是有矛盾的，节约算法的执行时间往往以牺牲更多的存储空间为代价；节省存储空间可能要耗费更多的计算时间。所以，我们要根据具体情况在时间和空间上找到一个合理的平衡点，称为算法分析。

2. 时间复杂度

（1）时间频度

所谓算法的时间频度，是指执行算法所需要的计算工作量。

一个算法执行所耗费的时间，从理论上是不能算出来的，必须上机运行测试才能知道。但我们不可能也没有必要对每个算法都上机测试，只需知道哪个算法花费的时间多，哪个算法花费的时间少就可以了。为此，可以用算法在执行过程中所需要的基本运算的执行次数来度量算法的工作量。基本运算反映了算法运算的主要特征，一个算法花费的时间与算法中基本运算的执行次数成正比，哪个算法中基本运算执行次数多，它花费时间就多。因此，用基本运算的次数来度量时间是客观可行的，有利于比较同一问题的几种算法的优劣。

算法所执行的基本运算次数与问题的规模有关。即算法所需要的时间用算法所执行的基本运算次数来度量，而算法所执行的基本运算次数是问题规模的函数。将一个算法中的基本运算执行次数称为时间频度，记为 $T(n)$，其中 n 为问题的规模。

（2）时间复杂度

当 n 不断变化时，时间频度 $T(n)$ 也会不断变化。但有时我们想知道它变化呈现什么规律。为此，我们引入时间复杂度的概念。

设 $T(n)$ 的一个辅助函数为 $g(n)$，定义为当 n 大于等于某一足够大的正整数 n_0 时，存在两个正的常数 A 和 B（其中 A≤B），使得 $A \leq T(n)/g(n) \leq B$ 均成立，则称 $g(n)$ 是 $T(n)$ 的同数量级函数。把 $T(n)$ 表示成数量级的形式为：$T(n)=O(g(n))$，其中大写字母 O 为英文 Order（即数量级）一词的首字母。

例如，若 $T(n)=n(n+1)/2$，则有 $1/4 \leq T(n)/n^2 \leq 1$，故它的时间复杂度为 $O(n^2)$，即 $T(n)$ 与 n^2 数量级相同。

在各种不同算法中，若算法中语句执行次数为一个常数，则时间复杂度为 $O(1)$。另外，在时间频度不相同时，时间复杂度有可能相同，如 $T(n)=n^2+3n+4$ 与 $T(n)=4n^2+2n+1$ 它们的频度不同，但时间复杂度相同，都为 $O(n^2)$。

按数量级递增排列，常见的时间复杂度有：常数级 $O(1)$，对数级 $O(\log_2 n)$，线性级 $O(n)$，线性对数级 $O(n\log_2 n)$，平方级 $O(n^2)$，立方级 $O(n^3)$，…，k 次方级 $O(n^k)$，指数级 $O(2^n)$。随着问题

规模 n 的不断增大，上述时间复杂度不断增大，算法的执行效率不断降低。

3. 空间复杂度

（1）空间频度

一个算法在执行时所占用的存储空间的开销，称为空间频度。

（2）空间复杂度

与时间复杂度类似，空间复杂度是指算法在计算机内执行时所占用的存储空间的开销规模。但我们一般所讨论的是除正常占用内存开销外的辅助存储单元规模。即包括算法程序所占的空间、输入的初始数据所占的存储空间以及算法执行过程中所需要的额外空间。其中额外空间包括算法程序执行过程中的工作单元以及某种数据结构所需要的附加存储空间。在许多实际问题中，为了减少算法所占的存储空间，通常采用压缩存储技术，以便尽量减少不必要的额外空间。算法的空间复杂度是指算法在执行过程中所占辅助存储空间的大小，用 S(n) 表示。与算法的时间复杂度相同，算法的空间复杂度 S(n) 也可表示为

$$S(n)=O(g(n))$$

表示随着问题规模 n 的增大，算法运行所需存储量的增长率与 $g(n)$ 的增长率相同。

9.3　线性表、栈和队列

9.3.1　基本概念

1. 线性表的定义

线性表（linear list）是最简单、最常用的一种数据结构。

线性表是 n（$n \geq 0$）个数据元素 a_1，a_2，$\cdots$，a_n 组成的有限序列，也简称为表。其中 n 称为数据元素的个数或线性表的长度，当 $n=0$ 时称为空表，$n>0$ 时称为非空表。通常将非空的线性表记为（a_1，a_2，$\cdots$，a_n），其中的数据元素 a_i（$1 \leq i \leq n$）是一个抽象的符号，其具体含义在不同情况下是不同的，即它的数据类型可以根据具体情况而定，可以是简单项，也可以是由若干个数据项组成。

【例 9-1】① 26 个字母表（A，B，C，$\cdots$，Z）；

② 我国省市自治区名称表（北京，上海，$\cdots$，台湾）；

③ 我系 1991—1997 年（7 年），拥有计算机数量（10，17，50，92，110，120，250）；

④ 学生成绩表

学号	姓名	C 语言	汇编语言	微机原理
9501	王二	92	86	75
9503	李四	65	72	83

　　　　……

显然，线性表是一种线性结构。数据元素在线性表中的位置只取决于它们自己的序号，即数据元素之间的相应位置是线性的。

2. 栈的定义

栈（stack）是限制线性表中元素的插入和删除只能在线性表的同一端进行的一种特殊线性表。允许插入和删除的一端，为变化的一端，称为栈顶（Top），另一端为固定的一端，称为栈底（Bottom）。

设 S=(a₁, a₂, …, aₙ)是一个栈，则称 a₁ 是栈底元素，是 aₙ 是栈顶元素。而元素 aᵢ 在元素 aᵢ₋₁ 之上。栈的表示形式如右所示。

【例 9.2】

① 多车辆钻进了狭窄的死胡同，只好后进的先退出；

② 老师批改作业，总是后交的先改，或先改的后发。

根据栈的定义可知，最先放入栈中的元素在栈底，最后放入的元素在栈顶，而删除元素刚好相反，最后放入的元素最先删除，最先放入的元素最后删除。也就是说，栈是一种"后进先出"（LIFO，Last In First Out）表。

3. 队列的定义

仅允许在一端进行插入，另一端进行删除的线性表，称为队列（queue）。允许插入的一端称为队尾，通常用一个称为队尾指针（Rear）的指针指向队尾元素（最后被插入的元素）所在的位置；允许删除的一端称为队头，通常也用一个称为队头指针（Front）的指针指向队头元素的前一个位置。在队列中，队尾指针 Rear 与队头指针 Front 共同反映了队列中元素动态变化的情况。

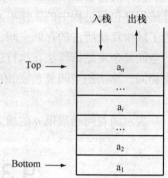

设队列 Q=(a₁, a₂, …, aₙ)

队列表示形式如下：

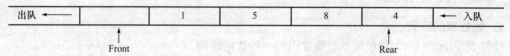

【例 9.3】（1）购物排队；

（2）操作系统中，作业调度（先来先服务）。

若队列中没有任何元素，则称为空队列，否则称为非空队列。显然，在队列这种数据结构中，最先插入的元素将最先能够被删除，反之，最后插入的元素将最后才能被删除。因此，队列又称为"先进先出"（FIFO，First In First Out）表，它体现了"先来先服务"的原则。

4. 线性结构的特征

线性表、栈和队列都是线性结构，从它们的定义可以看出线性结构有以下 4 个基本特征：

① 有且仅有一个开始结点（表头结点）a₁，它没有直接前驱，只有一个直接后继；

② 有且仅有一个终端结点（表尾结点）aₙ，它没有直接后继，只有一个直接前驱；

③ 其他结点有且仅有一个直接前驱和一个直接后继；

④ 元素之间为一对一的线性关系。

9.3.2 基本运算

1. 线性表的运算

常见线性表的运算有以下几种。

① 表的长度：求出线性表中数据元素的个数。

② 取结点：在线性表中取出第 i 个数据元素，即取出数据元素 aᵢ。

③ 定位（查找）：在线性表中查找某个元素的位置，若有多个，则以第一个为准，若没有，则位置为 0。

④ 插入：在线性表中某个位置上插入元素。

⑤ 删除：删除线性表中某个位置上的元素。

⑥ 合并：按要求将多个线性表合并成一个线性表。

⑦ 复制：将一个线性表复制出另一个同样的线性表。

2. 栈的运算

栈的基本运算有 3 种：入栈、出栈与读取栈顶元素。

① 入栈：将新元素插入到栈顶位置中，也称为进栈、插入或压入。这个运算有两个基本操作：首先将栈顶指针进一（即 Top 加 1），然后将新元素插入到栈顶指针指向的位置。

当栈顶指针已经指向存储空间的最后一个位置时，说明栈空间已满，不可能再进行入栈操作，否则会产生上溢错误。

② 出栈：取出栈中栈顶元素，并赋给一个指定的变量。也称为退栈、删除或弹出。这个运算有两个基本操作：首先将栈顶元素（栈顶指针指向的元素）赋给一个指定的变量，然后将栈顶指针退一（即 Top 减 1）。

当栈顶指针 Top 为 0 时，说明栈空，不能进行退栈操作，否则会产生下溢错误。

③ 读取栈顶元素：读取栈中栈顶元素，并赋给一个指定的变量。必须注意，这个运算不删除栈顶元素，只是将它的值复制一份，赋给一个指定的变量，因此，在这个运算中，栈顶指针不改变。

3. 队列的运算

队列可定义如下两种基本运算。

① 入队：将元素插入到队尾中，也称进队或插入。此操作先将队尾指针 Rear 进 1（即 Rear+1），然后将新元素插入 Rear 指向的位置中。

② 出队：将队列的队头元素删除，也称退队或删除。此操作先将队头指针 Front 进 1（即 Front+1），然后将 Front 指向位置的元素取出，赋给指定的变量。

9.3.3　顺序存储结构

1. 线性表的顺序存储结构

（1）顺序表

线性表的顺序存储结构，又称为顺序表，它的存储方式为：在内存中开辟一片连续存储空间，但该连续存储空间的大小要大于或等于顺序表的长度，然后让线性表中第一个元素存放在连续存储空间第一个位置，第二个元素紧跟着第一个元素之后，其余依此类推。

由此可见，线性表顺序存储结构应满足如下的特点：

① 线性表中所有元素所占的存储空间是连续的；

② 线性表中各数据元素在存储空间中是按逻辑顺序依次存放的。

所以，在线性表的顺序存储结构中，其前后两个逻辑相邻的元素在存储空间中也是紧邻的，且前驱元素一定存储在后继元素的前面。

在线性表的顺序存储结构中，如果线性表中各数据元素所占的存储空间（字节数）相等，则要在该线性表中运算是很方便的。本章后面讨论的线性表，都是指各数据元素占用相等存储空间的情况。

【例9.4】 假设线性表为（a_1，a_2，……，a_n），设第一个元素 a_1 的内存地址为 ADR(a_i)，而每个元素在计算机中占 d 个存储单元，则第 i 个元素 a_i 的地址为 ADR(a_i)=ADR(a_1)+(i-1)*d（其中 $1 \leq i \leq n$），即在顺序存储结构中，线性表中每一个数据元素在计算机存储空间中的存储地址是由该元素在线性表中的位置序号唯一确定。则长度为 n 的线性表（a_1，a_2，…，a_n）在计算机中的顺序存储结构如图9.1所示。

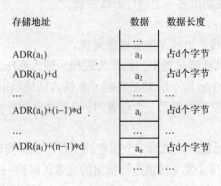

图 9.1　线性表的顺序存储结构

（2）顺序表的存储空间定义

在程序设计语言中，通常定义一个一维数组来表示线性表的顺序存储空间。因为程序设计语言中的一维数组与计算机中实际的存储空间结构是类似的，这就便于用程序设计语言对线性表进行各种处理。

在用一维数组 V（$1:m$）存放线性表时，该一维数组的长度 m 通常要定义得比线性表的实际长度大一些，以便对线性表进行各种运算，特别是插入运算。在一般情况下，如果线性表的长度在处理过程中是动态变化的，则在开辟线性表的存储空间时要考虑到线性表在动态变化过程中可能达到的最大长度。如果开始时所开辟的存储空间太小，则在线性表动态增长时可能会出现存储空间不够而无法再插入新的元素；但如果开始时所开辟的存储空间太大，而实际上又用不着那么大的存储空间，则会造成存储空间的浪费。在实际应用中，可以根据线性表动态变化过程中的一般规模来决定开辟的存储空间量。

（3）顺序表的插入运算

① 插入运算的基本思想。

在一般情况下，设长度为 n 的线性表为（a_1，a_2，…，a_n），现要在线性表的第 i（$1 \leq i \leq n$）个元素 a_i 之前插入一个新元素 b，首先要从最后一个（即第 n 个）元素开始，直到第 i 个元素之间，共 $n-i+1$ 个元素依次向后移动一个位置（即从后面开始向后移动），移动结束后，第 i 个位置就被空出，然后将新元素插入到第 i 个位置。插入结束后，线性表的长度就增加了 1，插入后长度为 $n+1$ 的线性表为（a_1，a_2，…，a_{i-1}，b，a_i，…，a_n）。

下面举一个例子来说明如何在顺序存储结构的线性表中插入一个新元素。

【例9.5】 图9.2（a）所示为一个长度为 7 的线性表顺序存储在长度为 9 的存储空间中。现要求在第 3 个元素"65"之前插入新元素"30"。其插入过程如下。

首先将从最后一个元素"43"开始到第 3 个元素"65"为止的每一个元素均依次往后移动一个位置，即原第 7 个元素"43"移到第 8 个位置，原第 6 个元素"21"移动到第 7 个位置，将原第 7 个位置上的元素"43"覆盖，依此类推，最后将原第 3 个元素"65"移动到第 4 个位置，然后将新元素"30"

插入到第 3 个位置。插入一个新元素后，线性表的长度变成了 8，如图 9.2（b）所示。

如果再在线性表的第 9 个元素之前（即线性表的末尾）插入一个新元素"50"，则不需要移动，直接将新元素插入到第 9 个位置即可。插入后，线性表的长度变成了 9，如图 9.2（c）所示。

现在，为线性表开辟的存储空间已经满了，不能再插入新的元素了。如果再要插入，则会造成上溢错误。

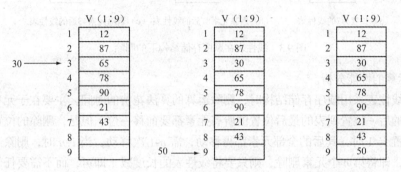

（a）长度为7的线性表　　（b）插入元素30后的线性表　　（c）插入元素50后的线性表

图 9.2　线性表在顺序存储结构下的插入

② 插入运算性能分析。

显然，在线性表采用顺序存储结构时，插入算法花费的时间，主要在于元素的后移，即从最后位置到插入位置之间的所有元素都要后移一位，使空出的位置插入新元素。但是，插入的位置是不固定的，当插入位置 $i=1$ 时，全部元素都得移动，需 n 次移动；当 $i=n+1$ 时，插入运算在线性表的末尾进行，即在第 n 个元素之后（可以认为是在第 $n+1$ 个元素之前）插入新元素，则只要在表的末尾增加一个元素即可，而不需要任何移动。在平均情况下，要在线性表中插入一个新元素，需要移动表中一半的元素。因此，在线性表顺序存储的情况下，要插入一个元素，其效率是很低的，特别是在线性表比较大的情况下更为突出，由于数据元素移动而消耗较多的处理时间。

（4）顺序表的删除运算

① 删除运算的基本思想。

在一般情况下，设长度为 n 的线性表为（a_1，a_2，…，a_n），现要删除线性表的第 i（$1 \leq i \leq n$）个元素 a_i，则要从第 $i+1$ 个元素开始，直到最后一个（即第 n 个）元素之间，共 $n-i$ 个元素依次向前移动一个位置（即从前面开始向前移动），删除结束后，线性表的长度就减少了 1，删除后得到长度为 $n-1$ 的线性表为（a_1，a_2，…，a_{i-1}，a_{i+1}，…，a_n）。

下面举一个例子来说明如何在顺序存储结构的线性表中删除一个元素。

【例 9.6】 图 9.3（a）所示为一个长度为 7 的线性表顺序存储在长度为 9 的存储空间中。现在要求删除线性表中的第 2 个元素"87"。其删除过程如下。

首先将从第 3 个元素"65"开始到最后一个元素"43"之间的每一个元素均依次往前移动一个位置（从前面开始往前移动），即原第 3 个元素"65"前移将原第 2 个元素"87"覆盖，原第 4 个元素"78"前移将原第 3 个元素"65"覆盖，依此类推，最后第 7 个元素"43"前移将原第 6 个元素"21"覆盖。

此时，线性表的长度变成了 6，如图 9.3（b）所示。如果再要删除线性表中的第 6 个元素（表尾元素），则不需要移动，直接将线性表的长度变成 5 即可，如图 9.3（c）所示。

V (1:9)	V (1:9)	V (1:9)
1 12	1 12	1 12
2 87	2 65	2 65
3 65	3 78	3 78
4 78	4 90	4 90
5 90	5 21	5 21
6 21	6 43	6
7 43	7	7
8	8	8
9	9	9

（a）长度为7的线性表　　（b）删除元素87后的线性表　（c）删除元素43后的线性表

图 9.3　线性表在顺序存储结构下的删除

② 删除运算的性能分析。

显然，在线性表采用顺序存储结构时，删除运算的算法花费的时间，主要在于元素的前移，即从删除元素的后一位置到表的最后位置的所有元素都要前移一位。但是，删除的位置是不固定的，当删除位置 $i=1$ 时，其后的全部元素都得移动，需 $n-1$ 次移动，当 $i=n$ 时，删除运算在线性表的末尾进行，即将第 n 个元素删除，则只要将线性表的长度减 1 即可，而不需要任何移动。在平均情况下，要在线性表中删除一个元素，需要移动表中约一半的元素。因此，在线性表顺序存储的情况下，要删除一个元素，其效率也是很低的，特别是在线性表比较大的情况下更为突出，由于数据元素移动而消耗较多的处理时间。

由线性表在顺序存储结构下的插入和删除运算可以看出，线性表的顺序存储结构对于小线性表或者其中元素不常变动的线性表来说是合适的，因为顺序存储结构比较简单。但这种顺序存储结构对于元素经常需要变动的大线性表就不太合适了，因为插入与删除的效率比较低。

2. 栈的顺序存储结构

采用顺序存储结构的栈称为顺序栈。

与一般的线性表一样，在程序设计语言中，用一维数组 $S(1:m)$ 作为栈的顺序存储空间，其中 m 为栈的最大容量。通常，栈底指针指向栈空间的低地址一端（即数组的起始地址这一端）。其中 S（Bottom）通常为栈底元素（在栈非空的情况下），S（Top）为栈顶元素。Top=0 表示栈空；Top=m 表示栈满。

【例 9.7】 图 9.4（a）所示为容量为 9 的栈顺序存储空间，栈中已有 5 个元素。若再要将两个元素入栈，则首先将栈顶指针 Top 加 1，入栈第一个元素 H，再将 Top 加 1，入栈第二个元素 R 如图 9.4（b）所示；现若要求在图 9.4（b）所示栈的基础上，将栈顶元素 R 出栈，则先需将 R 取出赋给指定的变量，然后栈顶指针减 1，如图 9.4（c）所示。

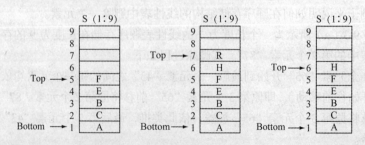

（a）有5个元素的栈　（b）两个元素入栈后的栈　（c）一个元素出栈后的栈

图 9.4　栈在顺序存储结构下的运算

3. 队列的顺序存储结构

（1）顺序队列

采用顺序存储结构的队列称为顺序队列。

将队列中元素全部依次存入一个一维数组 Q(1：*m*)中（即连续的存储空间中），数组的低下标一端为队头，高下标一端为队尾。

【例 9.8】 图 9.5（a）所示为一个 *m*=6 的队列，且已有 4 个元素。若要在此基础上将一个元素出队，则先需将队头指针 Front 加 1，然后将 Front 所指向位置中的元素取出赋给指定的变量，出队后队列如图 9.5（b）所示；若要在图 9.5（b）基础上将一个元素入队，则先需将队尾指针 Rear 加 1，然后将入队元素插入到 Rear 所指向的位置，入队后队列如图 9.5（c）所示。

（a）一个队列　　　（b）删除一个元素后的队列　　（c）插入一个元素后的队列

图 9.5　队列运算示意图

若一维数组中所有位置上都被元素装满，称为队满，即尾指针 Rear 指向一维数组最后，而头指针指向一维数组开头，称为队满。

但有可能出现这样情况：尾指针指向一维数组最后，但前面有很多元素已经出队，即空出很多位置，这时要插入元素，仍然会发生溢出。例如，若队列的最大容量 *m*=6，当 Front=Rear=6 时，再进队将发生溢出。我们将这种溢出称为假溢出。

要克服假溢出，一般采用下面介绍的循环队列形式。

（2）循环队列

为了克服顺序队列中假溢出，在实际应用中，队列的顺序存储结构一般采用循环队列的形式。所谓循环队列，就是将队列存储空间的最后一个位置绕到第一个位置，形成逻辑上的环状空间，供队列使用，如图 9.6 所示。当存储空间的最后一个位置已被使用而再要进行入队运算时，只要存储空间的第一个位置空闲，便可以将元素加入到第一个位置，即将存储空间的第一个位置作为队尾。

在循环队列中，用队尾指针 Rear 指向队列中的队尾元素所在的位置，用队头指针 Front 指向队头元素的前一个位置，因此，从队头指针 Front 指向的后一个位置到队尾指针 Rear 指向的位置之间所有的元素均为队列中的元素。

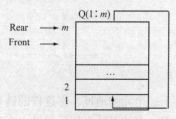

图 9.6　循环队列存储空间示意图

循环队列的初始状态为空，即 Rear=Front=m，如图 9.6 所示。

循环队列可定义如下两种基本运算。

① 入队：是指在循环队列的队尾加入一个新元素。这个运算有两个基本操作：先将队尾指针 Rear

进一（即 Rear+1），当队尾指针 Rear=m+1 时，则置 Rear=1；然后将新元素插入 Rear 指向的位置中。当循环队列非空，且队尾指针等于队头指针时，说明循环队列已满，不能进行入队运算，否则产生上溢错误。

② 出队：是指在循环队列的队头位置退出一个元素并赋给指定的变量。这个运算有两个基本操作：先将队头指针 Front 进一（即 Front+1），当队头指针 Front=m+1 时，则置 Front=1；然后将 Front 指向的元素取出，赋给指定的变量。当循环队列为空时，不能进行出队运算，这种情况称为"下溢"。

【例 9.9】 图 9.7（a）所示为一个容量为 7 的循环队列存储空间，且其中已有 5 个元素。

若要在如图 9.7（a）所示的循环队列中加入了 2 个元素"58"和"62"，则先需要将队尾指针 Rear 加 1，即 Rear=7，将元素 58 放入 Rear 所指向的单元，然后再将 Rear 加 1，此时 Rear=7+1，故取 Rear=1，即循环一周，将元素 62 放入 Rear 指向的位置，入队后队列的状态如图 9.7（b）所示，此时，已形成一个满队，不能再执行入队操作，否则将产生溢出。若在图 9.7（b）的基础上，出队一个元素，则应先将队头指针 Front 加 1，再将 Front 所指向的元素"25"取出赋给指定的变量，出队后队列的状态如图 9.7（c）所示。

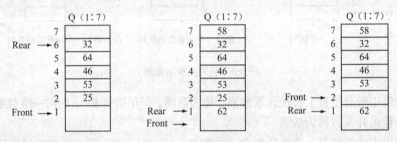

（a）具有5个元素的循环队列 （b）两个元素入队后的循环队列 （c）一个元素出队后的循环队列

图 9.7　循环队列运算示意图

9.3.4 链式存储结构

链式存储结构：假设数据结构中的每一个数据结点对应于一个存储单元，这种存储单元称为存储结点，简称结点。在链式存储结构中，要求每个结点由两部分组成：一部分用于存放数据元素值，称为数据域；另一部分用于存放地址，称为指针域。其中指针用于指向该结点的直接前驱或直接后继，即指针域存放的是该结点的直接前驱或直接后继所在的存储单元的地址。

在链式存储结构中，存储数据结构的存储空间可以不连续，各数据结点的存储顺序与数据元素之间的逻辑关系也可以不一致，而数据元素之间的逻辑关系是由指针域来确定的。故不能像顺序表一样可随机访问，而只能按顺序访问。

1. 链表
线性表的链式存储结构，称为链表。
常用的链表有单链表、双向链表和循环链表等。

（1）单链表
在链表存储结构中，若每个结点只含有一个指针域来存放下一个元素地址，称这样的链表为单链表。其结点存储结构如图 9.8 所示。其中 NEXT（i）表示第 i 个结点的直接后继结点在存储空间中的地址。V（i）表示第 i 个结点的数据域。

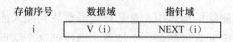

图 9.8　单链表的结点存储结构

在单链表中，用一个专门的指针 HEAD 指向单链表中第一个数据元素的结点（即存放单链表中第一个数据元素的存储结点的序号）。单链表中最后一个元素没有后继，因此，单链表中最后一个结点的指针域为空（用 NULL 或 0 表示），表示链表终止。

单链表的逻辑结构如图 9.9 所示。

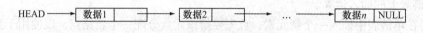

图 9.9　单链表的逻辑结构

下面举一个例子来说明单链表的存储结构和逻辑结构。

【例 9.10】　设线性表为（a_1，a_2，a_3，a_4，a_5），存储空间具有 9 个存储结点，该线性表在存储空间中的存储情况如图 9.10（a）所示。为了直观地表示该单链表中各元素之间的逻辑关系，还可以用如图 9.10（b）所示的逻辑结构来表示，其中每一个结点上面的数字表示该结点的存储序号（简称结点号）。

一般来说，在线性表的链式存储结构中，各数据结点的存储序号是不连续的，并且各结点在存储空间中的位置关系与逻辑关系也不一致。在线性链表中，各数据元素之间的逻辑关系是由各结点的指针域来指示的，指向线性表中第一个结点的指针 HEAD 称为头指针，当 HEAD=NULL（或 0）时称为空表。

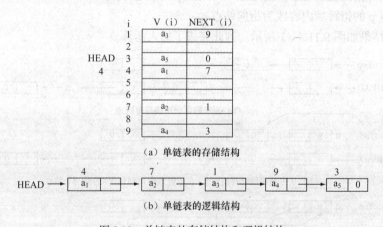

图 9.10　单链表的存储结构和逻辑结构

在单链表中，每一个结点只有一个指针域，由这个指针只能找到后继结点，但不能找到前驱结点。因此，在这种线性链表中，只能顺着指针向链尾方向进行扫描，这对于某些问题的处理会带来不便，因为在这种链接方式下，由某个结点出发，只能找到它的后继，而为了找出它的前驱，必须从头指针开始重新寻找。

为了弥补线性单链表的这个缺点，在某些应用中，常使用下面介绍的双向链表。

这里主要讨论在单链表上实现查找、插入和删除运算的方法。

① 单链表上的查找运算。

在对单链表进行插入或删除的运算中，总是首先需要找到插入或删除的位置，这就需要对单链表进行扫描，寻找包含指定元素值的前一个结点。当找到这个结点后，就可以在该结点后插入新的结点或删除该结点的后一结点。

在非空单链表中寻找包含指定元素值 x 的前一结点 p 的基本方法如下。

从头指针指向的结点开始向后沿着指针进行扫描，直到后面已经没有结点或下一结点的数据域就是 x 为止。因此，由这种方法找到的结点 p 有两种可能：当单链表中存在包含元素 x 的结点时，则找到的 p 为第一次遇到的包含元素 x 的前一结点的序号；当单链表中不存在包含元素 x 的结点时，则找到的 p 为单链表中的最后一个结点的序号。

② 单链表上的插入运算。

为了要在单链表中插入一个新元素，首先要给该元素分配一个新结点，以便用于存储元素的值。新结点可以从可利用栈中取得，然后将存放新元素值的结点链到单链表的指定位置。

【例 9.11】 假设可利用栈和单链表如图 9.11（a）所示。现在要在单链表中元素 x 的结点之前插入一个新结点 y。

其插入过程如下。

（1）从可利用栈取一个结点，设该结点的序号为 q（即取得结点的存储序号存放在变量 q 中），并置结点 q 的数据域为插入的元素值 y。这一步后，可利用栈的状态如图 9.11（b）所示。

（2）在单链表中寻找元素 x 的前一个结点，假定存在，并设该结点的存储序号为 p，如图 9.11（b）所示。

（3）最后将结点 q 插入到结点 p 之后。为了实现这一步，只要改变以下两个结点的指针域内容：

① 使结点 q 指向包含元素 x 的结点（即结点 p 的后继结点）；

② 使结点 p 的指针域内容改为指向结点 q。

这一步的结果如图 9.11（c）所示。到此完成了插入运算。

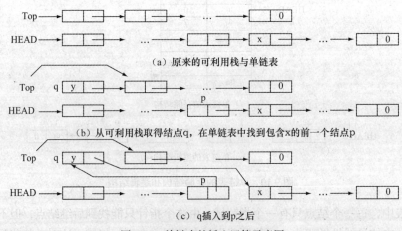

（a）原来的可利用栈与单链表

（b）从可利用栈取得结点q，在单链表中找到包含x的前一个结点p

（c）q插入到p之后

图 9.11　单链表的插入运算示意图

由单链表的插入过程可以看出，由于插入的新结点取自于可利用栈，因此，只要可利用栈不空，在单链表插入时总能取到存储插入元素的新结点，不会发生上溢情况。而且，由于可利用栈是公用的，所以多个单链表可以共享它，从而很方便地实现了存储空间的动态分配。另外，单链表在插入过程中，不发生数据元素移动的现象，只需改变有关结点的指针即可，从而提高了插入的效率。

③ 单链表上的删除运算。

单链表的删除是指在链式存储结构下的线性表中删除包含指定元素的结点。

为了在单链表中删除包含指定元素的结点，首先要在单链表中找到这个结点，然后将要删除结点放回到可利用栈。

【例 9.12】 假设可利用栈与单链表如图 9.12（a）所示。现在要在单链表中删除包含元素 x 的结点，其删除过程如下。

① 在单链表中寻找包含元素 x 的前一个结点，假定存在，并设该结点的存储序号为 p。

② 将结点 p 后的结点 q（q 即为包含元素 x 的结点）从单链表中删除，即让 p 的指针指向结点 q 的后继的结点。

经过上述两步后，单链表如图 9.12（b）所示

③ 最后将包含元素 x 的结点 q 送回可利用栈。经过这一步后，可利用栈的状态如图 9.12(c)所示。

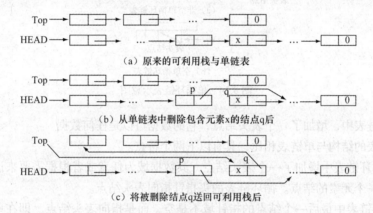

（a）原来的可利用栈与单链表

（b）从单链表中删除包含元素x的结点q后

（c）将被删除结点q送回可利用栈后

图 9.12　单链表的删除运算示意图

由单链表的删除过程可看出，在单链表中删除一个元素后，不需要移动数据元素，只需改变被删除元素所在结点的前一个结点的指针域即可。另外，由于可利用栈是用于收集计算机中所有的空闲结点，所以当从单链表中删除一个元素后，该元素的存储结点就变为空闲的，应将其送回到可利用栈中。

显然，在单链表中，插入与删除运算比较方便，但是，还存在一个问题，在运算过程中对于空表和对第一个结点的处理必须单独考虑，使空表与非空表的运算不统一。

（2）双向链表

对线性链表中的每一个结点设置两个指针域，一个称为左指针 Llink，用以指向其直接前驱结点；另一个称为右指针 Rlink，用以指向其直接后继结点。结点存储结构如图 9.13（a）所示。这样的线性链表称为双向链表，其逻辑结构如图 9.13（b）所示。

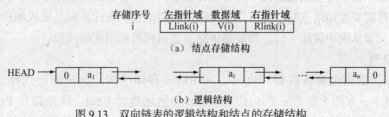

（a）结点存储结构

（b）逻辑结构

图 9.13　双向链表的逻辑结构和结点的存储结构

为了克服单链表的这个缺点，可以采用另一种链接方式，即循环链表（Circular Linked List）的结构。

（3）循环链表

单链表上的访问是一种顺序访问，从其中某一个结点出发，可以找到它的直接后继，但无法找到它的直接前驱。因此，我们可以考虑建立这样的链表，具有单链表的特征，但又不需要增加额外的存储空间，仅对表的链接方式稍作改变，使得对表的处理更加方便灵活。从单链表可知，最后一个结点的指针域为 NULL 表示单链表已经结束。如果将单链表最后一个结点的指针域改为存放链表中头结点（或第一个结点）的地址，就使得整个链表构成一个环，称这种链表为单循环链表。

单循环链表的逻辑结构如图 9.14 所示。

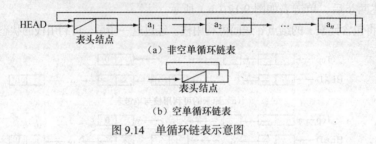

（a）非空单循环链表

（b）空单循环链表

图 9.14　单循环链表示意图

在单循环链表中，增加了一个表头结点，它的数据可以是任何数据。

单循环链表的结构与单链表相比，具有以下两个特点。

① 在单循环链表中增加了一个表头结点，其数据域为任意或者根据需要来设置，指针域指向线性表的第一个元素的结点。循环链表的头指针指向表头结点。

② 单循环链表中最后一个结点的指针域不是空，而是指向表头结点。即在单循环链表中，所有结点的指针构成了一个环状链。

2. 链式栈

栈也是线性表，也可以采用链式存储结构。栈的链式存储结构，称为链式栈（也称链栈）。是一种限制运算的链表，即规定链表中的插入和删除运算只能在链表的开头进行。

链栈逻辑结构如图 9.15 所示。其中 Top 为链栈的栈顶指针，相当线性表的头指针 HEAD。插入和删除运算均是通过 Top 实现的。

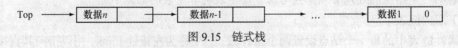

图 9.15　链式栈

在实际应用中，带链的栈可以用来收集计算机存储空间中所有空闲的存储结点，这种带链的栈称为可利用栈。由于可利用栈链接了计算机存储空间中所有空闲的存储结点，因此，当计算机系统或用户程序需要存储结点时，就可以从中取出栈顶结点；当计算机系统或用户程序释放一个存储结点（该元素从表中删除）时，则要将该结点放回到可利用栈的栈顶。

3. 链式队列

与栈类似，队列也是线性表，也可以采用链式存储结构。队列的链式存储，称为链队列。在链队列中，有两个指针：队头指针 Front 和队尾指针 Rear。队头指针 Front 指向链队列中最先入队的元素所在的结点；队尾指针 Rear 指向最后入队元素所在的结点，它没有后继结点。

【例 9.13】　带链队列的逻辑结构如图 9.16（a）所示。若要将新结点 p 入队，则先需将 Rear 的指针域改为 p，再将 p 作为 Rear，入队后的队列如图 9.16（b）所示。若再要将队头结点 q 出队，则只需将 Front 改为 q 的后继结点即可，出队后的队列如图 9.16（c）所示。

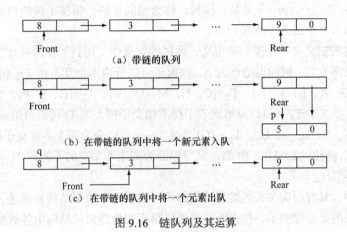

图 9.16　链队列及其运算

9.4　树与二叉树

9.4.1　树的基本概念

1. 树的图形表示

树（tree）是一种简单的非线性结构。在树这种数据结构中，所有数据元素之间的关系具有明显的层次关系。它可以用图形的方式清晰地表示出来。

图 9.17 所示为一棵一般树的图形表示。

由图中可以看出，在用图形表示树这种数据结构时，很像自然界中的树，只不过是一棵倒立的树，因此，这种数据结构就用树来命名。

在树的图形表示中，总是认为在用直线连接起来的两端结点中，上端结点是前驱，下端结点是后继，这样，表示逻辑关系的箭头可以省略。由图 9.17 可以看出，一个结点最多只有一个直接前驱，除了最下层结点外，其他结点可以有一个或多个直接后继。所以树是一种一对多的非线性结构。

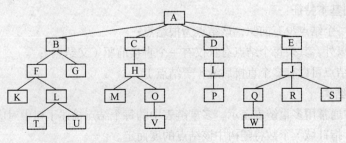

图 9.17　树的图形表示

2. 树的定义

树是由 n（$n \geq 0$）个结点组成的有限集合。若 $n=0$，称为空树；若 $n>0$，则：

① 有一个特定的称为根（root）的结点，它只有直接后继，但没有前驱；

② 除根结点以外的其他结点可以划分为 m（$m \geq 0$）个互不相交的有限集合 T_0，T_1，…，T_{m-1}，每个集合 T_i（$i=0$，1，…，$m-1$）又是一棵树，称为根的子树，每棵子树的根结点有且仅有一个直接前驱，但可以有 0 个或多个直接后继。

由此可知，树的定义是一个递归的定义，即树的定义中又用到了树的概念。

树的结构参见图 9.17。树的根结点为 A，该树还可以分为四个互不相交子树 T_1，T_2，T_3，T_4，其中 $T_1=\{B, F, G, K, L, T, U\}$，$T_2=\{C, H, M, O, V\}$，$T_3=\{D, I, P\}$，$T_4=\{E, J, Q, R, S, W\}$，而 T_1，T_2，T_3，T_4 又可以分解成若干棵不相交子树。如 T_1 可以分解成 T_{11}，T_{12} 两个不相交子集，$T_{11}=\{F, K, L, T, U\}$，$T_{12}=\{G\}$，而 T_{11} 又可以分为两个不相交子树 T_{111}，T_{112}，其中，$T_{111}=\{K\}$，$T_{112}=\{L, T, U\}$，而 T_{112} 又可以分为两个不相交的子树和 T_{1121}，T_{1122}，其中，$T_{1121}=\{T\}$，$T_{1122}=\{U\}$。

在现实世界中，具有层次关系的数据结构都可以用树这种数据结构来描述。在所有的层次关系中，人们最熟悉的是血缘关系，按血缘关系可以很直观地理解树结构中各数据元素结点之间的关系，因此，在描述树结构时，也经常使用血缘关系中的一些术语。

下面就介绍几个与树相关的基本术语。

3. 几个基本术语

① 结点：指树中的一个数据元素。

② 结点的度和树的度：一个结点包含子树的数目（即后继的个数），称为该结点的度。树中结点度的最大值称为树的度。在图 9.17 中，结点 A 的度为 4，结点 F 的度为 2，树的度为 4。

③ 根结点和叶子结点：没有前驱的结点称为根结点；没有后继（度为 0）的结点，称为叶子结点或树叶，也叫终端结点。在图 9.17 中，A 为根结点，K、T、U、G、M、V、P、W、R 和 S 为叶子结点。

④ 子结点和父结点：若结点有子树，则子树的根结点为该结点的子结点，也称为孩子、儿子、子女等；而该结点为子树根结点的父结点。在图 9.17 中，F 的子结点为 K 和 L，而 K 和 L 的父结点为 F。

⑤ 分枝结点：除叶子结点外的所有结点，为分枝结点，也叫非终端结点。在图 9.17 中，分枝结点有 A、B、C、D、E、F、H、I、J、L、O 和 Q。

⑥ 结点的层数和树的高度（深度）：根结点的层数为 1，其它结点的层数为从根结点到该结点所经过的分支数目再加 1。树中结点所处的最大层数称为树的高度，如空树的高度为 0，只有一个根结点的树高度为 1。在图 9.17 中，结点 F 的层数是 3，树的高度是 5。

4. 树的基本特征

树应满足下列基本特征：

① 有且仅有一个结点没有前驱，该结点为根结点；

② 除根结点以外，其余每个结点有且仅有一个直接前驱（父结点）；

③ 树中每个结点可以有多个直接后继（子结点）。

5. 树的存储结构

树在计算机中通常用多重链表表示。多重链表中的每个结点描述了树中对应结点的信息，而每个结点的链域（指针域）个数将随树中该结点的度而定。

树的一般结构如图 9.18 所示。其中 $link_i$ 表示指向该结点的第 i 个子结点的指针域。

value（值）	degree（度）	link₁	link₂	…	linkₙ

图 9.18　树链表中的结点结构

在表示树的多重链表中，由于树中每个结点的度一般是不同的，因此，多重链表中各结点的链域个数也就不同，这将导致对树进行处理的算法很复杂。如果用定长的结点来表示树中和每个结点，即取树的度作为每个结点的链域个数，这就可以使对树的各种处理算法大大简化。但在这种情况下，容易造成存储空间的浪费，因为有可能在很多结点中存在空链域。后面介绍的二叉树会给处理带来方便。

9.4.2　二叉树及其基本性质

1. 二叉树的定义
二叉树（binary tree）是一种很有用的非线性结构。二叉树不同于树结构，但它与树结构很相似，并且树结构中的所有术语都可以用到二叉树这种数据结构上。

和树结构定义类似，二叉树的定义也可用递归形式给出：

二叉树是 n（$n \geq 0$）个结点的有限集，它或者是空集（$n=0$），或者由一个根结点及两棵不相交的左子树和右子树组成，且左右子树均为二叉树。

2. 二叉树的特点
① 非空二叉树只有一个根结点；

② 每个结点最多有两棵子树，且分别称为该结点的左子树与右子树。或者说，在二叉树中，不存在度大于 2 的结点，并且二叉树是有序树（树为无序树），其子树的顺序不能颠倒。

因此，非空二叉树有四种不同的形态，如图 9.19 所示。图 9.19（a）所示为只有一个结点构成的二叉树；图 9.19（b）所示为该二叉树中根结点有一个右子结点；图 9.19（c）所示为该二叉树中根结点有一个左子结点，由于二叉树是有序树，因此，图 9.19（b）和图 9.19（c）中的两棵二叉树是不同的；图 9.19（d）所示为该二叉树即有一个左子结点，又有一个右子结点。

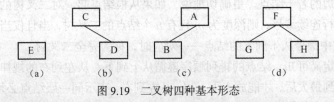

图 9.19　二叉树四种基本形态

3. 二叉树的基本性质
性质 1　若二叉树的层数从 1 开始，则二叉树的第 m 层结点数，最多为 2^{m-1} 个（$m > 0$）。

根据二叉树的特点，这个性质是显然的。

性质 2　深度（高度）为 k 的二叉树最大结点数为 2^k-1（$k > 0$）。

证明： 深度为 k 的二叉树，若要求结点数最多，则必须每一层的结点数都最多，由性质 1 可知，最大结点数应为每一层最大结点数之和。即为 $2^0+2^1+\cdots+2^{k-1}=2^k-1$。

性质 3　对任意一棵二叉树，如果叶子结点个数为 n_0，度为 2 的结点个数为 n_2，则有 $n_0=n_2+1$。即度为 0 的结点总是比度为 2 的结点多一个。

证明： 设二叉树中度为 1 的结点个数为 n_1，根据二叉树的定义可知，该二叉树的结点数 $n=n_0+n_1+n_2$。又因为在二叉树中，度为 0 的结点没有子结点，度为 1 的结点有 1 个子结点，度为 2

的结点有 2 个子结点，故该二叉树的子结点数为 $n_0*0+n_1*1+n_2*2$，而一棵二叉树中，除根结点外所有结点都为子结点，故该二叉树的结点数应为子结点数加 1 即：$n=n_0*0+n_1*1+n_2*2+1$。

因此，有 $n=n_0+n_1+n_2=n_0*0+n_1*1+n_2*2+1$，最后得到 $n_0=n_2+1$。

性质 4 具有 n 个结点的二叉树，其深度至少为 $[\log_2 n]+1$。

这个性质可以由性质 2 直接得到。

为继续给出二叉树的其他性质，先定义两种特殊的二叉树。

4．满二叉树与完全二叉树

（1）满二叉树

所谓满二叉树是指这样的一种二叉树：除最后一层外，每一层上的所有结点都有两个子结点。这就是说，在满二叉树中，每一层上的结点数都达到最大值，即在满二叉树的第 m 层上有 2^{m-1} 个结点，且深度为 k 的满二叉树具有 2^k-1 个结点。

【例 9.14】 图 9.20（a）、图 9.20（b）和图 9.20（c）所示分别为深度为 2、3 和 4 的满二叉树。

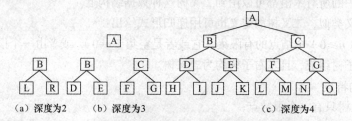

（a）深度为2　　（b）深度为3　　　　　　（c）深度为4

图 9.20　满二叉树

从上面满二叉树定义可知，必须是二叉树的每一层上的结点数都达到最大，否则就不是满二叉树。所以，满二叉树的叶子在最底层。

（2）完全二叉树

所谓完全二叉树是指这样的二叉树：除最后一层外，每一层上的结点数均达到最大值；在最后一层上只缺少右边的若干结点。更确切地说，如果从根结点起，对二叉树的结点自上而下、自左至右用自然数进行连续编号，则深度为 m 且有 n 个结点的二叉树，当且仅当其每一结点都与深度为 m 的满二叉树中编号从 1 到 n 的结点一一对应时，称为完全二叉树。

从完全二叉树定义可知，结点的排列顺序遵循从上到下、从左到右的规律。所谓从上到下，表示本层结点数达到最大后，才能放入下一层。从左到右，表示同一层结点必须按从左到右排列，若左边空一个位置时不能将结点放入右边，进而，由于该层没有达到最大，所以，也不能向下层放入。因此，完全二叉树的叶子可以在最下面两层。

【例 9.15】 深度为 3 的满二叉树和完全二叉树如图 9.21 所示。

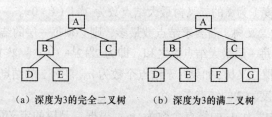

（a）深度为3的完全二叉树　　　（b）深度为3的满二叉树

图 9.21　深度为 3 的满二叉树和完全二叉树

从满二叉树及完全二叉树定义还可以知道，满二叉树一定是一棵完全二叉树，反之完全二叉树不一定是一棵满二叉树。满二叉树的叶子结点全部在最底层，而完全二叉树的叶子结点可以分布在最下面两层。

性质 5　具有 n 个结点的完全二叉树深度为 $INT(\log_2 n)+1$。

 $INT(x)$ 表示取不大于 x 的最大整数，也叫做对 x 向下取整。

证明：设该完全二叉树高度为 k，则该二叉树的前面 k-1 层为满二叉树，共有 2^{k-1}-1 个结点，而该二叉树具有 k 层，第 k 层至少有 1 个结点，最多有 $2k$-1 个结点。因此有下面的不等式成立：

（2^{k-1}–1）+1≤n≤（2^{k-1}-1）+2^{k-1}，即有 2^{k-1}≤n≤2^k-1。

由式子后半部分可知，n≤2^k-1…①

由式子前半部分可知，2^{k-1}≤n…②

由①有 $n+1$≤2^k，同时取对数得：$\log_2(n+1)$≤k

由②有 2^{k-1}≤n，同时取对数得：k≤$\log_2 n+1$，即 $k=INT(\log_2 n)+1$，即结论成立，证毕。

性质 6　如果将一棵有 n 个结点的完全二叉树从上到下，从左到右对结点编号 1，2，…，n，然后按此编号将该二叉树中各结点顺序地存放于一个一维数组中，并简称编号为 j 的结点为 $j(1\leq j\leq n)$，则有如下结论成立：

① 若 $j=1$，则结点 j 为根结点，无父，否则 j 的父为 $INT(j/2)$；

② 若 $2j\leq n$，则结点 j 的左子女为 $2j$，否则无左子女；

③ 若 $2j+1\leq n$，则结点 j 的右子女为 $2j+1$，否则无右子女；

④ 结点 j 所在层数为 $INT(\log_2 j)+1$。

9.4.3　二叉树的存储结构

在计算机中，二叉树通常采用链式存储结构。

与线性链表类似，用于存储二叉树中各元素的存储结点也由两部分组成：数据域与指针域。但在二叉树中，由于每一个元素可以有两个后继（即左右子结点），因此，用于存储二叉树的存储结点的指针域有两个：一个用于指向该结点的左子结点的存储地址，称为左指针域；另一个用于指向该结点的右子结点的存储地址，称为右指针域。由于二叉树的存储结构中每一个存储结点有两个指针域，因此，二叉树的链式存储结构也称为二叉链表。

图 9.22 所示为二叉树存储结点结构示意图。其中，L(i)为结点 i 的左子结点的存储地址；R(i)为结点 i 的右子结点的存储地址；V(i)为结点 i 的数据域。

	Lchild	Value	Rchild
i	L(i)	V(i)	R(i)

图 9.22　二叉树存储结点结构

【例 9.16】　图 9.23（a）所示的一棵二叉树，它的二叉链表的逻辑结构和物理结构分别如图 9.23（b）和图 9.23（c）所示。

其中 BT 称为二叉链表的头指针，用于指向二叉树的根结点（即存放二叉树根结点的存储地址）。

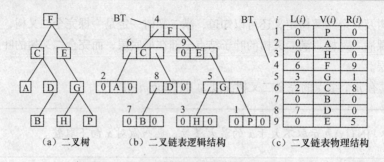

i	L(i)	V(i)	R(i)
1	0	P	0
2	0	A	0
3	0	H	0
4	6	F	9
5	3	G	1
6	2	C	8
7	0	B	0
8	0	D	0
9	0	E	5

（a）二叉树　　　（b）二叉链表逻辑结构　　　（c）二叉链表物理结构

图 9.23　二叉树的链式存储结构

对于一棵二叉树，若采用二叉链表存储时，当二叉树为非完全二叉树时，比较方便，若为完全二叉树时，将会占用较多存储单元（存放地址的指针）。若一棵完全二叉树有 n 个结点，采用二叉链表作存储结构时，共有 $2n$ 个指针域，其中只有 $n-1$ 个指针指向左右子结点，其余 $n+1$ 个指针为空，没有发挥作用，被白白浪费掉了。因此，对于满二叉树与完全二叉树来说，根据完全二叉树的性质 6，可以按层序进行顺序存储，这样，不仅节省了存储空间，又能方便地确定每一个结点的父结点与左右子结点的位置，但顺序存储结构对于一般的二叉树不适用。

9.4.4　二叉树的遍历

所谓遍历二叉树，就是遵从某种次序，访问二叉树中的所有结点，使得每个结点被且仅被访问一次。

由于二叉树是一种非线性结构，每个结点可能有一个以上的直接后继，因此，必须规定遍历的规则，并按此规则遍历二叉树，最后得到二叉树所有结点的一个序列。令 L，R，D 分别代表二叉树的左子树、右子树、根结点，则遍历二叉树有 6 种规则：DLR、DRL、LDR、LRD、RDL、RLD。若规定二叉树中必须先左后右（左右顺序不能颠倒），则只有 DLR、LDR、LRD 三种遍历规则。DLR 称为前根遍历（或前序遍历、先序遍历、先根遍历），LDR 称为中根遍历（或中序遍历），LRD 称为后根遍历（或后序遍历）。

1. 前根遍历

所谓前根遍历，就是根结点最先访问，其次遍历左子树，最后遍历右子树。并且，在遍历左、右子树时，仍然先访问根结点，然后遍历左子树，最后遍历右子树。因此，前根遍历二叉树的过程是一个递归的过程。

前根遍历二叉树的递归遍历算法描述为：

若二叉树为空，则算法结束；否则

① 输出根结点；

② 前根遍历左子树；

③ 前根遍历右子树。

在此特别注意的是，在遍历左右子树时仍然采用前根遍历的方法。

2. 中根遍历

所谓中根遍历，就是根在中间，先遍历左子树，然后访问根结点，最后遍历右子树。并且，在遍历左、右子树时，仍然先遍历左子树，然后访问根结点，最后遍历右子树。因此，中根遍历二叉树的过程是一个递归的过程。

中根遍历二叉树的递归遍历算法描述为：

若二叉树为空，则算法结束；否则

① 中根遍历左子树；

② 输出根结点；

③ 中根遍历右子树。

在此特别注意的是，在遍历左右子树时仍然采用中根遍历的方法。

3. 后根遍历

所谓后根遍历，就是根在最后，即先遍历左子树，然后遍历右子树，最后访问根结点。并且，在遍历左、右子树时，仍然先遍历左子树，然后遍历右子树，最后访问根结点。因此，后根遍历二叉树的过程是一个递归的过程。

后根遍历二叉树的递归遍历算法描述为：

若二叉树为空，则算法结束；否则

① 后根遍历左子树；

② 后根遍历右子树；

③ 输出根结点。

在此特别注意的是，在遍历左右子树时仍然采用后根遍历的方法。

【例 9.17】 可以利用上面介绍的遍历算法，写出如图 9.23（a）所示二叉树的三种遍历序列为：

先序遍历线性表：FCADBEGHP

中序遍历线性表：ACBDFEHGP

后序遍历线性表：ABDCHPGEF

9.5 查　　找

查找，也称为检索，是数据处理领域中的一个重要内容，查找效率将直接影响到数据处理的效率。

所谓查找，就是根据给定的值，在一个线性表中查找出等于给定值的数据元素，若线性表中有这样的元素，则称查找是成功的，此时查找的信息为给定整个数据元素的输出或指出该元素在线性表中的位置；若线性表中不存在这样的元素，则称查找是不成功的，或称查找失败，并可给出相应的提示。

因为查找是对已存入计算机中的数据进行的操作，所以采用何种查找方法，首先取决于使用哪种数据结构来表示线性表，即线性表中结点是按何种方式组织的。为了提高查找速度，我们经常使用某些特殊的数据结构来组织线性表。因此在研究各种查找算法时，我们首先必须弄清这些算法所要求的数据结构，特别是存储结构。

要衡量一种查找算法的优劣，主要是看要找的值与表中元素之间的比较次数，但我们将用给定值与表中元素的比较次数的平均值来作为衡量一个查找算法好坏的标准。

9.5.1 顺序查找

1. 顺序查找的基本思想

顺序查找是一种最简单的查找方法。它的基本思想是：从线性表的一端开始，顺序扫描线性表，依次将扫描到的表中元素和待找的值K相比较，若相等，则查找成功，若整个线性表扫描完毕，仍未找到等于K的元素，则查找失败。顺序查找既适用于顺序表，也适用于链表。若用顺序表，查找可从前往后扫描，也可从后往前扫描，但若采用单链表，则只能从前往后扫描。另外，顺序查找的线性表中元素可以是无序的。

2．顺序查找性能分析

在进行从前往后扫描的顺序查找过程中，如果线性表中的第一个元素就是被查找元素，则只需要做一次比较就查找成功，查找效率最高；但如果被查的元素是线性表中最后一个元素，或者被查找元素根本不在线性表中，则为了查找这个元素需要与线性表中所有的元素进行比较，这是顺序查找最坏的情况。在平均情况下，利用顺序查找法在线性表中查找一个元素，大约要与线性表中一半的元素进行比较。从后往前扫描性能与从前往后扫描性能一样。

由此可见，对于大的线性表来说，顺序查找的效率是很低的。虽然顺序查找的效率不高，但在下列两种情况下也只能采用顺序查找：

① 如果线性表是无序表（即表中元素的排列是无序的），则不管是顺序存储结构还是链式存储结构，都只能用顺序查找；

② 即使是有序线性表，如果采用链式存储结构，也只能用顺序查找。

9.5.2　二分法查找

1．二分查找的基本思想

二分查找，也称折半查找或减半查找，它是一种高效率的查找方法。但二分查找有条件限制：要求线性表必须是顺序存储结构，且表中元素必须有序，升序或降序均可，我们不妨假设表中元素为升序排列。

二分查找的基本思想如下：

① 将待查元素 K 与线性表中间位置元素进行比较，若相等，则查找成功，查找过程结束；

② 若 K 小于中间位置元素，则在线性表的前半部分（即中间位置之前的部分，不包括中间位置）以相同的方法进行查找；

③ 若 K 大于中间位置元素，则在线性表的后半部分（即中间位置之后的部分，不包括中间位置）以相同的方法进行查找。

每通过一次比较，区间的长度就缩小一半，区间的个数就增加一倍，如此不断进行下去，直到找到表中元素为 K 的元素（表示查找成功）或当前的查找区间为空（表示查找失败）为止。

从上述查找思想可知，每进行一次表中元素比较，区间数目增加一倍，故称为二分（区间一分为二），而区间长度缩小一半，故也称为折半（查找的范围缩小一半）。

下面通过一个例题，进一步理解二分查找的思想。

【例 9.18】 假设给定有序表为（8，17，25，44，68，77，98，100，115，125），将查找 K=17 和 K=117 的情况分别描述为图 9.24 及图 9.25 所示的形式。

其中 L、H 和 M 分别为每次查找时的最低位置、最高位置和中间位置。因为，线性表中存在元素 17，所以图 9.24 所示为查找成功的情况，而线性表表中没有元素 117，所以图 9.25 所示为查找失败的情况。

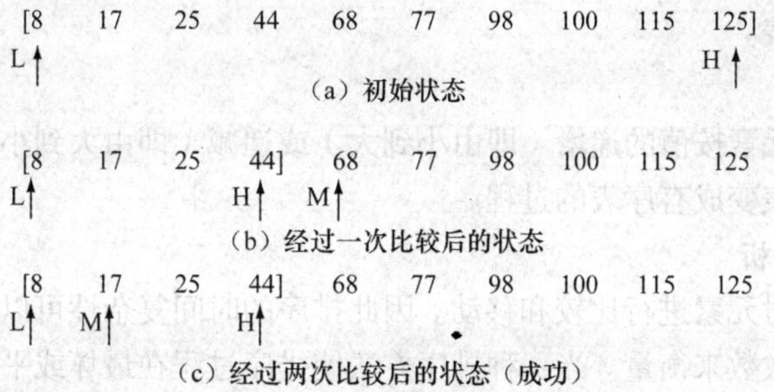

```
[8    17    25    44    68    77    98    100   115   125]
L↑                                            H↑
```
（a）初始状态

```
[8    17    25    44]   68    77    98    100   115   125
L↑             H↑  M↑
```
（b）经过一次比较后的状态

```
[8    17    25    44]   68    77    98    100   115   125
L↑    M↑       H↑
```
（c）经过两次比较后的状态（成功）

图 9.24　二分查找 17 的过程

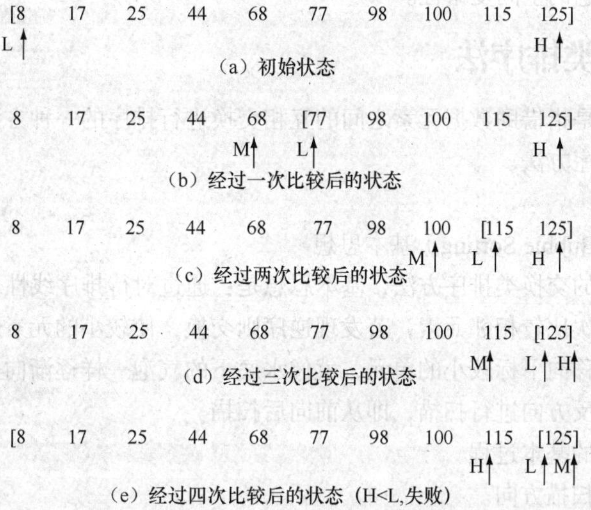

```
[8    17    25    44    68    77    98    100   115   125]
L↑                                            H↑
```
（a）初始状态

```
8     17    25    44    68    [77    98    100   115   125]
                             M↑    L↑              H↑
```
（b）经过一次比较后的状态

```
8     17    25    44    68    77    98    100   [115   125]
                                        M↑    L↑    H↑
```
（c）经过两次比较后的状态

```
8     17    25    44    68    77    98    100   115   [125]
                                              M↑   L↑H↑
```
（d）经过三次比较后的状态

```
[8    17    25    44    68    77    98    100   115   [125]
                                              H↑  L↑M↑
```
（e）经过四次比较后的状态（H<L,失败）

图 9.25　二分查找 117 的过程

2．二分查找的性能分析

显然，当线性表为顺序存储且元素有序时才能采用二分查找。但是，二分查找每次将规模（即查找范围缩减一半），且每次只与查找区间中间位置的元素进行比较，这样就大大减少了比较的次数，提高了查找效率。所以，二分查找的效率要比顺序查找高得多。

9.6　排　　序

9.6.1　基本概念

排序（Sorting）也是数据处理中一种很重要的运算，同时也是很常用的运算。

在讨论各种排序技术之前，先明确几个概念。

1．有序表与无序表

如果一个线性表的所有元素是按值的递增或递减次序排列的，则该线性表称为有序表，相应地，若线性表中的元素是杂乱无章的，则此线性表称为无序表。

2．正序表与逆序表

若有序表是按升序排列的，则称为升序表或正序表，否则称为降序表或逆序表。不失普遍性，我们一般只讨论正序表。

3. 排序

排序就是把一组元素按值的递增（即由小到大）或递减（即由大到小）的次序重新排列的过程，即排序是将无序表变成有序表的过程。

4. 排序的性能分析

排序过程主要是对元素进行比较和移动。因此排序的时间复杂性可以根据算法执行中的数据比较次数及数据移动次数来衡量。当一种排序方法使排序过程在最坏或平均情况下所进行的比较和移动次数越少，则认为该方法的时间复杂性就越好，分析一种排序方法，不仅要分析它的时间复杂性，而且要分析它的空间复杂性。

9.6.2 交换类排序法

所谓交换排序法是指借助数据元素之间的互相交换进行排序的一种方法。冒泡排序法与快速排序法都属于交换排序方法。

1. 冒泡排序

（1）冒泡排序（Bubble Sorting）基本思想

它是一种最简单的交换类排序方法，基本思想是：通过对待排序线性表从后向前，即从下标较大的元素开始，依次比较相邻元素，若发现逆序则交换，使较小的元素逐渐从后部移向前部，即从下标较大的单元移向下标较小的单元，就像水底下的气泡一样逐渐向上冒。

同理，也可按相反方向进行扫描，即从前向后扫描。

（2）冒泡排序法的基本过程

冒泡排序有两种扫描方向。

① 从后向前扫描。

从后向前扫描线性表，在扫描过程中逐次比较相邻两个元素的大小。若相邻两个元素中，后面的元素小于前面的元素，则将它们互换，这样就消去了一个逆序。显然，在扫描过程中不断地将两相邻元素中的小者往前移动，最后就将线性表中的最小者换到了表的最前面，这是线性表中最小元素应在的位置。（即每次比较后，都将该次比较元素中的最小者移到此次参与比较元素的最前面。）

② 从前向后扫描。

从表头开始往后扫描线性表，在扫描过程中逐次比较相邻两个元素的大小。若相邻两个元素中，后面的元素小于前面的元素，则将它们互换，这样就消去了一个逆序。显然，在扫描过程中不断地将两相邻元素中的大者往后移动，最后就将线性表中的最大者换到了表的最后面，这是线性表中最大元素应在的位置。（即每次比较后，都将该次比较元素中的最大者移到此次参与比较元素的最后面。）

然后，无论是按照哪个方向扫描，对剩下的子表都按照同一方向重复上述过程，直到剩下的线性表变空为止，此时的线性表已经变为有序表。

在上述排序过程中，对线性表的每一次从前向后扫描后，都将其中的最大者沉到了表的底部，故称为下沉排序；从后向前扫描后，最小者像气泡一样冒到表的前面，冒泡排序由此而得名。

下面通过一个例题进一步理解冒泡排序的过程。

【例 9.19】 假定待排序线性表为：（17，3，25，14，20，9）。下面用图 9.26 分别给出从前往后和从后往前扫描的冒泡排序法的执行过程。

　　图 9.26（a）所示为从后往前扫描的冒泡排序过程，在第一趟排序时，首先 9 和 20 比较，由于逆序，所示互换，接着 9 和 14 比较，由于逆序，所以互换，接着 9 和 25 比较，仍然逆序，继续互换，接下来 9 和 3 比较，由于正序，所示不变换，最后 3 和 17 比较，由于逆序，所示互换。这样，经过第一趟排序后，最小的元素 3 被放到第前面（即第一个位置）。依此类推，经过第二趟排序后，第二小的元素 9 被放到第二个位置，…，经过第五趟比较后，第五小的元素被放到第五个位置上，最后一个（也就是最大的）元素被放最后一个位置。图 9.26（b）所示为从前往后扫描的冒泡排序过程，在每一趟排序后，找出的是最大的元素，放在该次比较的所有元素的最后位置，然后在剩余元素中再找最大的元素，依此类推，直到剩余两个元素排序结束为止。

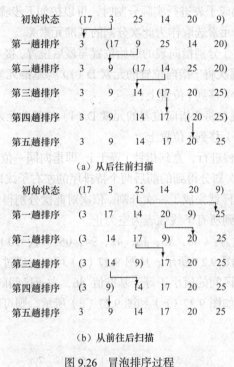

（a）从后往前扫描

（b）从前往后扫描

图 9.26　冒泡排序过程

　　（3）性能分析

　　从冒泡排序的思想可以看出，若待排序的元素为正序，则只需进行一趟排序，比较次数为（n-1）次，移动元素次数为 0；若待排序的元素为逆序，则需进行 n-1 趟排序，比较次数为（n^2-n)/2，移动次数为 3(n^2-n)/2，因此冒泡排序算法的时间复杂度为 O（n^2）。由于其中的元素移动较多，所以速度较慢。

　　（4）冒泡排序的缺点

　　在冒泡排序中，由于在扫描过程中只对相邻两个元素进行比较，因此，在互换两个相邻元素时只能消除一个逆序。如果通过两个（不是相邻的）元素交换，能够消除线性表中的多个逆序，就会大大加快排序的速度。显然，为了通过一次交换以消除多个逆序，就不能像冒泡排序那样以相邻两个元素进行比较，因为这只能使相邻两个元素进行交换，从而只能消除一个逆序。下面介绍的快速排序法可以实现通过一次交换而消除多个逆序。

　　2. 快速排序

　　（1）快速排序（Quick Sorting）基本思想

　　快速排序也是一种交换类的排序方法，但由于它比冒泡排序法的速度快，因此称之为快速排序法。它的基本思想是：任取待排序线性表中的某个元素作为基准元素（一般取第一个元素），通过一趟排序，将待排元素分为左右两个子表，左子表元素均小于或等于基准元素，右子表元素则大于基准元素，这个过程称为分割。通过对线性表的一次分割，就以基准元素为分界线，将线性表分成了前后两个子表。然后分别对两个子表按照上述原则继续进行分割，并且，这个过程可以一直执行下去，直至所有子表为空为止，则此时的线性表就变成了有序表。由此可见，快速排序法的关键是对线性表进行分割，以及对分割出来的各子表再进行分割。

　　（2）快速排序的过程

　　在对线性表 D(left:right) 或子表进行实际分割时，可以按如下步骤进行。

　　首先，将表中的第一个元素选取作为此次分割的基准元素 X。

　　然后设置两个指针 i 和 j 分别指向表的起始位置与最后位置，接着，反复执行以下两步操作：

　　① 将 j 逐渐减小，并逐次将 j 指向位置的元素 D（j）与基准元素 X 进行比较，直到发现一个 D（j）<X 为止，将 D（j）移到 i 位置上；

　　② 将 i 逐渐增大，并逐次将 i 指向位置的元素 D（i）与基准元素 X 进行比较，直到发现一个 D（i）>X 为止，将 D（i）移到 j 位置上。

　　上述①、②两个操作交替进行，直到指针 i 等于 j，即指向同一位置为止，此位置就是基准元素 X 最终被存放的位置。此次划分得到的前后两个待排序的左右子线性表分别为 D（left）~D（i-1）和 D（i+1）~D（right）。这样就完成了一次分割，依次对此次分割得到的两个子线性表按上述同样的分割过程继续下去，直到所有子线性表为空为止。

　　【例 9.20】给定线性表为：（46，55，13，42，94，05，17，70），现用快速排序的方法对其进行排序，具体分割过程如图 9.27 所示。从图 9.27（a）可知，通过一次分割，将一个区间以基准值分成两个子区间，左子区间的值小于等于基准值 46，右子区间的值大于基准值 46。对剩下的子区间重复此分割步骤，如图 9.27（b）和图 9.27（c）所示，则可以得到快速排序的结果，如图 9.27（d）所示。

```
(46    55    13    42    94     5    17    70)
 i↑                                  j↑
(46    55    13    42    94     5    17    70)
 i↑                               J↑
(17    55    13    42    94           46    70)
     i↑                           J↑
(17    46    13    42    94     5     55    70)
     i↑                        j↑
(17     5    13    42    94          46    55    70)
          i↑                   j↑
(17     5    13    42    94          46    70)
             i↑                j↑
(17     5    13    42    94          46    55    70)
                i↑             j↑
(17     5    13    42    94)          46   (55   70)
                i↑↑j↑
```
（a）第一次分割过程

```
(13    5)    17    (42    94)    46    (55    70)
```
（b）对左子线性表第一次分割后结果

```
 5    13    17    (42    94)    46    (55    70)
```
（c）对最左子线性表分割后结果

```
 5    13    17    42    94    46    55    70
```
（d）最后排序结果

图 9.27　快速排序过程

（3）性能分析

快速排序是对冒泡排序的一种改进方法，算法中元素的比较和交换是从两端向中间进行的，较大的元素一次就能够交换到后面子表中，较小的元素一次就能够交换到前面子线性表中，元素每次移动的距离较远，因而总的比较和移动次数都较少。所以，排序速度比冒泡排序快，效率也比冒泡排序高。

9.6.3　插入类排序法

冒泡排序法与快速排序法本质上都是通过数据元素的交换来逐步消除线性表中的逆序。本小节讨论另一类排序的方法，即插入类排序法。所谓插入排序，是指将无序线性表中的各元素依次插入到已经有序的线性表中。

1．直接插入排序（也叫简单插入排序）

（1）直接插入排序（Straight Insertion Sorting）的基本思想

把 *n* 个待排序的元素看成为一个有序表和一个无序表，开始时有序表中只包含一个元素，无序表中包含有 *n*-1 个元素，排序过程中每次从无序表中取出一个元素，把它依次与有序表元素进行比较，将它插入到有序表中的适当位置，使之成为新的有序表。

（2）直接插入排序的过程

一般来说，假设线性表中前 *i*-1 个元素已经有序，现在要将线性表中第 *i* 个元素插入到前面已经有序的子表中，插入过程如下：

首先，将第 *i* 个元素放到一个变量 X 中，然后从有序表的最后一个元素（即线性表中第 *i*-1 个元素）开始，往前逐个与 X 比较，将大于 X 的元素均依次向后移动一个位置，直到发现一个元素不大于 X 为止，此时就将 X（即原线性表中第 i 个元素）插入到刚移出的空位置上，有序子表的长度就变为 *i* 了。

下面通过例题进一步理解直接插入排序的过程。

【例 9.21】 给定无序表（5，1，7，3，1，6，9，4，2，8），现使用直接排序法对其进行排序，过程如图 9.28 所示。

```
5    1    7    3    1    6    9    4    2    8
     ↑ i=2
1    5    7    3    1    6    9    4    2    8
          ↑ i=3
1    5    7    3    1    6    9    4    2    8
               ↑ i=4
1    3    5    7    1    6    9    4    2    8
                    ↑ i=5
1    1    3    5    7    6    9    4    2    8
                         ↑ i=6
1    1    3    5    6    7    9    4    2    8
                              ↑ i=7
1    1    3    5    6    7    9    4    2    8
                                   ↑ i=8
1    1    3    4    5    6    7    9    2    8
                                        ↑ i=9
1    1    2    3    4    5    6    7    9    8
                                             ↑ i=10
1    1    2    3    4    5    6    7    8    9
```

图 9.28　直接插入排序的过程

（3）性能分析

从上面的叙述可以看出，直接插入排序算法十分简单。那么它的效率如何呢？首先从空间来看，它只需要一个元素的辅助空间，用于元素的位置交换。从时间分析，首先需要进行 $n-1$ 次插入操作，每次插入最少比较一次（正序），移动两次；最多比较 i 次，移动 $i+2$ 次（逆序）（$i=1$，2，…，$n-1$），所以效率不高。

2. 希尔排序

（1）希尔排序（Shell Sort）基本思想

希尔排序又称为"缩小增量排序"。该方法的基本思想是：先将整个待排线性表分割成若干个子线性表（由相隔某个"增量"的元素组成的），然后对各子线性表分别进行直接插入排序，待整个线性表中的元素基本有序（增量足够小）时，再对全体元素进行一次直接插入排序。

（2）希尔排序过程

将相隔某个增量 h 的元素构成一个子序列。在排序过程中，逐次减小这个增量，最后当 h 减到 1 时进行一次插入排序，排序就完成。

增量序列一般取 $h_k=INT(n/2^k)$（$k=1$，2，3，…$\log_2 n$），其中 n 为待排线性表的长度。

【例 9.22】 给定线性表（7，19，24，13，31，8，82，18，44，63，5，29），采用希尔排序法对其进行排序，过程如图 9.29 所示。

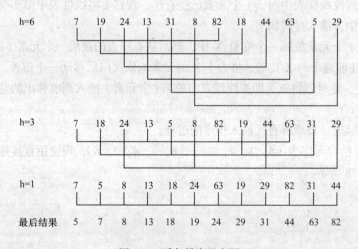

图 9.29　希尔排序示意图

其中 $n=12$，所以 $h_1=INT(n/2^k)=INT(12/2^1)=6$，$h_2=INT(n/2^k)=INT(12/2^2)=3$，$h_3=INT(n/2^k)=INT(12/2^3)=1$。第一次将相隔增量 6 的元素构成 6 个子序列（7，82）、（19，18）、（24，44）、（13，63）、（31，5）和（8，29），对各子序列进行插入排序得序列（7，82）、（18，19）、（24，44）、（13，63）、（5，31）和（8，29）。然后，第二次相隔增量 3 的元素构成子序列，进行插入排序，依此类推，最后，将相隔增量 1 所元素（即所有元素）进行一个插入排序，得到有序表。

（3）性能分析

在希尔排序过程中，虽然对于每一个子表采用的仍然是插入排序，但在子表中每进行一次比较就有可能移去线性表中的多个逆序，从而改善了整个排序过程的性能。因为直接插入排序在元素基本有序的情况下（接近最好情况），效率是很高的，因此希尔排序在时间效率上直接排序法有较大提高。

9.6.4　选择类排序法

1. 直接选择排序（又称简单选择排序）

（1）直接选择排序（straight select sorting）基本思想

直接选择排序也是一种简单的排序方法。它的基本思想是：扫描整个线性表，从中选出最小的元素，将它交换到表的最前面（这是它应在的位置），然后对剩下的子表采用同样的方法，直到子表为空。

（2）直接选择排序过程

对于长度为 n 的序列，选择排序需要扫描 $n-1$ 遍，每一遍扫描均从剩下的子表中选出最小的元素，然后将该元素与该子表中的第一个元素交换。

【例 9.23】给定线性表为：（8，3，2，1，7，4，6，5），则直接选择排序过程如图 9.30 所示。图中有方框元素是刚被选出来的元素。

首先，从前往后扫描给定线性表，找出最小元素 1，然后将它与第一个位置上的元素 8 进行互换，完成第一次选择排序。然后在剩余的元素中再找最小的元素 2，将它与 3 互换，完成第二次选择排序。依此类推，第七次选择排序时，是将剩余的最后两个元素进行比较排序，保证小的在前。这样，就将无序表排成了有序表。

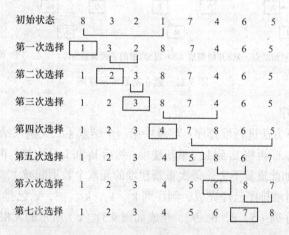

图 9.30　直接选择排序过程

（3）性能分析

在直接选择排序中，共需要进行 $n-1$ 次选择和交换，每次选择需要进行 $n-i$ 次比较（$1 \leq i \leq n-1$），而每次交换最多需 3 次移动，因此，总的比较次数 $C=(n^2-n)/2$，总的移动次数 $M=3(n-1)$。由此可知，直接选择排序的时间复杂度为 $O(n^2)$ 数量级，所以当记录占用的字节数较多时，通常比直接插入排序的执行速度要快一些。

2. 堆排序

（1）堆的定义

若有 n 个元素的序列（k_1，k_2，k_3，…，k_n），当且仅当满足如下条件：

① $\begin{cases} k_i \leq k_{2i} \\ k_i \leq k_{2i+1} \end{cases}$　或②$\begin{cases} k_i \geq k_{2i} \\ k_i \geq k_{2i+1} \end{cases}$

其中 $i=1$，2，…，INT($n/2$)

则称此 n 个元素的序列 k_1，k_2，k_3，…，k_n 为一个堆。

若将此序列按顺序组成一棵完全二叉树，则①称为小根堆（即二叉树的所有根结点值小于或等于左右子结点的值），②称为大根堆（即二叉树的所有根结点值大于或等于左右子结点的值）。本节只讨论满足条件②的大根堆。

若 n 个元素的序列 k_1，k_2，k_3，…，k_n 满足堆条件，且让结点按 1、2、3、…、n 顺序编号，根据完全二叉树的性质（若 i 为根结点，则左子结点为 2i，右子结点为 2i+1）可知，堆排序实际与一棵完全二叉树有关。若将初始线性表组成一棵完全二叉树，则堆排序可以包含建立初始堆（使序列变成能符合堆的定义的完全二叉树）和利用堆进行排序两个阶段。

（2）堆排序的基本思想

① 建立初始堆。

将序列 k_1，k_2，k_3，…，k_n 表示成一棵完全二叉树，然后从第 FIX(n/2) 个元素开始筛选，使由该结点作根结点组成的子二叉树符合堆的定义，然后从第 FIX(n/2)-1 个元素重复刚才操作，直到第一个元素为止。这时候，该二叉树符合堆的定义，初始堆已经建立。

【例9.24】 给定序列（5，8，6，9），建立初始堆过程如图9.31所示。

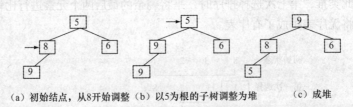

（a）初始结点，从8开始调整　（b）以5为根的子树调整为堆　　（c）成堆

图 9.31　建立初始堆示意图

② 利用堆进行排序。

接着，可以按如下方法进行堆排序：将堆中第一个结点（二叉树根结点）和最后一个结点的数据进行交换（k_1 与 k_n），再将 k_1 到 k_{n-1} 重新建堆，然后 k_1 和 k_{n-1} 交换，再将 k_1 到 k_{n-2} 重新建堆，然后 k_1 和 k_{n-2} 交换，如此重复下去，每次重新建堆的元素个数不断减1，直到重新建堆的元素个数仅剩一个为止。这时堆排序已经完成，则序列 k_1，k_2，k_3，…，k_n 已排成一个有序线性表。

【例9.25】 给定序列（5，8，6，9），建成如图9.31（c）所示的大根堆后，堆排序过程如图9.32所示。

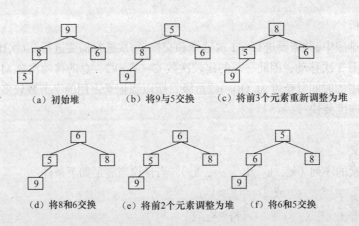

（a）初始堆　　　（b）将9与5交换　　（c）将前3个元素重新调整为堆

（d）将8和6交换　　（e）将前2个元素调整为堆　　（f）将6和5交换

图 9.32　利用堆进行排序的过程示意图

从图 9.32（e）可知，将其结果按完全二叉树形式输出，则得到结果为（5，6，8，9），即为堆排序的结果。

（3）性能分析

在整个堆排序中，共需要进行 $n+\text{INT}（n/2）-1$ 次筛选运算，每次筛选运算进行父结点和子结点的元素的比较和移动，次数都不会超过完全二叉树的深度，所以，每次筛选运算的时间复杂度为 $O（\log_2 n）$，故整个堆排序过程的时间复杂度为 $O（n\log_2 n）$。

习 题 九

一、选择题

1. 下列不是算法的基本特征的是（　　）。
    A. 稳定性　　　　　B. 可行性　　　　　　C. 确定性　　　　　　D. 有穷性
2. 下列不是算法中对数值数据的基本运算的是（　　）。
    A. 算术运算　　　　B. 字符运算　　　　　C. 逻辑运算　　　　　D. 关系运算
3. 下列不是算法的控制结构的是（　　）。
    A. 顺序结构　　　　B. 选择结构　　　　　C. 转移结构　　　　　D. 循环结构
4. 下列不是算法设计基本方法的是（　　）。
    A. 列举法　　　　　B. 归纳法　　　　　　C. 回溯法　　　　　　D. 演泽法
5. 算法的时间复杂度是指（　　）。
    A. 算法执行过程中所需要的基本运算次数　　B. 算法程序的长度
    C. 执行算法程序所需要的时间　　　　　　　D. 算法程序中的指令条数
6. 算法的空间复杂度是指（　　）。
    A. 算法程序所占的存储空间　　　　　　　　B. 算法执行过程中所需要的存储空间
    C. 算法程序中的指令条数　　　　　　　　　D. 算法程序和长度
7. 数据的存储结构是指（　　）。
    A. 数据所占的存储空间量　　　　　　　　　B. 数据在计算机中的顺序存储方式
    C. 数据的逻辑结构在计算机中的表示　　　　D. 存储在外存中的数据
8. 下列说法中不正确的是（　　）。
    A. 线性结构是指数据结构的逻辑结构
    B. 线性表可以有顺序存储结构和链式存储结构
    C. 栈和队列都是特殊的线性表
    D. 可利用栈是一种顺序存储结构的栈
9. 对长度为 n 的顺序表进行插入运算，在平均情况下所需要的移动次数为（　　）。
    A. $n/2$　　　　　　B. $n+1$　　　　　　　C. n　　　　　　　　D.（$n+1$）/2
10. 对长度为 n 的顺序表进行删除运算，在最坏情况下所需要的移动次数为（　　）。
    A. $n+1$　　　　　　B. $n-1$　　　　　　　C. n　　　　　　　　D. $n/2$
11. 下列关系队列的叙述中正确的是（　　）。
    A. 在队列中只能插入数据　　　　　　　　　B. 在队列中只能删除数据
    C. 队列是先进先出的线性表　　　　　　　　D. 队列是先进后出的线性表

12. 下列关于栈的叙述中正确的是（   ）。

    A. 在栈中只能插入数据　　　　　　　　B. 在栈中只能删除数据

    C. 栈是先进先出的线性表　　　　　　　D. 栈是先进后出的线性表

13. 下列叙述中不正确的是（   ）。

    A. 单链表插入时需先找到插入位置的结点

    B. 单链表删除时需先找到删除位置的前一个结点

    C. 线性链表插入时需从可利用栈取得一个结点

    D. 线性链表删除时需向可利用栈放回一个结点

14. 下列叙述中正确的是（   ）。

    A. 二叉树是线性结构　　　　　　　　　B. 线性表是线性结构

    C. 栈与队列是非线性结构　　　　　　　D. 线性链表是非线性结构

15. 在二叉树的第3层上最多的结点数是（   ）。

    A. 3　　　　　　　　B. 8　　　　　　　　C. 4　　　　　　　　D. 7

16. 深度为3的二叉树具有最多的结点数是（   ）。

    A. 3　　　　　　　　B. 8　　　　　　　　C. 4　　　　　　　　D. 7

17. 有8个结点的二叉树的深度至少为（   ）。

    A. 4　　　　　　　　B. 3　　　　　　　　C. 2　　　　　　　　D. 8

18. 有8个结点的完全二叉树的深度为（   ）。

    A. 2　　　　　　　　B. 4　　　　　　　　C. 6　　　　　　　　D. 8

19. 在满二叉树的第3层上的结点数为（   ）。

    A. 3　　　　　　　　B. 8　　　　　　　　C. 4　　　　　　　　D. 7

20. 在深度为5的满二叉树中，叶子结点的个数为（   ）。

    A. 31　　　　　　　　B. 32　　　　　　　　C. 15　　　　　　　　D. 16

21. 设树的度为4，其中度为1，2，3，4的结点个数分别为4，2，1，1。则树中叶子结点数为（   ）。

    A. 8　　　　　　　　B. 7　　　　　　　　C. 6　　　　　　　　D. 5

22. 设有二叉树如图　　　所示，对此二叉树中根遍历的结果为(   )。

    A. ABDEC　　　　　B. DBEAC　　　　　C. DEBCA　　　　　D.ABCDE

23. 对长度为 n 的线性表进行顺序查找，在最坏情况下所需要的比较次数为（   ）。

    A. $(n+1)/2$　　　　　B. $n+1$　　　　　C. n　　　　　D. $n/2$

24. 设有序表元素为（1，3，5，8，12，24，46，88，90），则用二分查找法查找元素88需要比较的次数为（   ）。

    A. 9　　　　　　　　B. 5　　　　　　　　C. 4　　　　　　　　D. 3

25. 下列有关查找的叙述不正确的是（   ）。

    A. 顺序查找法只能用在顺序存储结构中

    B. 二分查找法只能用在顺序存储结构中

    C. 顺序查找可以在有序表或无序表中进行

    D. 二分查找只能在有序表中进行

二、填空题

1. 在一个容量为 15 的循环队列中，若头指针 Front=6，尾指针 Rear=9，则该循环队列中共有＿＿＿个元素。

2. 在最坏情况下，冒泡排序的时间复杂度为＿＿＿。

3. 在最坏情况下，直接插入排序需要＿＿＿次比较。

4. 在长度为 n 的有序表中进行希尔排序，第三次选取的增量为＿＿＿。

5. 直接选择排序法在最坏情况下需要＿＿＿次比较。

6. 设一棵完全二叉树共有 700 个结点，则在该二叉树中有＿＿＿个叶子结点。

7. 在长度为 n 的有序线性表中进行二分查找，需要的比较的次数为＿＿＿＿。

8. 设有一棵完全二叉树的中序遍历结果为 D B E A F C，前序遍历结果为 A B D E C F，则后序遍历结果为＿＿＿＿。

9. 在长度为 n 的顺序中的第 i 个位置插入一个新元素，则需要移动元素的次数为＿＿＿＿。

10. 在一个顺序存储结构下的栈中，若 Top=6，则出栈两个元素后，Top 为＿＿＿＿。

11. 在顺序存储结构下的队列中，队空的条件是＿＿＿＿。

12. 在堆排序方法，首先将一个无序序列建成堆，然后每次在此基础上交换两个元素，不考虑已经交换到后面的元素，只对前面 n-i 个元素，对其调整成堆。那么每次交换的两个元素是第一个元素和＿＿＿＿。

第 10 章
程序设计基础

程序设计作为一门技术，对程序员而言涉及程序设计方法与程序设计风格两方面内容。将合理、高效的设计方法与良好的程序设计风格相结合，才能使开发出的程序结构清晰，便于维护。本章首先介绍计算机求解问题的步骤和程序设计风格，然后分别介绍两种程序设计方法——结构化程序设计和面向对象程序设计。

10.1 计算机求解问题的步骤

用计算机解决实际问题，就是在计算机中建立一个解决问题的模型。在这个模型中，计算机内部的数据表示了需要被处理的实际对象（包括其内在的性质和关系），处理这些数据的程序则模拟对象领域中的求解过程。通过解释计算机程序的运行结果，便得到了实际问题的解。下面给出用计算机求解问题的一般步骤。

1. 问题分析

这个阶段的任务是弄清题目提供的已知信息和所要解决的问题是什么。完整地理解和描述问题是解决问题的关键。要做到这一点，必须注意以下一些问题：在未经加工的原始表达中，所用的术语是否都明白其准确定义？题目提供了哪些已知信息？还可以得到哪些潜在的信息？题目中做了哪些假定？题目要求得到什么结果？等等。针对每个具体问题，必须认真审查问题的有关描述，深入分析，以加深对问题的准确理解。

2. 数学模型建立

用计算机解决实际问题必须建立合适的数学模型。因为在现实问题面前，计算机是无能为力的。对一个实际问题建立数学模型，可以考虑这样两个基本问题。最适合于此问题的数学模型是什么？是否有已经解决了的类似问题可以借鉴？

建立数学模型是最关键且较困难的一步，涉及四个世界和三级抽象。四个世界分别是：现实世界（客观世界）、信息世界（概念世界）、数据世界、计算机世界。三级抽象分别是：现实世界到信息世界的抽象，建立信息模型或概念模型；信息世界到数据世界的抽象，将信息数据转化建立数据模型；数据世界到计算机世界的抽象，建立存储模型在计算机中实现。

3. 算法设计

算法设计是指设计求解某一特定类型问题的一系列步骤，并且这些步骤是可以通过计算机的基本操作来实现的。算法设计要同时结合数据结构的设计，简单说数据结构的设计就是选取存储方式，因为不同的数据结构的设计将导致算法的差异很大。算法的设计与模型的选择更是密切相关的，但同一模型仍然可以有不同的算法，而且它们的有效性可能有相当大的差距。

算法设计方法也称算法设计技术，或算法设计策略，是设计算法的一般性方法，可用于解决不同计算领域的多种问题。虽然设计算法，尤其是设计出好的算法是一件非常困难的工作，但是设计算法也不是没有方法可循，人们经过几十年来的工作，总结和积累了许多行之有效的方法，了解和掌握这些方法会给我们解决问题提供一些思路。本书讨论的算法设计方法已经被证明是对算法设计非常实用的通用技术，包括求值法、累加法、累乘法、递推法、递归法、枚举法、分治法、贪心法、回溯法和动态规划法等。这些算法设计方法构成了一组强有力的工具，可用于大量实际问题求解。

4. 算法表示

对于复杂的问题，确定算法后可以选择一种算法描述方法来准确表示算法。算法的描述方式很多，如：传统流程图、盒图、PAD 图、伪码和高级语言等。其中高级语言是最理想的描述算法的方法，因此，本章选择 C 语言来表示算法。

5. 算法分析

算法分析的目的，首先为了对算法的某些特定输入，估算该算法所需的内存空间和运行时间；其次是为了建立衡量算法优劣的标准，用以比较同一类问题的不同算法。一般来说，一个好的算法首先应该是比同类算法的时间效率高，算法的时间效率用时间复杂度来度量。

6. 算法实现

算法实现就是指编码，也就是平常所说的编程序，即将算法设计"转译"成某种计算机语言的表述形式，才能够在计算机上执行。编码的目的，是使用选定的程序设计语言，把算法描述翻译成为用该语言编写的源程序（或源代码）。源程序应该正确可靠、简明清晰，而且具有较高的效率。

在把算法转变为程序的过程中，虽然现代编译器提供了代码优化功能，但是仍然需要一些标准的技巧。例如在循环之外计算循环中的不变式、合并公共子表达式等。

7. 程序调试

程序调试也称算法测试，其任务首先是发现和排除在前几个阶段中产生的错误，经测试通过的程序才可投入运行，在运行过程中还可能发现隐含的错误和问题，因此还必须在使用中不断地维护和完善。

算法测试的实质是对算法应完成任务的实验证实，同时确定算法的使用范围。测试方法一般有两种：白盒测试对算法的各个分支进行测试；黑盒测试检验对给定的输入是否有指定的输出。

8. 结果整理文档编制

结果整理时，要对计算结果进行分析，看其是否符合实际问题的要求。如果符合，问题得到解决，可以结束；如果不符合，说明前面的步骤一定存在问题，必须返回，从头开始逐步检查，找出错误并重新设计。这个循环过程也可能重复多次。

编制文档的目的是让别人了解你编写的算法。首先要把代码编写清楚，代码本身就是文档。同时还要采用注释的方式，另外还包括算法的流程图，自顶向下各研制阶段的有关记录，算法的正确性证明（论述），算法测试过程、结果，对输入/输出的要求及格式的详细描述等。

10.2　程序设计风格

程序设计风格是指编写程序时所表现出的特点、习惯和逻辑思路。为了测试和维护程序时能方便阅读和跟踪调试程序，程序设计的风格总体而言应该强调简单和清晰。"清晰第一，效率第二"成为当今的程序设计的主导风格。

要形成良好的程序设计风格，主要应注重和考虑下列因素。

1．源程序文档化

源程序文档化应考虑以下几点。

（1）变量、标识符的命名

命名应具有一定的实际含义，以便于对程序功能的理解。

（2）程序注释

程序注释一般分为序言性注释和功能性注释。序言性注释通常位于每个程序的开头部分，它给出程序的整体说明，主要描述的内容可以包括：程序标题、程序功能说明、主要算法、接口说明、程序位置、开发简历、程序设计者、复审者、复审日期、修改日期等。功能性注释的位置一般嵌在源程序体之中，主要用来描述其后的语句或程序的功能。正确的注释能够帮助读者理解程序。

（3）视觉组织

为使程序的结构一目了然，可以在程序中利用空格、空行、缩进等技巧使程序层次清晰。

2．数据说明的风格

在编写程序时，需要注意数据说明的风格，以便使程序中的数据便于理解和维护，为此应注意以下几点。

（1）数据说明的次序规范化。鉴于程序理解、阅读和维护的需要，将数据说明次序固定可以使数据的属性容易查找，也有利于测试、排错和维护。

（2）说明语句中变量安排有序化。当一个说明语句说明多个变量时，变量按照字母顺序排序为好。

（3）使用注释来说明复杂数据的结构。

3．语句的结构

程序应该简单易懂，语句构造应该简单直接，不应该为提高效率而把语句复杂化。

（1）程序编写应优先考虑清晰性，除非对效率有特殊要求，程序编写要做到清晰第一、效率第二，一般在一行内只写一条语句。

（2）首先要保证程序正确，然后才要求提高速度。

（3）避免使用临时变量而使程序的可读性下降。

（4）避免不必要的转移，避免采用复杂的条件语句和尽量减少使用"否定"条件的条件语句。

（5）程序结构模块化，使模块功能尽可能单一化。利用信息隐蔽，确保每一个模块的独立性，尽可能使用库函数。

（6）从数据出发去构造程序，数据结构要有利于程序的简化。

（7）不要修补不好的程序，要重新编写。

4．输入和输出

输入和输出信息是直接与用户相联系的，输入和输出方式和格式应尽可能方便用户的使用。

对于批处理和交互式输入输出方式，设计和编程时都应该考虑如下原则。

（1）对所有的输入数据以及输入项的各种重要组合都要检验其合理、合法性。

（2）输入数据时，格式要简单，应允许使用自由格式和缺省值。

（3）批量输入数据时，最好使用输入结束标志。

（4）在以交互式输入／输出方式进行输入／输出时，要在屏幕上使用提示符给出明确提示，数据输入过程中和输入结束时，应在屏幕上给出状态信息。

（5）当程序设计语言对输入格式有严格要求时，应保持输入格式与输入语句的一致性，应给所有的输出加注释，并设计输出报表格式。

10.3　程序设计方法

程序设计是一门技术，需要相应的理论、技术、方法和工具来支持，就程序设计方法和技术的发展而言，主要经过了结构化程序设计和面向对象的程序设计两个阶段。

10.3.1　结构化程序设计方法（Structured Programming）

随着软件危机的出现，20 世纪 70 年代 E.W.Dijikstra 提出了"结构化程序设计"的思想和方法。结构化程序设计方法引入了工程和结构化思想。算法设计和建筑设计极为相似，一座建筑物的整体质量首先取决于它的钢筋混凝土结构是否牢固，然后才是它的外装修质量。同样，一个算法的质量优劣，首先取决于它的结构，其次才是它的速度、界面等其他特性。

1. 结构化程序设计的原则

结构化程序设计方法的主要原则可以概括为自顶向下，逐步求精，模块化设计，结构化编码。

（1）自顶向下

程序设计时，应先考虑总体，后考虑细节；先考虑全局目标，后考虑局部目标。不要一开始就过多追求细节，应先从最上层总目标开始设计，逐步使问题具体化。

（2）逐步求精

逐步求精是将复杂问题经抽象化处理变为相对比较简单的问题。经过若干步求精处理，最后细化到可以用"三种基本结构"及基本操作去描述算法。

（3）模块化设计

模块化是把程序要解决的总目标分解为分目标，再进一步分解为具体的小目标，把每个小目标称为一个模块，化整为零。

（4）结构化编码

即根据已经细化的模块化算法，正确地写出计算机程序。结构化的语言都有与三种基本结构对应的语句，进行结构化编程是不困难的。

结构化程序设计方法限制使用 GOTO 语句。虽然在块和进程的非正常出口处往往需要用 GOTO 语句，使用 GOTO 语句可能使程序执行的效率提高，但 GOTO 语句是有害的，它是造成程序混乱的祸根。程序的质量与 GOTO 语句的数量成反比。1974 年 Knuth 证实了以下几点：

① 滥用 GOTO 语句确实有害，应尽量避免；

② 完全避免使用 GOTO 语句也不是个明智的做法，有些情况使用 GOTO 语句，会使程序流程更清楚、效率更高；

③ 问题的焦点不应该放在是否取消 GOTO 语句，而应该放在用什么样的程序结构上。

限制 GOTO 语句的使用以提高程序的清晰性是结构化程序设计方法的目标。

2. 结构化程序设计的基本结构

采用结构化程序设计方法编写程序，可使程序结构良好、易读、易理解、易维护。1966 年，Boehm 和 Jacopini 证明了结构程序设计方法主要采用顺序、选择和循环三种基本控制结构，其他结构形式可由这三种结构来表达。

（1）顺序结构

顺序结构是顺序执行结构，就是按照程序语句行的自然顺序，逐条语句地顺序执行程序的结构，如图 10.1 所示。顺序结构是一种最简单、最基本、最常用的结构。

（2）选择结构

选择结构又称为分支结构，它可以根据设定的条件，判断应该选择哪一条分支并执行相应的语句序列。选择结构包括简单选择结构（图 10.2（a））和多分支选择结构（图 10.2（b））。

（3）循环结构

循环结构又称为重复结构，它根据给定的条件，判断是否需要重复执行某一相同的或类似的程序段（循环体）。在程序设计语言中循环结构对应两类循环：先判断循环条件后执行循环体的当型循环结构（图 10.3（a））和先执行循环体后判断循环条件的直到型循环结构（图 10.3（b））。二者的主要区别在于直到型循环至少执行一次循环体。

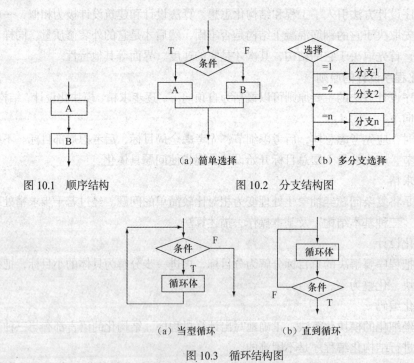

图 10.1　顺序结构　　　　　　　　图 10.2　分支结构图

图 10.3　循环结构图

3. 结构化程序的基本特点及应用原则

结构化程序设计方法设计出的程序有明显的优点。

（1）程序易于理解、使用和维护。

程序员采用结构化程序设计方法，便于控制、降低程序的复杂性，因此容易编写程序，同时便于验证程序的正确性。结构化程序清晰易读，可理解性好。

（2）提高了程序设计工作的效率，降低了软件开发成本。由于结构化程序设计方法能够把错误控制到最低限度，因此能够减少调试和查错时间。结构化程序是由一些基本结构模块组成的，这些模块甚至可以由机器自动生成，从而极大地减轻了程序设计者的工作量。

基于对结构化程序设计原则、方法以及结构化程序基本构成的掌握和了解，在结构化程序设计的具体实施过程中，要注意把握以下几点。

（1）使用程序设计语言中的顺序、选择、循环等有限的控制结构表示程序的控制逻辑，选用的控制结构只准许有一个入口和一个出口，复杂结构应该使用基本控制结构的组合嵌套来实现。

（2）程序语句组成容易识别的模块，每块只有一个入口和一个出口。

（3）语言中所没有的控制结构，应该采用前后一致的方法来模拟。

（4）严格控制 GOTO 语句的使用，以下几种情况除外：

① 用一个非结构化的程序设计语言去实现一个结构化的构造；

② 若不使用 GOTO 语句会使功能模糊；

③ 在某种可以改善而不是损害程序可读性的情况下。

10.3.2　面向对象程序设计（Object Oriented Programming）

面向对象的软件开发方法在 20 世纪 60 年代后期首次提出，首先对面向对象的程序设计语言开展研究，随之逐渐形成面向对象分析和设计方法。以 20 世纪 60 年代末挪威奥斯陆大学和挪威计算中心共同研制的 Simula-67 语言为标志，面向对象方法的基本要点首次在 SIMULA 语言中得到了表达和实现。后来一些著名的面向对象语言(如 Smalltalk、C++、Java、Eiffel)的设计者都曾从 Simula 得到了启发。20 世纪 80 年代美国加利福尼亚州的 Xerox 研究中心推出的 Smalltalk 语言，使面向对象程序设计方法得到了比较完善的实现。Smalltalk-80 等一系列描述能力较强、执行效率较高的面向对象程序设计语言的出现，标志着面向对象程序设计的方法与技术开始走向实用。

面向对象方法的本质，就是主张从客观世界固有的事物出发来构造系统，提倡用人类在现实生活中常用的思维方法来认识、理解和描述客观事物，强调最终建立的系统能够映射问题域。也就是说，系统中的对象以及对象之间的关系能够如实地反映问题域中固有事物及其关系。

1. 面向对象方法的基本概念

面向对象程序设计是运用对象、类、继承、封装、聚集、消息传递等概念构造程序的方法。面向对象方法的概念涵盖了对象、类、继承、多态性几个基本要素，这些概念是理解和使用面向对象方法的基础和关键。

（1）对象（Object）

对象可以用来表示客观世界中的任何实体，它既可以是具体的物理实体的抽象，也可以是人为的概念，或者是任何有明确边界和意义的东西。例如：一名学生、一部汽车、一个窗口、一笔贷款等，都可以作为一个对象。

面向对象的程序设计方法中涉及的对象是系统中用来描述客观事物的一个实体，对象是对问题域中某个实体的抽象，是构成系统的一个基本单位。它由一组表示其静态特征的属性和它可执行的一组操作组成。例如一部汽车是一个对象，它包含了汽车的属性（如颜色、型号、排气量等）及其操作（如启动、刹车等）。Windows 操作系统中一个窗口也是一个对象，它包含了窗口的属性（如大小、颜色、位置等）及其操作（如打开、关闭等）。面向对象方法学中的对象是由描述该对象属性的数据以及可以对这些数据施加的所有操作封装在一起构成的统一体。

属性即对象所包含的信息，它在设计对象时确定，一般只能通过执行对象的操作来改变。如学生对象的属性有姓名、年龄、性别等。对象的属性有属性值,不同对象的同一属性可以具有相同或不同的属性值。如李平的年龄为 20,王红的年龄为 18。他们有共同的属性"年龄"。属性值应该指的是纯粹的数据值,而不能指对象。

操作描述了对象执行的功能。在对象之间,若通过消息传递,操作还可以为其他对象使用。对象的操作也称为方法或服务,如汽车的启动、窗口的关闭等。操作的过程对外是封闭的,各种过程是事先已经设计好的,用户只需要调用,不必去关心这一过程是如何编写的。过程已经封装在对象中,用户只能看到结果,对象的这一特性,即是对象的封装性。

封装性使程序设计者只能看到对象的外部特性,即只需知道数据的取值范围和可以对该数据施加的操作,根本无需知道数据的具体结构以及实现操作的算法。对象的内部,即处理能力的实行和内部状态,对外是不可见的。在外面,不能直接使用对象的处理能力,也不能直接修改其内部状态,对象的内部状态只能由其自身改变。

(2)类(Class)和实例(Instance)

类是具有共同属性、共同方法的对象的集合,是对象的抽象,它描述了属于该对象类型的所有对象的性质。一个对象则是其对应类的一个实例。当使用"对象"这个术语时,既可以指一个具体的对象,也可以泛指一般的对象;当使用"实例"这个术语时,必然是指一个具体的对象。例如:AUTO 是一个轿车类,它描述了所有轿车的性质。一部捷达轿车是类 AUTO 的一个实例。

类同对象一样,包括一组数据属性和在数据上的一组合法操作。例如,捷达、桑塔纳、奥迪是三个不同的对象(实例),但它们可用共同的属性(颜色、型号、排气量等)来描述,具有相同的行为(启动、停止等),因此它们是一类,用"AUTO 类"来定义。

(3)消息(Message)

消息是一个实例向另一个实例之间传递的信息,是对象间相互合作的机制。消息的使用类似于函数调用,发送的消息中指定了接收消息的一个实例,一个操作名和一个参数表(可空),它统一了数据流和控制流。接收消息的实例执行消息中指定的操作,并将其参数与参数表中相应的值结合起来,由发送消息的对象(发送对象)的触发操作产生输出结果,引发接受消息的对象一系列的操作。所传送的消息实质上是接受对象所具有的操作方法名称,有时还包括相应参数,如图 10.4 所示。一个消息包括三部分:接收消息的对象的名称、消息标识符(也称为消息名)、零个或多个参数。

例如,MyAuto 是 AUTO 类的一个实例,要求它以 80 公理速度行驶时,在 C++语言中应该向它发出下列消息:

MyAuto. Run(80);

其中,MyAuto 是接收消息的对象的名字,Run 是消息名,80 是消息的参数。

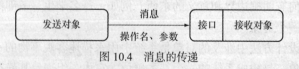

图 10.4 消息的传递

消息中只包含发送者的要求,它告诉接受者需要做哪些处理,但并不指示接受者应该怎样完成这些处理。消息完全由接受者解释,接受者独立决定采用什么方式完成所需的处理,发送者对接受者不起任何控制作用。一个对象能够接受不同形式、不同内容的多个消息,相同形式的消息可以送往不同的对象。不同的对象对于形式相同的消息可以有不同的解释,能够做出不同的反映。一个对象可以同时往多个对象传递信息,多个对象也可以同时向某个对象传递消息。

（4）继承（Inheritance）

继承是指能够直接从已有类中获得已有的性质和特征，而不必重复定义它们。继承是使用已有的类定义作为基础建立新类定义的技术。已有的类可当作基类（父类）来引用，则新类相应地就当作派生类（子类）来引用。

面向对象软件技术把类组成一个层次结构的系统：一个类的上层可以有父类，下层可以有子类。一个类直接继承其父类的描述(数据和操作)或特性，子类自动地共享其父类中定义的数据和方法。

以 A、B 两个类为例，其中类 B 是从类 A 派生出来的子类，它除了具有自己定义的描述（数据和操作）之外，还从其父类 A 继承特性。当创建类 A 的实例a1 的时候，a1 以类 A 为样板建立实例变量；当创建类 B 的实例b1 的时候，b1 不但以类 B 为样板建立实例变量，还要以类 A 为样板建立实例变量，b1 所能执行的操作既有类 B 中定义的方法，又有类 A 中定义的方法，这就是继承。

继承分为单继承与多重继承。单继承是指一个类只允许有一个父类，即类等级为树型结构；多重继承是指一个类允许有多个父类。多重继承的类可以组合多个父类的性质构成所需要的性质，因此，功能更强，使用更方便。但是，使用多重继承时要注意避免二义性。

继承具有传递性，如果类 C 继承类 B，类 B 继承类 A，则类 C 继承类 A。因此，一个类实际上继承了它上层的全部基类的特性。

继承性的优点是相似的对象可以共享程序代码和数据结构，从而大大减少了程序中的冗余信息，提高软件的可重用性，便于软件修改和维护。另外，继承性使得用户在开发新的应用系统时不必完全从零开始，可以继承原有的相似系统的功能或者从类库中选取需要的类，再派生出新的类以实现所需要的功能。

（5）多态性（Polymorphism）

同样的消息被不同的对象接受时可导致完全不同的行动，同一个动作可以是不同对象的行为，该现象称为多态性。在面向对象的软件技术中，多态性是指子类对象可以像父类对象那样使用，同样的消息既可以发送给父类对象也可以发送给子类对象。

例如，学生类中有一项属性为性别，学生类作为父类可派生出男生和女生两个子类，当消息"显示性别"发给学生类时，对男生将显示"男"，对女生将显示"女"，所以对学生类而言，性别属性必为多态的。在 C++语言中，函数重载是最简单的多态性体现。多态意味着同一个消息可以关联不同的实例，而实例可以属于不同的类。

多态性机制不仅增加了面向对象软件系统的灵活性，进一步减少了信息冗余，而且显著地提高了软件的可重用性和可扩充性。当扩充系统功能增加新的实体类型时，只需派生出与新实体类相应的新的子类，完全不需要修改原有的程序代码，甚至不需要重新编译原有的程序。利用多态性，用户能够发送一般形式的消息，而将所有的实现细节都留给接受消息的对象。

总之，封装、继承、多态性是面向对象的三大特征，封装是基础，继承是关键，多态性是补充，多态性必存在于继承环境中。

2．面向对象程序设计的优点

面向对象方法之所以日益受到人们的重视和应用，并成为流行的软件开发方法主要基于以下优点。

（1）与人类习惯的思维方法一致

传统的程序设计方法是面向过程的，以算法为核心，把数据和过程作为相互独立的部分，数据代表问题空间中的客体，程序则用于处理这些数据。在计算机内部数据和程序是分开存放的，这样的做法往往会发生使用错误的数据调用正确的程序模块的情况。造成这种现象主要的原因是，传统的程序设计方法忽略了数据和操作之间的内在联系，用这种方法设计出来的软件系统其解空间与问题空间不一致，使人难于理解。实际上，用计算机解决的问题都是现实世界中的问题，这些问题无非由一些相互间存在一定联系的事物所组成，每个具体的事物都具有行为和属性两方面的特征。因此，把描述事物静态属性的数据结构和表示事物动态行为的操作放在一起构成一个整体，才能完整、自然地表示客观世界中的实体。

面向对象方法和技术以对象为核心。对象是由数据和允许的操作组成的封装体，与客观实体有直接的对应关系。对象之间通过传递消息互相联系，以模拟现实世界中不同事物彼此间的联系。面向对象的设计方法与传统的面向过程的方法有着本质上的不同，这种方法的基本原理是使用现实世界的概念抽象地思考问题从而自然地解决问题。它强调模拟现实世界中的概念而不强调算法，在软件开发的绝大部分过程中都用应用领域的概念去思考问题。

（2）稳定性高

面向对象方法基于构造问题领域的对象模型，以对象为中心构造软件系统。它的基本做法是用对象模拟问题领域中的实体，以对象间的联系刻画实体间的联系。因为面向对象的软件系统的结构是根据问题领域的模型建立起来的，而不是基于对系统应完成的功能的分解，所以，当对系统的功能需求变化时并不会引起软件结构的整体变化，往往仅需要作一些局部性的修改。由于现实世界中的实体是相对稳定的，因此，以对象为中心构造的软件系统也是比较稳定的。而传统的软件开发方法以算法为核心，开发过程基于功能分析和功能分解。用传统方法所建立起来的软件系统的结构紧密地依赖于系统所要完成的功能，当功能需求发生变化时将引起软件结构的整体修改。事实上，用户需求变化大部分是针对功能的，因此，这样的软件系统是不稳定的。

（3）可重用性好

软件重用是指在不同的软件开发过程，重复使用相同或相似软件元素的过程。重用是提高软件生产效率的最主要的方法。传统的软件重用技术是利用标准函数库，也就是试图用标准函数库中的函数作为"预制件"来建造新的软件系统。但是，标准函数缺乏必要的"柔性"，不能适应不同应用场合的不同需要，并不是理想的可重用的软件成分。实际的库函数往往只提供最基本、最常用的功能，在开发一个新的软件系统时，大多数函数是开发者自己编写的，甚至绝大多数函数都是新编的。

使用传统方法开发软件时，人们强调的是功能抽象，认为只有功能内聚性的模块才是理想的模块。也就是说，如果一个模块完成一个且只完成一个相对独立的子功能，那么这个模块就是理想的可重用模块，而且这样的模块也更容易维护。基于这种认识，通常尽量把标准函数库中的函数做成功能内聚的。但是，具有功能内聚性的模块并不是自含的和独立的，相反，它必须在数据上运行。如果要重用这样的模块，则相应的数据也必须重用。如果新产品中的数据与最初产品中的数据不同，则要么修改数据，要么修改这个模块。

事实上，离开了操作，数据便无法处理，而脱离了数据的操作也是毫无意义的，我们应该对数据和操作同样重视。在面向对象方法中所使用的对象，其数据和操作是作为平等伙伴出现的。因此，对象具有很强的自含性。此外，对象所固有的封装性，使得对象的内部实现与外界隔离，具有较强的独立性。由此可见，对象提供了比较理想的模块化机制和比较理想的可重用的软件成分。

　　面向对象的软件开发技术在利用可重用的软件成分构造新的软件系统时，有很大的灵活性。有两种方法可以重复使用一个对象类：一种方法是创建该类的实例，从而直接使用它；另一种方法是从它派生出一个满足当前需要的新类。继承性机制使得子类不仅可以重用其父类的数据结构和程序代码，而且可以在父类代码的基础上方便地修改和扩充，这种修改并不影响对原有类的使用。可见，面向对象的软件开发技术所实现的可重用性是自然和准确的。

　　（4）易于大型软件产品开发

　　当开发大型软件产品时，组织开发人员的方法不当往往是出现问题的主要原因。利用面向对象方法开发软件时，可以把一个大型产品看作是一系列本质上相互独立的小产品来处理，这就不仅降低了开发的技术难度，而且也使得对开发工作的管理变得容易。这是为什么对于大型软产品来说，面向对象方法优于结构化方法的原因之一。许多软件开发公司的经验都表明，当把面向对象技术应用于大型软件开发时，软件成本明显地降低了，软件的整体质量也提高了。

　　（5）软件可维护性好

　　用传统的开发方法和面向过程的方法开发出来的软件很难维护是软件危机的突出表现。由于下述因素的存在，使得用面向对象的方法开发的软件可维护性好。

　　① 用面向对象方法开发的软件稳定性比较好。

　　如前所述，当对软件的功能或性能的要求发生变化时，通常不会引起软件的整体变化，往往只需对局部作一些修改。由于对软件的改动较小且限于局部，自然比较容易实现。

　　② 用面向对象方法开发的软件比较容易修改。

　　在面向对象方法中，核心是类（对象），它具有理想的模块机制，独立性好，修改一个类通常很少会牵扯到其他类。如果仅修改一个类的内部实现部分(私有数据成员或成员函数的算法)，而不修改该类的对外接口，则可以完全不影响软件的其他部分。

　　面向对象技术特有的继承机制，使得对所开发的软件的修改和扩充比较容易实现，通常只需从已有类派生出一些新类，无需修改软件原有成分。

　　面向对象技术的多态性机制，使得当扩充软件功能时对原有代码的修改和增加的代码也比较少。

　　③ 用面向对象方法开发的软件比较容易理解。

　　对面向对象软件系统进行修改和扩充，通常是通过在原有类的基础上派生出一些新类来实现。由于对象类有很强的独立性，当派生新类的时候通常不需要详细了解基类中操作的实现算法。因此，了解原有系统的工作量可以大幅度降低。

　　④ 用面向对象方法开发的软件易于测试和调试。

　　为了保证软件质量，对软件进行维护之后必须进行必要的测试，以确保要求修改或扩充的功能已正确地实现了，而且没有影响到软件未修改的部分。如果测试过程中发现了错误，还必须通过调试改正过来。显然，软件是否易于测试和调试，是影响软件可维护性的一个重要因素。

　　对用面向对象的方法开发的软件进行维护，往往是通过从已有类派生出一些新类来实现的。因此，维护后的测试和调试工作也主要围绕这些新派生出来的类进行。类是独立性很强的模块，向类的实例发消息即可运行它，观察它是否能正确地完成相应的工作，因此对类的测试通常比较容易实现。

　　总之，面向对象程序设计方法有着传统和结构化程序设计方法无法比拟的优点，是目前程序设计的主流。

习 题 十

一、选择题

1. 结构化程序设计主要强调的是（　　）。

 A. 程序的规模   B. 程序的易读性

 C. 程序的执行效率   D. 程序的可移植性

2. 对建立良好的程序设计风格，下面描述正确的是（　　）。

 A. 程序应简单、清晰、可读性好 B. 符号名的命名只要符合语法

 C. 充分考虑程序的执行效率   D. 程序的注释可有可无

3. 在面向对象方法中，一个对象请求另一对象为其服务的方式是通过发送（　　）。

 A. 调用语句   B. 命令   C. 口令   D. 消息

4. 信息隐蔽的概念与下述哪一种概念直接相关？（　　）

 A. 软件结构定义   B. 模块独立性

 C. 模块类型划分   D. 模块耦合度

5. 下面对对象概念描述错误的是（　　）。

 A. 任何对象都必须有继承性   B. 对象是属性和方法的封装体

 C. 对象间的通信靠消息传递   D. 操作是对象的动态属性

二、填空题

1. 结构化程序设计的三种基本逻辑结构为顺序、选择和_____。

2. 源程序文档化要求程序应加注释，注释一般分为序言性注释和_____。

3. 在面向对象方法中，信息隐蔽是通过对象的_____性来实现的。

4. 类是一个支持集成的抽象数据类型，而对象是类的_____。

5. 在面向对象方法中，类之间共享属性和操作的机制称为_____。

第 11 章
软件工程基础

20世纪60年代后期产生了"软件危机"，软件工作者认真研究消除软件危机的方法，由此产生了两个学科：软件工程学和程序设计方法学。

11.1　软件工程基本概念

11.1.1　软件定义于软件特点

计算机软件（software）是计算机中与硬件相互依存的另一部分，是包括程序、数据及相关文档的完整集合。其中，程序是软件开发人员根据用户的需求开发的、用程序设计语言描述的、计算机执行的语句序列。数据是使程序能正常操纵的数据及数据结构。文档是与程序开发、维护和使用有关的图文资料。可见软件由两部分组成：一是机器可执行的程序和数据；二是机器不可执行的，与软件开发、运行、维护、使用等有关的文档。

计算机软件的定义为：与计算机系统的操作有关的计算机程序、规程、规则，以及软件制作过程中涉及的文件、文档及数据。

软件在开发、生产、维护和使用等方面与计算机硬件相比存在明显的差异。深入理解软件的定义需要了解软件的如下特点。

① 软件是一种逻辑实体，而不是物理实体，具有抽象性。软件的这个特点使它与其他工程对象有明显的差异。人们可以把它记录在纸上或存储介质上，但却无法看到软件本身的形态，必须通过观察、分析、思考、判断，才能了解它的功能、性能等特性。

② 软件的产生与硬件不同，它没有明显的制作过程。一旦开发成功，可以大量复制同一内容的副本。所以对软件的质量控制，必须着重在软件开发方面下工夫。

③ 软件在运行、使用期间不存在磨损、老化问题。软件虽然在生存周期后期不会因为磨损而老化，但为了适应硬件、环境以及需求的变化要进行修改，而这些修改又不可避免的引入新的错误，导致软件失效率提高，从而使得软件退化。

④ 软件的开发、运行对计算机系统具有依赖性，受计算机系统的限制，这导致了软件移植的问题。

⑤ 软件复杂性高，成本昂贵。软件是人类有史以来生产的复杂度最高的工业产品。软件涉及人类社会的各个行业，方方面面，软件开发常常涉及其他领域的专业知识。软件开发需要投入大量、高强度的脑力劳动，成本高，风险大。

⑥ 软件开发涉及诸多的社会因素。许多软件的开发和运行涉及软件用户的机构设置，体制问题以及管理方式等，甚至涉及人们的观念和心理，软件知识产权及法律等问题。

软件按功能可以分为：应用软件、系统软件、支撑软件（或工具软件）。应用软件是为解决特定领域的应用而开发的软件。例如，事务处理软件、工程与科学计算软件、实时处理软件、嵌入式软件、人工智能软件等应用性质不同的各种软件。系统软件是计算机管理自身资源，提高计算机使用效率并为计算机用户提供各种服务的软件。如操作系统、编译程序、汇编程序、网络软件、数据管理系统等。支撑软件是介于系统软件之间，协助用户开发软件的工具性软件，包括辅助和支持开发和维护应用软件的工具软件，如需求分析工具软件、设计工具软件、编码工具软件、测试工具软件、维护工具软件等，也包括辅助管理人员控制开发过程和项目管理的工具软件，如计划进度管理工具软件、进程控制工具软件、质量管理及配置管理工具软件等。

11.1.2 软件危机与软件工程

软件工程概念的出现源自软件危机。

20 世纪 60 年代末以后，"软件危机"这个词频繁出现。所谓软件危机是泛指在计算机的开发和维护过程中所遇到的一系列严重问题。实际上，几乎所有的软件都不同程度地存在这些问题。

随着计算机技术的发展和应用领域的扩大，计算机硬件性能与价格比和质量的稳步提高，软件规模越来越大，复杂程度不断增加，软件成本逐年上升，质量没有可靠的保证，软件已成为计算机科学发展的"瓶颈"。

具体地说，在软件开发和维护过程中，软件危机主要表现在以下几方面。

① 用户对系统不满意的情况经常发生，软件需求的增长得不到满足。

② 软件开发成本和进度无法控制。开发成本超出预算，开发周期大大超过规定日期的情况经常发生。

③ 软件质量难以保证。

④ 软件不可维护或维护程度非常低。

⑤ 软件的成本不断提高。

⑥ 软件开发生产率的提高赶不上硬件的发展和应用需求的增长。

⑦ 软件通常没有适当的文档。

总之，可以将软件危机归结为成本、质量、生产率等问题。

分析带来软件危机的原因，宏观方面是由于日益深入社会生活的各个层面，对软件需求的增长速度大大超过了技术进步所能带来的软件生产率的提高。而就每一项具体的工程任务来看，许多困难来源是软件工程所面临的任务和其他工程之间的差异，以及软件和其他工业的产品的不同。

在软件开发和维护过程中，之所以存在这些严重的问题，一方面与软件本身的特点有关。例如，在软件运行之前，软件开发过程的进展难衡量，质量难以评价，因此管理和控制软件开发过程相当困难；在软件运行过程中，软件维护意味着改正或修改原来的设计；另外，软件的显著特点是规模庞大，复杂度超线性增长，在开发大型软件时，要保证高质量，极端复杂困难，不仅涉及技术问题（如分析方法、设计方法、版本控制），更重要的是必须有严格而科学的管理。另一方面与软件开发和维护方法不正确有关，这是主要原因。

为了消除软件危机，通过认真研究解决软件危机的方法，认识到软件工程是使计算机软件走向工程科学的途径，逐步形成了软件工程的概念，开辟了工程学的新兴领域：软件工程学。软件工程就是试图用工程、科学和数学的原理与方法研制、维护计算机软件的相关技术及管理方法。

　　总之，为了消除软件危机，既要有技术措施（方法和工具），又要有必要的组织管理措施。

　　关于软件工程的定义，有很多种，如：软件工程是应用与计算机软件的定义、开发、维护的一套整体方法、工具、文档、实践标准和工序。

　　1968 年在北大西洋公约组织会议（NATO 会议）上讨论摆脱危机的方法，"软件工程"作为一个概念首次被提出，这在软件技术发展史上是一件大事。其后的几十年里，各种有关软件工程的技术、思想、方法和概念相继提出，使软件工程逐步发展成为一门独立的科学。在会议上，德国人 Fritz Bauer 认为："软件工程是建立并使用完善的工程化原则，以较经济的手段获得能在实际机器上有效运行的可靠软件的一系列方法。"

　　1993 年，IEEE（Institute of Electrical & Electronic Engineers，电气和电子工程师学会）给出了一个更加综合的定义：将系统化的、规范化的、可度量的方法应用于软件的开发、运行和维护的过程，即将工程化应用于软件中。

　　1993 年 IEEE 给出了一个更全面的定义：①把系统化的、规范化的、可度量的途径应用于软件的开发、运行和维护的过程，即将工程化应用于软件中。②研究①中提到的途径。

　　这些主要思想都是强调在软件开发过程中需要应用工程化原则。

　　软件工程包括 3 个要素，即方法、工具和过程。方法是完成软件工程项目的技术手段；工具支持软件的开发、管理、文档生成；过程支持软件开发的各个环节的控制、管理。

　　软件工程的进步是最近几年软件产业迅速发展的重要原动力。从根本上来说，其目的是研究软件的开发技术，软件工程的名称意味着用工业化的开发方法来代替小作坊的开发模式。但是，几十年的软件开发和软件发展的实践证明，软件开发是既不同于其他工业工程，又不同于科学研究。软件不是自然界的有形物体，它作为人类智慧的产物有其本身的特点，所以软件工程的方法、概念、目标等都在发展，有的与最初的想法有了一定的差距。但是认识和学习过去和现在的发展演变，真正掌握软件开发技术的成就，并为进一步发展软件开发技术，以适应时代对软件的更高期望是有极大意义的。

　　软件工程的核心思想是把软件产品（就像其他工业产品一样）看作是一个工程产品来处理。把需求计划，可行性研究、工程审核、质量监督等工程化的概念引入到软件生产当中，以达到工程项目的三个基本要素：进度、经费和质量的目标。同时，软件工程也注重研究不同于其他工业产品生产的一些独特性，并针对软件的特点提了许多有别于一般工业工程技术的一些技术方法。代表性的有结构化的方法、面向对象方法和软件开发模型及软件开发过程等。

　　特别地，从经济学的意义上来说，考虑到软件庞大的维护费用远比软件开发费用要高，因而开发软件不能只考虑开发期间的费用，而是应该考虑软件生命周期内的全部费用。因此，软件生命周期的概念就变得特别重要。在考虑软件费用时，不仅要降低开发成本，更要降低整个软件生命周期的总成本。

11.1.3　软件工程过程与软件生命周期

1. 软件工程过程（Software Engineering Process）

ISO 9000 定义：软件工程是把输入转化为输出的一组彼此相关的资源和活动。

定义支持了软件工程过程的两方面内涵。

其一，软件工程过程是指为获得软件产品，在软件工具支持下由软件工程师完成的一系列软件工程活动。基于这个方面，软件工程过程通常包含如下 4 种基本活动：

① P（Plan）——软件规格说明。规定软件的功能及其运行时的限制；

② D（Do）——软件开发。产生满足规格说明的软件；

③ C（Check）——软件确认。确认软件能够满足各户提出的要求；

④ A（Action）——软件演进。为满足客户的变更要求，软件必须在使用的过程中演进。

事实上，软件工程过程是一个软件开发机构针对某类软件产品为自己规定的工作步骤，它应当是科学的、合理的，否则必将影响软件产品的质量。

通常把用户的要求转变成软件产品的过程也叫做软件开发过程。此过程包括对用户的要求进行分析，解释成软件需求，把需求变换成设计，把设计用代码来实现并进行代码测试，有些软件还需要进行代码安装和交付运行。

其二，从软件开发的观点看，它就是使用适当的资源（包括人员、硬软件工具、时间等），为开发软件进行的一组开发活动，在过程结束是将输入（用户要求）转化为输出（软件产品）。

所以，软件工程的过程是将软件工程的方法和工具综合起来，以达到合理，及时地进行计算机软件开发的目的，软件工程过程应确定方法使用的顺序、要求交付的文档资料、为保证质量和适应变化所需要的管理、软件开发各个阶段完成的任务。

2. 软件生命周期（Software Life Cycle）

通常，将软件产品从问题的提出、需求分析、设计、实现、使用维护到停止使用退役的过程称为软件生命周期。也就是说，软件产品从考虑其概念开始，到该软件产品不能使用为止的整个时期都属于软件生命周期。一般包括可行性研究与需求分析、设计、实现、测试、交付使用以及维护等活动，如图11.1所示。这些活动可以有重复，执行是也可以有迭代。

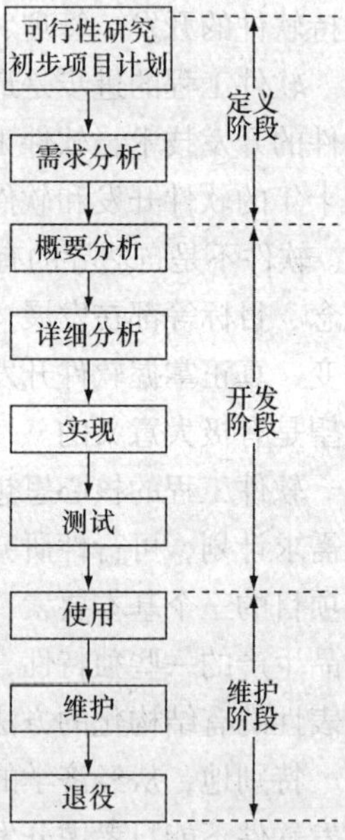

还可以将软件生命周期分为如图11.1所示软件定义、软件开发及软件运行维护三个阶段。如图11.1所示的软件生命周期的主要活动阶段有以下几点。

① 可行性研究与计划制定。确定待开发软件系统的开发目标和总的要求，给出它的功能、性能、可靠性以及接口等方面的可能方案，制定完成开发任务的实施计划。

② 需求分析。对待开发软件提出的需求进行分析并给出详细定义。编写软件规格说明书及初步的用户手册，提交评审。

③ 软件设计。系统设计人员和程序设计人员应该在反复理解软件需求的基础上，给出软件的结构、模块的划分、功能的分配以及处理流程。在系统比较复杂的情况下，设计阶段可分解成总体设计阶段和详细设计阶段。编写总体设计说明书、详细设计说明书和测试计划初稿，提交评审。

④ 软件实现。指导软件设计转换成计算机可以接受的程序代码。即完成源程序的编码，编写用户手册、操作手册等面向用户的文档，编写单元测试计划。

⑤ 软件测试。在设计测试用例的基础上，检验软件的各个组成部分，进行综合测试。编写测试分析报告。

⑥ 运行和维护。将已交付的软件投入运行，并在运行使用中不断地维护，根据新提出的需

图 11.1　软件生命周期

求进行必要而且可能的扩充和删除。

11.1.4　软件开发工具与软件开发环境

现代软件工程方法之所以得以实施，其重要的保证是软件开发工具和环境的保证，使软件在开发效率、工程质量等多方面得到改善。软件工程鼓励研制和采用各种先进的软件开发方法、工具和环境。工具和环境的使用进一步提高了软件的开发效率、维护效率和软件质量。

1．软件开发工具

早期的软件开发除了一般的程序设计语言外，尚缺少工具的支持，致使编程工作量大，质量和进度难以保证，导致人们将很多的精力和时间花费在程序的编制和调试上，而在更重要的软件的需求和设计上反而得不到必要的精力和时间投入。软件开发工具的完善和发展将促进软件开发方法的进步和完善，促进软件开发的高速度和高质量。软件开发工具的发展是从单项工具的开发逐步向集成工具发展的，软件开发工具为软件工程方法提供了自动的或半自动的软件支撑环境。同时，软件开发方法的有效性应用也必须得到相应工具的支持。

2．软件开发环境

软件开发环境或称软件工程环境是全面支持软件开发全过程的软件工具集合。这些软件工具按照一定的方法或模式组合起来，支持软件生命周期内的各个阶段和各项任务的完成。

计算机辅助软件工程（CASE，Computer Aided Software Engineering）是当前软件开发环境中富有特色的研究工作和发展方向。CASE 将各种软件工具、开发机器和一个存放开发过程信息的中心数据库组合起来，形成软件工程环境。CASE 的成功产品将最大限度地降低软件开发的技术难度并使软件开发的质量得到保证。

11.2　结构化分析方法

软件开发方法是软件开发过程所遵循的方法和步骤，其目的在于有效地得到一些工作产品，即程序和文档，并且满足质量要求，软件开发方法包括分析方法、设计方法和程序设计方法。

结构化方法经过 30 多年的发展，已经成为系统的、成熟的软件开发方法之一。结构化方法包括已经形成了配套的结构化分析方法、结构设计方法和结构化编程方法，其核心和基础是结构化程序设计理论。

11.2.1　需求分析与需求分析方法

软件需求是指用户对目标软件系统在功能、行为、性能、设计、约束等方面的期望。需求分析的任务是发现需求、求精、建模的过程。需求分析将创建所需的数据模型、功能模型和控制模型。

1．需求分析的定义

1997 年 IEEE 软件工程标准词汇对需求分析定义如下：

① 用户解决问题或达到目标所需的条件或权能；

② 系统或系统部件要满足合同、标准、规范或其他正式规定文档所需具有的条件或权能；

③ 一种反映①或②所描述的条件或权能的文档说明。

由需求分析的定义可知，需求分析的内容包括：提炼、分析和仔细审查已收集到的需求；确保所有利益相关者都明白其含义并找出其中的错误、遗漏或其他不足的地方；从用户最初的非形式化需求到满足用户对软件产品的要求的映射；对用户意图不断进行提示和判断。

（2）需求分析阶段的工作

需求分析阶段的工作可以概括为如下 4 个方面。

① 需求获取。

需求获取的目的是确定以对目标系统的各方面需求。涉及的主要任务是建立获取用户需求的方法框架，并支持和监控需求获取的过程。

需求获取涉及的关键问题有：对问题空间的理解；人与人之间的通信；不断变化的需求。

需求获取是在同用户的交流过程中不断收集、积累用户的各种信息，并且通过认真理解用户的各项要求，澄清那些模糊的需求，排除不合理的，从而较全面地提炼系统的功能性与非功能性需求。一般功能性与非功能性需求包括系统功能、物理环境、用户界面、用户因素、资源、安全性、质量保证及其他约束。

要特别注意的是，在需求获取过程中，容易产生诸如与用户存在交流障碍、相互误解、无共同语言、理解不完整、忽视需求变化、混淆目标和需求等问题，这些问题都将直接影响到需求分析和系统后期开发的成败。

② 需求分析。

对获取的需求进行分析和综合，最终给出系统的解决方案和目标系统的逻辑模型。

③ 编写需求规格说明书。

需求规格说明书作为需求分析懂得阶段成果，可以为用户、分析人员和设计人员之间的交流提供方便，还可以直接支持目标软件系统的确认，又可以作为控制软件开发进程的依据。

④ 需求评审。

在需求分析的最后一步，对需求分析阶段的工作进行复审，验证需求文档的一致性、可行性、完整性和有效性。

2. 需求分析方法

① 常见的需求分析方法。主要包括：面向数据流的结构化分析方法（SA-Structured Analysis）；面向数据结构的 Jackson 方法（JSD-Jackson System Development）；面向数据结构的结构化数据系统开发方法（DSSD-Data Structured System Development）。

② 面向对象的分析方法（OOA-Object Oriented Analysis）。

从需求分析建立的模型的特性来分，需求分析方法又分为静态分析方法和动态分析方法。

11.2.2　结构化分析方法

1. 关于结构化分析方法

结构化分析方法是结构化程序设计理论在软件需求分析阶段的运用。它是 20 世纪 70 年代中期倡导的基于功能分解的分析方法，其目的是更加清楚地理解用户对软件的需求。

对于面向数据流的结构化分析方法，按照 DeMarco 的定义，"结构化分析就是使用数据流图（DFD）、数据字典（DD）、判定树、判定表、过程设计语言（PDL）等工具，来建立一种新的、称为结构化规格说明的目标文档。"

结构化分析方法的实质是着眼于数据流，自顶向下，逐层分解，建成立系统的处理流程，以数据流图和数据字典为主要工具，建立系统的逻辑模型。

结构化分析的步骤如下：

① 通过对用户的调查，以软件的需求为线索，获得当前系统的具体模型；

② 去掉具体模型中非本质因素，抽象出当前系统的逻辑模型；

③ 根据计算机的特点分析当前系统的差别，建立目标系统的逻辑模型；

④ 完善目标系统并补充细节，写出目标系统的软件需求规格说明；

⑤ 评审直到确认完全符合用户对软件的需求。

2. 结构化分析的常用工具

（1）数据流图

数据流图（DFD-Data Flow Diagram）是描述数据处理过程的工具，是需求理解的逻辑模型的图形表示，它直接支持系统的功能建模。

数据流图从数据传递和加工的角度，来刻画数据流从输入到输出的移动变换过程。数据流图中的主要图形元素与说明如下。

◯ 加工（转换）。输入数据经加工变换产生输出。

➔ 数据流。沿箭头方向传送数据的通道，一般在旁边标注数据流名。

≡ 存储文件（数据源）。表示处理过程式中存放各种数据的文件。

▢ 源，潭。表示系统和环境的接口，属系统之外的实体。

一般通过对实际系统的了解和分析后，使用数据流图为系统建立逻辑模型。建立数据流图的步骤如下：

① 由外向里：先画系统的输入输出，然后画系统的内部。

② 自顶向下：顺序室外成顶层。中间层、底层数据流图。

③ 逐层分解。

图 11.2　顶层数据流图

数据流图的建立从顶层开始，顶层的数据流图形式如图 11.2 所示。顶层数据流图应该包含所有相关外部实体，以及外部实体与软件中间的数据流，其作用主要是描述软件的作用范围，对总体功能、输入、输出进行抽象描述，并反映软件和系统、环境的关系。

对复杂系统的表达应采用控制复杂度策略，需要按照问题的层次结构逐步分解细化，使用分层的数据流图表达这种结构关系，分层的数据流图的形式如图 11.3 所示。

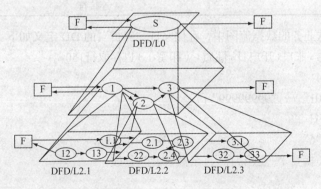

图 11.3　分层数据流图

为保证构造的数据流图表达完整、准确、规范，应遵循以下数据流图的构造规则和注意事项。

① 对加工处理建立唯一、层次性的编号，且每个加工处理通常要求既有输入又有输出。

② 数据存储之间不应该有数据流。

③ 数据流图的一致性。它包括数据守恒和数据存储文件的使用，即某个处理用以产生输出的数据没有输入，即出现遗漏；另一种是一个处理的某些输入并没有在处理中使用以产生输出；数据存储（文件）应被数据流图中的处理读和写，而不是仅读不写、或仅写不读；

④ 父图、子图关系与平衡规则。相邻两层DFD之间具有父、子关系，子图代表了父图中某个加工的详细描述，父图表示了子图间的接口。子图个数不大于父图中的处理个数。所有子图的输入、输出数据流和父图中相应处理的输入、输出数据流必须一致。图11.4所示为银行取款业务的数据流图。

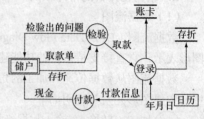

图 11.4 银行取款业务数据流图

（2）数据字典

数据字典（DD—Data Dictionary）是结构化分析方法的核心。数据字典是对所有与系统相关的数据元素的一个有组织的列表，以及精确的、严格的定义，使得用户和系统分析员对于输入、输出、存储成分和中间计算结果有共同的理解。数据字典把不同的需求文档和分析模型紧密地结合在一起，与各模型的图形表示配合，能清楚地表达数据处理的要求。

概括地说，数据字典的作用是对 DFD 中出现的被命名的图形元素的确切解释。通常数据字典包含的信息有：名称、别名、何处使用，如何使用、内容描述、补充信息等。例如，对加工的描述应包括：加工名、反映该加工层次的加工编号、加工逻辑及功能简述、输入输出数据流等。在数据字典的编制过程中，常使用定义方式描述数据结构。表 11.1 所示为常用的定义式符号。

表 11.1　　　　　　　　　数据字典定义式方式中出现的符号

符号	含义
=	表示"等于"，"定义为"，"由什么构成"
[…|…]	表示"或"，即选择括号中用"|"号分隔各项中的某一项
+	表示"与"，"和"
n{ }m	表示"重复"，即括号中的项要重复若干次，n, m 是重复次数的上下限
（ . . . ）	表示"可选"，即括号中的项可以没有
* *	表示"注释"
. .	连接符

例如，银行取款业务的数据流图中，存储文件"存折"的 DD 定义如下：

存折=户名+所号+账户+开户日+性质+（印密）+1{存取行}50

户名=2{字母}24

所号= "00000001" … "99999999"

开户日=年+月+日

性质= "1" … "6"　　　　　　　　　　印密= "0"

存取行=日期+（摘要）+支出+存入+余额+操作+复核

日期=年+月+日

年= "00" … "99"

月 = "01" … "12"

日 = "01" … "31"

摘要 = 1{字母}4　，支出 = 金额

金额 = "0000000.01" … "9999999.99"

操作 = "00001" … "99999"

（3）判定树

使用判定树进行描述时，应先从问题定义的文字描述中分清哪些是判定的条件，哪些是判定的结论，根据描述材料中的连接词找出判定条件之间的从属关系、并列关系、选择关系，根据它们构造判定树。

例如，某货物托运管理系统中，对发货情况的处理要依赖检查发货单，检查发货单受货物托运金额、欠款等条件的约束，可以使用类似分段函数的形式来描述这些约束和处理。

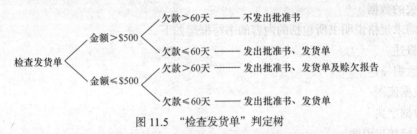

图 11.5　"检查发货单"判定树

（4）判定表

判定表与判定树相似，当数据流图中的加工要依赖于多个逻辑条件的取值，即完成该加工的一组动作是由于某一组条件取值的组合而引发的，使用判定表描述比较适宜。

判定表由四部分组成，如图 11.6 所示。其中标识为①的左上部称条件项，列出了各种可能的条件。标识为②的右上部称条件项，它列出了各种可能的条件组合。标识为③的左下部称基本动作项，它列出了所有的操作。标识为④的右下部称动作项，它列出在对应的条件组合下所选的操作。

基本条件 ◄── ①　│　② ──► 条件项

基本动作 ◄── ③　│　④ ──► 动作项

图 11.6　判定表组成

表 11.2 所示为"检查发货单"判定表，其中"√"表示满足对应条件项时执行的操作。判定表或判定树是以图形形式描述数据流图的加工逻辑，它结构简单，易读易懂。尤其遇到组合条件的判定，利用判定表或判定树可以使问题的描述清晰，而且便于直接映射到程序代码。在表达一个加工逻辑时，判定树、判定表都是好的描述工具，根据需要还可以交叉使用。

表 11.2　　　　　　　　　　　　　　　　　"检查发货单"判定表

		1	2	3	4
条件	发货单金额	>$500	>$500	≤$500	≤$500
	赊欠情况	>60 天	≤60 天	>60 天	≤60 天
操作	不发出批准书	√			
	发出批准书		√	√	√
	发出发货单		√	√	√
	发出赊欠报告			√	

11.2.3　软件需求规格说明书

软件需求规格说明书（SRS，Software Requitement Specification）是需求分析阶段的最后成果，是软件开发中的重要文档之一。

1. 软件需求规格说明书的作用

① 便于用户、开发人员进行理解和交流。

② 反映出用户问题的结构，可以作为软件开发工作的基础和依据。

③ 作为确认测试和验收的依据。

2. 软件需求规格说明书的内容

软件需求规格说明书是作为需求分析的一部分而制定的可交付文档。该说明把在软件计划中确定的软件范围加以展开，制定出完整的信息描述、详细的功能说明、恰当的检验标准以及其他与要求有关的数据。

软件需求规格说明书所包括的内容的书写框架如下。

一、概述

二、数据描述

- 数据流图
- 数据字典
- 系统接口说明
- 内部接口

三、功能描述

- 功能
- 处理说明
- 设计的限制

四、性能描述

- 性能参数
- 测试种类
- 预期的软件响应
- 应考虑的特殊问题

五、参考文献目录

六、附录

其中，概述是从系统的角度描述软件的目标和任务。

数据描述是对软件系统所必须解决的问题作出的详细说明。

功能描述中描述了为解决用户问题所需要的每一项功能的过程细节。对每一项功能要给出处理说明和在设计时需要考虑的限制条件。

性能描述中说明系统应达到的性能和应该满足的限制条件，检测的方法和标准，预期的软件响应和可能需要考虑的特殊问题。

参考文献目录中应包括与该软件有关的全部参考文献，其中包括前期的其他文档、技术参考资料、产品目录手册以及标准等。

附录部分包括一些补充资料。如列表数据、算法的详细说明、框图、图表和其他材料。

3. 软件需求规格说明书的特点

软件需求规格说明书是确保软件质量的有力措施，衡量软件需求规格说明书质量好坏的标准、标准的优先级及标准的内涵有以下几点。

① 正确性。体现待开发系统的真实要求。

② 无歧义性。对每一个需求只有一种解释，其陈述具有唯一性。

③ 完整性。包括全部有意义的需求，功能的、性能的、设计的、约束的属性或外部接口等方面的需求。

④ 可验证性。描述的每一个需求都是可以验证的，即存在有限代价的有效过程验证确认。

⑤ 一致性。各个需求的描述不矛盾。

⑥ 可理解性。需求说明书必须简明易懂，尽量少包含计算机的概念和术语，以便用户和软件人员都能接受它。

⑦ 可修改性。SRS 的结构风格在需求有必要改变时是易于实现的。

⑧ 可追踪性。每一个需求的来源、流向是清晰的，当产生和改变文件编制时，可以方便地引证每一个需求。

软件需求规格说明书是一份在软件生命周期中至关重要的文件，它在开发早期就为尚未诞生的软件系统建立了一个可见的逻辑模型，它可以保证开发工作的顺利进行，因而应及时地建立并保证它的质量。

11.3　结构化设计方法

软件设计是软件工程的重要阶段，是一个把软件需求转换为软件表示的过程。软件设计的基本目标是用比较抽象概括方式确定目标系统如何完成预定的任务，即软件设计是确定系统的物理模型。

11.3.1　软件设计的基本概念

1. 软件设计的基础

软件开发的重要性的地位概括为以下几点：

① 软件开发阶段（设计、编码、测试）占据软件项目开发总成本绝大部分，是在软件开发中形成质量的关键环节；

② 软件设计是开发阶段最重要的步骤，是将需求准确地转化为完整的软件产品或系统的唯一途径；

③ 软件设计作出的决策，最终影响软件实现的成败；

④ 设计是软件工程和软件维护的基础。

从技术观点来看，软件设计包括软件结构设计、数据设计、接口设计、过程设计。其中，结构设计是定义软件系统各主要部件之间的关系；数据设计是将分析时创建的模型转化为数据结构的定义；接口设计是描述软件内部、软件协作系统之间以及软件与人之间如何通信；过程设计则是把系统结构部件转换成软件的过程性描述。

从工程管理角度来看，软件设计分两步完成：总体设计和详细设计。总体设计（又称结构设计）将软件需求转化软件体系结构、确定系统级接口、全局数据结构或数据库模式；详细设计确立每个模块的实现算法和局部数据结构，用适当方法表示算法和数据结构的细节。

软件设计的一般过程是：软件设计是一个迭代的过程；先进行高层次的结构设计；后进行低层次的过程设计；穿插进行数据设计和接口设计。

2. 软件设计和基本原理

软件设计遵循软件工程的基本的目标和原则，建立了适用于在软件设计中应该遵循的基本原理和与软件设计有关的概念。

（1）抽象

抽象是一种思维工具，就是把事物本质的共同特性提取出来而不考虑其他细节。软件设计中考虑模块化解决方案时，可以定出多个抽象级别。抽象的层次从总体设计到详细设计逐步降低。在软件总体设计中的模块分层也是由抽象到具体逐步分析和构造出来的。

（2）模块化

模块化是把一个待开发的软件分解成若干小的简单的部分。如高级语言中的过程、函数、子程序等。每个模块可以完成一个特定的子功能，各个模块可以按一定的方法组装起来成为一个整体，从而实现整个系统的功能。

模块化是指把解决一个复杂的问题时自顶向下逐层把软件系统划分成若干模块的过程。为了解决复杂的问题，在软件设计中必须把整个问题进行分解来降低复杂性，这样就可以减少开发工作量并降低开发成本和提高软件生产率。但是划分模块并不是越多越好，因为这会增加模块之间接口的工作量，所以划分模块的层次和数量应该避免过多或过少。

（3）信息隐蔽

信息隐蔽是指在一个模块内包含的信息（过程或数据），对于不需要这些信息的其他模块来说是不能访问的。

（4）模块独立性

模块独立性是指每个模块只完成系统要求的独立的子功能，并且与其他模块的联系最少且接口简单。模块的独立程度是评价设计好坏的重要度量标准。衡量软件的模块独立性使用内聚性和耦合性两个定性的度量标准。

① 内聚性：内聚性是一个模块内部各个元素彼此结合的紧密程度的度量。内聚性是从功能角度来度模块内的联系。

内聚有如下的种类，它们之间的内聚性由弱到强如下排列。

偶然内聚：指一个模块内的各收理元素之间没有任何联系。

逻辑内聚：指模块内执行几个逻辑上相关的功能，通过参数确定该模块完成哪一个功能。

时间内聚：把需要同时或顺序执行的动作组合在一起形成的模块为时间内聚性模块。比如初始化模块，它顺序为变量置初值。

过程内聚：如果一个模块内的处理元素是相关的，而且必须以特定的次序执行则称为过程内聚。

通信内聚：指模块内所有处理功能都通过使用公用数据而发生关系。这种内聚也具有过程内聚的特点。

顺序内聚：指一个模块中各个处理元素和同一个功能密切相关，而且这些处理必须顺序执行，通常前一个处理元素的输出就是下一个处理元素的输入。

功能内聚：指模块内所有元素共同完成一个功能，缺一不可，模块已不可再分。这是最强的内聚。

内聚性是信息隐蔽和局部化要领的自然扩展。一个模块的内聚性越强则该模块的模块独立性越强。作为软件的设计原则，要求每一个模块的内部都具有很强的内聚性，它的各个组成部分彼此都密切相关。

② 耦合性：耦合性是模块间互相连接的紧密程度的度量。

耦合性取决于各个模块之间接口的复杂度、调用方式以及哪些信息通过接口。耦合可以分为下列几种，它们之间的耦合度由高到低如下排列。

内容耦合：如一个模块直接访问另一模块的内容，则这两个模块称为内容耦合。

公共耦合：若一组模块都访问同一全局数据结构，则它们之间的耦合称之为公共耦合。

外部耦合：一组模块都访问同一全局简单变量（而不是同一全局数据结构），且不通过参数表传递该全局变量的信息，则称为外部耦合。

控制耦合：若一模块明显地把开关量、名字等信息送入另一模块，控制另一模块的功能，则为控制耦合。

标记耦合：若两个以上的模块都需要某一数据结构子结构时，不使用全局变量的方式而是用记录传递的方式，即两模块间通过数据结构交换信息，这样的耦合称为标记耦合。

数据耦合：若一个模块访问另一模块，被访问模块的输入和输出都是数据项参数，即两模块间通过数据参数交换信息，则这两个模块为数据耦合。

非直接耦合：若两个模块没有直接关系，它们之间的联系完全是通过主模块的控制和调用来实现的，则称这两个模块为非直接耦合。非直接耦合独立性最强。

上面仅是对耦合机制进行的一个分类。可见，一个模块与其他模块的耦合性越强。则该模块的模块独立性越弱。原则上讲，模块化设计总是希望模块之间的耦合表现为非直接耦合方式。但是，由于问题所固有的复杂性和结构化设计的原则，非直接耦合往往是不存在的。

耦合性与内聚性是模块独立性的两个定性标准，耦合与内聚是相互关联的。在程序结构中，各模块的内聚性越强，则耦合性越弱。一般较优秀的软件设计，应尽量做到高内聚，低耦合，即减弱模块之间的耦合性和提高模块内的内聚性，有利于提高模块的独立性。

3. 结构化设计方法

与结构化需求分析方法相对应的是结构化设计方法。结构化设计就是采用最佳的可能方法设计系统的各个组成部分以及各成分之间的内部联系的技术。也就是说，结构化设计是这样一个过程，它决定用哪些方法把哪些部分联系起来，才能解决好某个具体有清楚定义的问题。

结构化设计方法的基本思想是将软件设计成由相对独立、单一功能的模块组成的结构。下面重点以面向数据流的结构化方法为例讨论结构化设计方法。

11.3.2　总体设计

1. 总体设计的任务

软件总体设计的基本任务有以下几点。

（1）设计软件系统结构

在需求分析阶段，已经把系统分解成层次结构，而在总体设计阶段，需要进一步分解，划分为模块以及模块的层次结构。划分的具体过程是：

① 采用某种设计方法，将一个复杂的系统按功能划分成模块；

② 确定每个模块的功能；

③ 确定模块之间的调用关系；

④ 确定模块之间的接口，即模块之间传递的信息；

⑤ 评价模块结构的质量。

（2）数据结构及数据库设计

数据设计是实现需求定义和规格说明过程中提出的数据对象的逻辑表示。数据设计的具体任务是：确定输入、输出文件的详细数据结构；结合算法设计，确定算法所必需的逻辑数据结构及其操作；确定对逻辑数据结构所必须的那些操作的程序模块，限制和确定各个数据设计决策的影响范围；需要与操作系统或调度程序接口所必需的控制表进行数据交换时，确定其详细的数据结构和使用规则；数据的保护性设计；防卫性、一致性、冗余性设计。

数据设计中应该注意掌握以下设计原则：

① 用于功能和行为的系统分析原则也应用于数据；

② 应该标识所有的数据结构以及其上的操作；

③ 应当建立数据字典，并用于数据设计和程序设计；

④ 低层的设计决策应该推迟到设计过程的后期；

⑤ 只有那些需要直接使用数据结构、内部数据的模块才能看到该数据的表示；

⑥ 应该开发一个由有用的数据结构和应用于其上的操作组成的库；

⑦ 软件设计和程序设计语言应该支持抽象数据类型的规格说明和实现。

（3）编写总体设计文档

在总体设计阶段，需要编写的文档有，总体设计说明书、数据库设计说明书、集成测试计划等。

（4）总体设计文档评审

在总体设计中，对设计部分是否完整地实现了需求中规定的功能、性能等要求，设计方案的可行性，关键的处理及内外部接口定义正确性、有效性、各部分之间的一致性等都要进行评审，以免在以后的设计中出现大的问题而返工。

常用的软件结构设计工具是结构图（SC——Structure Chart），也称程序结构图。使用结构图描述软件系统的层次和分块结构关系。它反映了整个系统的功能实现以及模块与模块之间的联系与通讯，是未来程序中的控制层次体系。结构图是描述软件结构的图形工具。结构图的基本图符如图 11.7 所示。

模块用一个矩形表示，矩形内注明模块的功能和名字；箭头表示模块间的调用关系。在结构图中还可以用带注释的箭头表示模块调用过程中来回传递的信息。如果希望进一步明传递的信息是数据还是控制信息，则可用带实心圆的箭头表示传递的是控制信息，用带空心圆的箭心表示传递的数据。根据结构化设计思想，结构图构成的基本形式如图 11.8 所示。

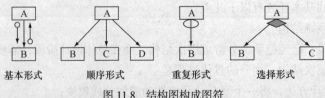

图 11.8 结构图构成图符

经常使用的结构图有四种模块类型：传入模块、传出模块、变换模块和协调模块。下面通过

图 11.9 进一步了解程 序结构图的有关术语。

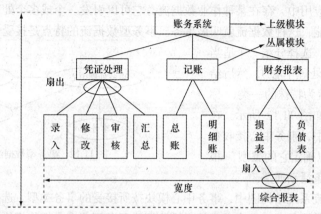

图 11.9　财务管理系统结构图

深度：表示控制的层数。

上级模块、从属模块：上、下两层模块 a 和 b，且有 a 调用 b，则 a 是上级模块，b 是从属模块。

宽度：整体控制跨度（最大模块数的层）的表示。

扇入：调用一个给定模块的模块个数

扇出：一个模块直接调用的其他模块数。

原子模块：树中位于叶子结点的模块。

2. 面向数据流的设计方法

在需求分析阶段，主要是分析信息在系统中加工和流动的情况。面向数据流的设计方法定义了一些不同的映射方法，利用这些映射方法可以把数据流图变成结构图表示的软件结构。首先需要了解数据流图表示的数据处理类型，然后针对不同类型分别进行分析处理。

典型的数据流类型有两种：变换型和事务型。

（1）变换型

变换型是指信息沿输入通路进入系统，同时由外部形式变换成内部形式，进入系统的信息通过变换中心，经加工处理以后再沿输出通路变换成外部形式离开软件系统。变换型数据处理问题的工作过程在致分为三步，即取得数据、变换数据、输出数据，如图 11.10 所示。

图 11.10　变换型数据流结构

相应于取得数据、变换数据、输出数据的过程，变换型系统结构图由输入、中心变换和输出等三部分组成，变换型数据流图映射的结构图如图 11.11 所示。

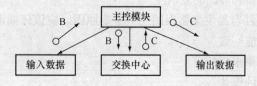

图 11.11　变换型数据流系统结构图

（2）事务型

在很多软件的应用中，存在某种作业数据流，它可以引发一个或多个处理，这些处理能够完成该作业要求的功能，这种数据流就叫做事务。事务型数据流的特点是接受一项事务，根据事务处理的特点和性质，选择分派一个适当的处理单元（事务处理中心），然后给出结果。这类数据流为特殊的一类，称为事务型数据流，如图 11.12 所示。在一个事务型数据流中，事务中心接收数据，分析每个事务以确定它的类型，根据事务类型选取一条活动通路。

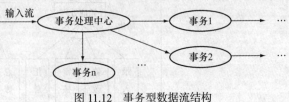

图 11.12　事务型数据流结构

在事务型数据流系统结构图中，事务中心模块按所接受的事务类型，选择某一事务处理模块执行，各事务处理模块并列。每个事务处理模块可能要调用若干个操作模块，而操作模块又可能调用若干个细节模块。

3. 设计的准则

大量软件设计的实践证明，以下的设计准则是可以借鉴为设计的指导和对软件结构图进行优化。

（1）提高模块独立性

对软件结构应着眼于改善模块独立性，根据降低耦合提高内聚的原则，通过把一些模块取消或合并来修改程序结构。

（2）模块规模适中

经验表明，当模块增大时，模块的可理解性迅速下降。但是当对大模块分解时，不应降低模块的独立性。因为，当对一个大的模块分解时。有可能会增加模块间的依赖。

（3）深度、宽度、扇出、扇入适当

如果深度过大，说明有的控制模块可能简单了。如果宽度过大，则说明系统的控制过于集中。而扇出过大则意味模块过分复杂，需要控制和协调过多的下级模块，这时应适当增加中间层次。扇出太小则可以把下级模块进一步分解成若干个子功能模块，或者合并到上级模块中去。 扇入越大则共享该模块的上级模块数目越多。经验表明，好的软件设计结构通常顶层高扇出，中间扇出较少，底层高扇入。

（4）使模块的作用域在该模块的控制域内

模块的作用域是指模块内一个判定的作用范围，凡是受这个判定影响的所有模块都属于这个判定的作用域。模块的控制域是指这个模块本身以及所有直接或间接从属于它的模块的集合。在一个设计的很好的系统中，所有受某个判定影响的模块应该从属于做出判定的那个模块，最好局限于作出判定的那个模块本身及它的直属下级模块。对于那些不满足这一条件的软件结构，修改的办法是：将判定点上移或者将那些在作用范围内但是不在控制范围内的模块移到控制范围以内。

（5）应减少模块的接口和界面的复杂性

模块的接口复杂是软件容易发生错误的一个主要原因。应该仔细设计模块接口 ，使得信息传递简单并且和模块的功能一致。

（6）设计成单入口、单出口的模块

（7）设计功能可预测的模块

如果一个模块可以当作一个"墨盒"，也就是不考虑模块的内部结构和处理过程，则这个模块的功能就是可以预测的。

11.3.3　详细设计

详细设计的任务，是为软件结构图的每一个模块确定实现算法和局部数据结构，用某种选定的表达工具表示算法和数据结构的细节。表达工具可以由设计人员自由选择，但它应该具有描述过程细节的能力，而且能够使程序员在编程时便于直接翻译成程序设计语言的源程序。本节重点对过程设计进行讨论。

在过程设计阶段，要对每个模块规定的功能以及算法的设计，给出适当的算法描述，即确定模块内部的详细执行过程，包括局部数据组织、控制流、每一步具体处理要求和各种实现细节等。其目的是确定应该怎样来具体实现所要求的系统。

常见的过程设计工具有以下几类。

图形工具：程序流程图，N-S，PAD，HIPO。

表格工具：判定表。

语言工具：PDL（伪码）。

下面讨论其中几种主要的工具。

1．程序流程图

程序流程图是一种传统的、应用广泛的软件过程设计表示工具，通常也称为程序框图。程序流程图表达直观，清晰，易于学习掌握，且独立于任何一种程序设计语言。

按照结构化程序设计的要求，程序流程图构成的任何程序描述限制为如图 11.13 所示的 5 种控制结构。如图 11.13 所示的程序流程图构成的 5 种控制结构的含义如下。

顺序型：几个连续的加工步骤依次排列构成。

选择型：由某个逻辑判断式的取值决定选择两个加工中的一个。

先判断重复型：先判断循环控制条件是否成立，成立则执行循环体语句。

后判断重复型：重复执行某些特定的加工，知道控制条件成立。

多分支选择型：列举多种加工情况，根据控制变量的取值，选择执行其中之一。

通过把程序流程图的 5 种基本控制结构相互结合或嵌套，可以构成任何复杂的程序流程图。

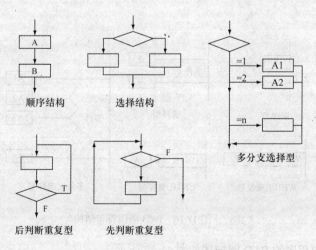

图 11.13　程序流程图构成结构

2. N-S 图

为了避免流程图在描述程序逻辑时的随意性与灵活性，1973 年 Nossi 和 Shneiderman 发表了题为"结构化程序的流程图技术"的文章，提出了用方框图来代替传统的程序流程图，通常也把这种图称为 N-S 图。

N-S 图的基本图符及表示的 5 种基本控制结构如图 11.14 所示。

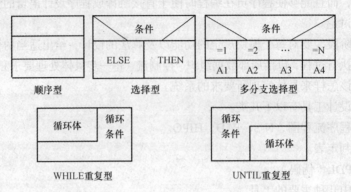

图 11.14　N-S 图符与结构

图 11.15 所示为 N-S 图的程序描述实例。N-S 图有以下特征：

① 每个构件具有明确的功能域；

② 控制转移必须遵守结构化设计要下求；

③ 易于确定局部数据和（或）全局数据的作用域；

④ 易于表达嵌套关系和模块的层次结构。

3. PAD 图

PAD 图是问题分析图（Problem Analysis Diagram）的英文缩写。它是继程序流程图各方框之后，提出的又一种主要用于描述软件详细设计的图形表示工具。

PAD 图的基本图符及表示的 5 种基本控制结构，如图 11.16 所示。

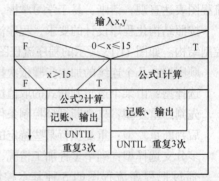

图 11.15　N-S 图实例

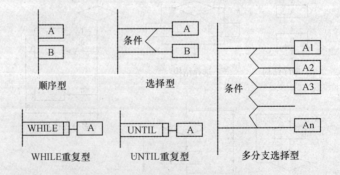

图 11.16　PAD 图图符与结构

例如，上述问题程序的 PAD 图描述如图 11.17 所示。

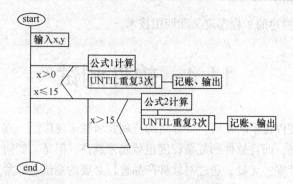

图 11.17　PAD 图示例

PAD 图有以下特征：

① 结构清析，结化程度高；

② 易于阅读；

③ 最左端的纵线是程序主干线，对应程序的第一层结构，每增加一层 PAD 图向右扩展一条纵线，故程序的纵线数等于程序层次数；

④ 程序执行：从 PAD 图最左主干线上端结点开始，自上而下，自左向右依次执行，程序终止最左主干线。

4．PDL（Procedure Design Language）

过程设计语言（PDL）也称为结构化的英语和伪代码，它是一种混合语言，采用英语的词汇和结构化程序设计的语法，类似编程语言。

用 PDL 表示的基本控制结构的常用词汇如下。

顺序：

条件：IF / THEN / ELSE / ENDIF

循环：DO WHILE / ENDDO

循环：REPEAT UNTIL / ENDREPEAT

分支：CASE-OF / WHEN / SELECT / WHEN / SELECT / ENDCASE

例如，上述问题程序的描述如下，用 C 语言 PDL。

```
/*计算运费*/
count（ ）;
{输入 x；输入 y；
if （0<x<=15）条件 1{公式 1 计算；call sub;}
else if (x>15) {公式 2 计算；call sub;}
}
sub（ ）;
{for (i=1，3，i++)    do {记帐；输出；}
}
```

PDL 可以由编程语言转换得到，也可以是专门为过程描述而设计的。但应具备以下的特征：

① 有为结构化构成元素、数据说明和模块化特征提供的关键词语法；

② 处理部分的描述采用自然语言语法；

③ 可以说明简单和复杂的数据结构；

④ 支持各种接口描述的子程序定义和调用技术。

11.4　软件测试

随着计算机软、硬件技术的发展，计算机的应用领域越来越广泛，方方面面的应用对软件的功能要求也就越来越强，而且软件的复杂程度也就越来越高。但是，如何才能确保软件的质量并保证软件的高度可靠性呢？无疑，通过对软件产品进行必要的测试是非常重要的一个环节。软件测试也是在软件投入运行前对软件需求、设计、编码的最后审核。

软件测试的投入，包括人员和资金投入是巨大的，通常其工作量、成本占软件开发总工作量、总成本的 40%以上，而且具有很高的组织管理和技术难度。

软件测试是保证软件质量的重要手段，其主要过程涵盖了整个软件生命周期的过程，包括需求定义阶段的需求测试、编码阶段的单元测试、集成测试以及后期的确认测试、系统测试，验证软件是否合格、能否交付用户使用等。

11.4.1　软件测试的目的

1963 年 IEEE 将软件测试定义为，使用人工或自动手段来运行或测定某个系统的过程，其目的在于检验它是否满足规定的需求或是弄清预期结果与实际结果之间的差别。

关于软件测试的目的，Grenford J.Myers 在《The Art of Software Testing》一书中给出了更深刻的阐述：软件测试是为了发现错误而执行程序的过程；一个好的测试用例是指很可能找到迄今为止尚未发现的错误的用例；一个成功的测试是发现了至今尚未发现的错误的测试。

Myers 的观点告诉人们测试要以查找错误为中心，而不是为了演示软件的正确功能。

11.4.2　软件测试的准则

鉴于软件测试的重要性，要做好软件测试，设计出有效的测试方案和好的测试用例，软件测试人员需要充分理解和运用软件测试的一些基本准则。

① 所有测试都应追溯到需求。

软件测试的目的是发现错误，而最严重的错误不外乎是导致程序无法满足用户需求的错误。

② 严格执行测试计划，排除测试的随意性。

软件测试应当制定明确的测试计划并按照计划执行。测试计划应包括：所测软件的功能、输入和输出、测试内容、各项测试的目的和进度安排、测试资料、测试工具、测试用例的选择、资源要求、测试的控制方式和过程等。

③ 充分注意测试中的群集现象。

经验表明，程序中存在错误的概率与该程序中已发现的错误数成正比。这一现象说明，为了提高测试效率，测试人员应该集中对付那些错误群集的程序。

④ 程序员应避免检查自己的程序。

为了达到好的测试效果，应该由独立的第三方来构成测试。因为从心理学角度讲，程序人员或设计方在测试自己的程序时，要采取客观的态度是程序不同地存在障碍的。

⑤ 穷举测试不可能。

所谓穷举测试是指把程序所有可能的执行路径都进行检查的测试。但是，即使规模较小的程序，其路径排列数也是相当大的，在实际测试过程中不可能穷尽每一种组合。这说明，测试只能证明程序中有错误，不能证明程序中没有错误。

⑥ 妥善保存测试计划、测试用例、出错统计和最终分析报告，为维护提供方便。

11.4.3　软件测试技术与方法综述

软件测试的方法和技术是多种多样的。对于软件测试方法和技术，可以从不同的角度加以分类。

若从是否需要执行被测软件的角度，可以分为静态测试和动态测试方法。若按照功能划分可以分为白盒测试和黑盒测试方法。

1. 静态测试与动态测试

（1）静态测试

静态测试包括代码检查、静态结构分析、代码质量度量等。静态测试可以由人工进行，充分发挥人的逻辑思维优势，也可以借助软件工具自动进行。经验表明，使用人工测试能够有效地发现 30%～70%的逻辑设计和编码错误。

代码检查主要检查代码和设计的一致性，包括代码的逻辑表达的正确性，代码结构的合理性等方面。这项工作可以发现违背程序编写标准的问题，程序中不安全、不明确和模糊的部分，找出程序中不可移植部分、违背程序编程风格的问题，包括变量检查、命名和类型审查、程序逻辑审查、程序语法检查和程序结构检查等内容。代码检查包括代码审查、代码走查、桌面检查、静态分析等具体方式。

代码审查：小组集体阅读、讨论检查代码。

代码走查：小组成员通过用"脑"研究、执行程序来检查代码。

桌面检查：由程序员自己检查自己编写的程序。程序员在程序通过编译之后，进行单元测试之前，对源代码进行分析、检验，并补充相关文档，目的是发现程序的错误。

静态分析：对代码的机械性、程式化的特性分析方法，包括控制流分析、数据流分析、接口分析、表达式分析。

（2）动态测试

静态测试不实际运行软件，主要通过人工进行。动态测试是基于计算机的测试，是为了发现错误而执行程序的过程。或者说，是根据软件开发各阶段的规格说明和程序的内部结构而精心设计一批测试用例（即输入数据及其预期的输出结果），并利用这些测试用例去运行程序，以发现程序错误的过程。

设计高效、合理的测试用例是动态测试的关键。测试用例（Test Case）是为测试设计的数据。测试用例由测试输入数据和与之对应的预期输出结果两部分组成。测试有例的格式为：

[（输入值集），（输出值集）]

下面重点讨论动态的白盒测试方法和黑盒测试方法。

2. 白盒测试方法与测试用例设计

白盒测试方法也称结构测试或逻辑驱动测试。它是根据软件产品的内部工作过程，检查内部成分，以确认每种内部操作符合设计规格要求。白盒测试把测试对象看作一个打开的盒子，允许测试人员利用程序内部的逻辑结构及有关信息来设计或选择测试用例，对程序所有的逻辑路径进行测试。通过在不同点检查程序的状态来了解实际的运行状态是否与预期的一致。所以，白盒测试是在程序内部进行，主要用于完成软件内部操作的验证。

白盒测试的基本原则是：保证所测模块中每一独立路径至少执行一次；保证所测模块所有判断的每一分支至少执行一次；保证所测模块每一循环都在边界条件和一般条件下至少各执行一次；验证所有内部数据结构的有效性。

按照白盒测试的基本原则，"白盒"法是穷举路径测试。在使用这一方案时，测试者必须检查程序的内部结构，从检查程序的逻辑着手，得出测试数据。贯穿程序的独立路径数是天文数字，但即使每条路径都测试了仍然可能有错误。第一，穷举路径测试决不能查出程序是否违反了设计规范，即程序本身是个错误的程序；第二，穷举路径测试不可能查出程序中因遗漏路径而出错；第三，穷举路径测试可能发现不了一些与数据相关的错误。

白盒测试的主要方法有逻辑覆盖、基本路径测试等。

逻辑覆盖是泛指一系列以程序内部的逻辑结构为基础的测试用例设计技术。通常所指的程序中的逻辑表示有判断、分支、条件等几种表示方式。

① 语句覆盖。选择足够的测试用例，使程序中每个语句至少都能被执行一次。

【例 11.1】设有程序流程图表示的程序如图 11.18 所示。

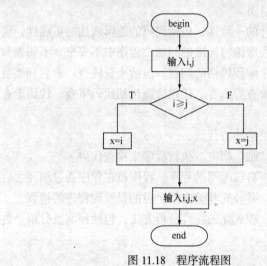

图 11.18　程序流程图

按照语句覆盖的测试要求，对图 11.18 的程序设计如下测试用例 1 和测试用例 2。

语句覆盖是逻辑覆盖中基本的覆盖，但是语句覆盖往往没有关注判断中的条件有可能隐含的错误。

测试用例 1：

输入（i, j）	输出（i, j, x）
（10, 10）	（10, 10, 10）

测试用例 2：

输 入（I, j）	输出（i, j, x）
(10, 17)	（10, 15, 15）

② 路径覆盖。执行足够的测试用例，使程序中所有可能的路径都至少经历一次。

【**例 11.2**】设有程序流程图表示的程序如图 11.19 所示。对图 11.19 的程序设计如表 11.3 列出的一组测试用例，就可以覆盖该程序的全部 4 条路径：ace，abd，abe，acd。

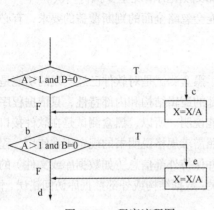

图 11.19　程序流程图

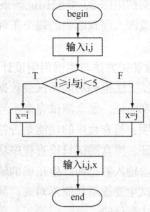

图 11.20　程序流程图

表 11.3　　　　　　　　　　　　　　　　　　测试用例

测试用例	通过路径	测试用例	通过路径
［（A=1，B=0，X=1）， （输出略）］	（ace）	［（A=3，B=0，X=1）， （输出略）］	（abe）
［（A=2，B=0，X=3）， （输出略）］	（abd）	［（A=2，B=1，X=1）， （输出略）］	（acd）

③ 判断覆盖。使设计的测试用例保证程序中每个判断的每个取值分支（T 或 F）至少经历一次。

根据判断覆盖的要求，对如图 11.20 所示的程序，如果其中包含条件 $i \geqslant j$ 的判断为真值（即为 T）和为假值（即为 F）的程序执行路径至少经历一次，仍然可以使用例 11.1 中的测试用例 1 和测试用例 2。

测试用例 1：

输入 （i，j）	输出 （i，j，x）
（3，2）	（3，2，3）

测试用例 2：

输入 （i，j）	输出 （i，j，x）
（5，10）	（5，10，10）

程序每个判断中若存在多个联立条件，仅保证判断的真假值往往会导致某些单个条件的错误不能被发现。例如，某判断是 "x < 1 或 y > 5"，其中只要一个条件取值为真，无论另一个条件是否错误，判断的结果都为真。这说明，仅有判断覆盖还无法保证能查出在判断的条件中的错误，需要更强的逻辑覆盖。

④ 条件覆盖。设计的测试用例保证程序中每个判断的每个条件的可能取值至少执行一次。

【例 11.3】设有程序流程图表示的程序如图 11.20 所示。

按照条件覆盖的测试要求，对图 11.20 的程序判断框中的条件 i≥j 和条件将 j<5 设计如下测试用例 1 和测试用例 2，就能保证该条件取真值和取假值的情况至少执行一次。

条件覆盖深入到判断中的每个条件，但是可能会忽略全面的判断覆盖的要求，有必要考虑判断/条件覆盖。

3. 黑盒测试方法与测试用例设计

黑盒测试方法也称功能测试或数据驱动测试。黑盒测试是对软件已经实现的功能是否满足需求进行测试和验证。黑盒测试完全不考虑程序内部的逻辑结构和内部特性，只依据程序的需求和功能规格说明，检查程序的功能是否符合它的功能说明。所以，黑盒测试是在软件接口处进行，完成功能验证。黑盒测试只检查程序功能是否按照需求规格说明书的规定正常使用，程序是否能适应当地接收输入数据而产生正确的输出信息，并保持外部信息（如数据库或文件）的完整性。

黑盒测试主要诊断功能不对或遗漏、界面错误、数据结构或外部数据库访问错误、性能错误、初始化和终止条件错。

黑盒测试方法主要有等价类划分法、边界值分析法、错误推理法、因果图等，主要用于软件确认测试。

（1）等价类划分法

等价类划分法是一种典型的黑盒测试方法。它是将程序的所有可能的输入数据划分成若干部分（及若干等价类），然后从每个等价类中选取数据作为测试用例。对每一个等价类，各个输入数据对发现程序中的错误的几率都是等效的，因此只需从每个等价类中选取一些有代表性的测试用例进行测试而发现错误。

使用等价类划分方法设计测试方案，首先需要划分输入集合的等价类。等价类包括以下两种。

① 有效等价类：合理，有意义的输入数据构成的集合。可以检验程序中符合规定的功能，性能。

② 无效等价类：不合理、无意义的输入数据构成的集合。可以检验程序中不符合规定的功能，性能。

为此，需要研究程序的功能说明，从而确定输入数据的有效等价类和无效等价类。

等价类划分法实施步骤分为两步：

第 1 步：划分等价类；

第 2 步：根据等价类选取相应的测试用例。

【例 11.4】程序实现输入 3 个边长（设为 a，b，c），判断能否构成三角形。对该程序考虑等价类划分法。满足测试三角形构成条件程序的等价类划分如表 11.4 所示。

表 11.4　　　　　　　　　　　　　　测试用例

输入条件	有效等价类	无效等价类
①边长 a,b,c 限制	a>0 或 b>0 或 c>	a<=0 或 b<=0 或 c<=0
②边长关系限制	a+b>c 或 b+c>a 或 a+c>b	a+b<=0 或 b+c<=a 或 a+c<=b

根据表 11.4 划分的等价类，可以设计以下的测试用例。

对满足输入条件 1 和 2 的有效等价类设计的测试用例：

［（a=3，b=4，c=5），（符合三角形构成条件）］

对满足输入条件 1 的无效等价类设计的测试用例：

[（a=-3，b=4，c=5），（无效输入）]

对满足输入条件 2 的无效等价类设计的测试用例：

[（a=3，b=4，c=10），(无效输入)]

划分等价类常用以下几条原则。

① 若输入条件规定了确切的取值范围，则可划分出一个有效等价类和两个无效等价类；

② 若输入条件规定了输入值的集合（或有"必须如何"的条件），可确定一个有效等价类和一个无效等价类；

③ 若输入条件是一个布尔量，则可确定一个有效等价类和一个无效等价类；

④ 若输入数据是一组值，且程序要对每个值分别处理。可为每个输入值确定一个有效等价类和一个无效等价类；

⑤ 若规定了输入数据必须遵守一定规则，则可确定一个有效等价类和若干个无效等价类；

⑥ 若已划分的等价类中各元素在程序中处理方式不同,需将该等价类进一步划分（更小的等价类）。

（2）边界值分析法

边界值分析法是对各种输入，输出范围的边界情况设计测试用例的方法。

经验表明，程序错误最容易出现在输入或输出范围的边界处，而不是在输入范围的内部。因此针对各种边界情况设计测试用例，可以查处更多错误。

使用边界值分析方法设计测试用例，确定边界情况应考虑选取正好等于，刚刚大于，或刚刚小于边界的值作为测试数据，这样发现程序中错误的概率较大。

边界值分析方法的使用要注意以下几点：

① 如果输入条件规定了取值范围或数据个数，则可选择正好等于边界值，刚刚在边界值范围内和刚刚超越边界外的值进行测试；

② 针对规格说明的每个输入条件，使用上述原则；

③ 对于有序数列，选择第一个和最后一个作为测试数据。

例如，对例 11.4 中的判断三角形构成的程序，如果在等价类划分中加入边界值分析的思想，即选取该等价类的边界值，则会使等价类划分法更有效。考虑等价类划分法加入边界值分析的例 11.4 的测试用例可以设计如下：

对满足输入条件 1 的无效等价类设计的测试用例：

[（a=0，b=4，c=5），（无效输入）]

或 [（a=3，b=0，c=5），（无效输入）]

或 [（a=3，b=4，c=5），（无效输入）]

对满足输入条件 2 的无效等价类设计的测试用例：

[（a=3，b=4，c=7），（无效输入）]

或 [（a=9，b=4，c=5），（无效输入）]

或 [（a=3，b=10，c=5),（无效输入）]

一般多用边界值分析法来补充等价类划分方法。

（3）错误推测法

人们可以靠经验和直觉推测程序中可能存在各种错误，从而有针对性地编写检查这些错误的例子，这就是错误推测法。

错误推测法的基本想法是：列举出程序中所有可能有的错误和容易发生错误的特殊情况，根据它们选择测试用例。错误推测法针对性强，可以直接切入可能的错误，直接定位是一种非赏实用、有效的方法。但是它需要丰富的经验和专业知识。

错误推测法的实施步骤一般是对被测软件首先列出所有可能有的错误和易错情况表，然后其于该表设计测试用例。

例如，一般程序中输入为 0 或输出为 0 的情形是容易出错的情况，测试者可以设计输入值为 0 的测试情况，以及使输出强迫为 0 的测试情况。

例如，要测试一个排序子程序，特别需要检查的情况是：输入表为空；输入表只含有一个元素；输入表的所有元素的值都相同；输入表已经排过序。这些情况都是在程序逻辑设计时可能忽略的特殊情况。

实际上，无论是使用白盒测试方法还是黑盒测试方法，或是其他测试方法，针对一种方法设计的测试用例，仅仅是易于发现某种类型的错误，对其他类型的错误不易发现。所以没有一种用例设计方法能适应全部的测试方案，而是各有所长。综合使用各种方法来确定合适的测试方案，应该考虑在测试成本和测试效果之间的一个合理折中。

11.4.4　软件测试的实施

软件测试是保证软件质量的重要手段，软件测试是一个过程，其测试流程是该过程规定的程序，目的是使软件测试工作系统化。

软件测试过程一般按 4 个步骤进行，即单元测试、集成测试、验收测试（确认测试）和系统测试。通过这些步骤的实施来验证软件是否合格，能否交付用户使用。

1．单元测试

单元测试是对软件设计的最小单位——模块（程序单元）进行正确性检验的测试。测试的目的是发现各模块内部可能存在的各种错误。

单元测试的依据是详细设计说明书和源程序。

单元测试的技术可以采用表态分析和动态测试。对动态测试通常以白盒动态测试为主，辅之以黑盒测试。

单元测试主要针对模块的下列 5 个基本特性进行。

① 模块接口测试——测试通过模块的数据流。例如，检查模块的输入参数和输出参数、全局量、文件属性与操作等都属于模块接口测试的内容。

② 局部数据结构测试。例如，检查局部数据说明的一致性，数据的初始化，数据类型的一致以及数据的下溢、上溢等。

③ 重要的执行路径的检查。

④ 出错处理测试。检查模块的错误处理功能。

⑤ 影响以上各点及其他相关点的边界条件测试。

单元测试是针对某个模块，这样的模块通常并不是一个独立的程序，因此模块自己不能运行，而要靠辅助其他模块调用或驱动。同时，模块自身也会作为驱动模块去调用其他模块，也就是说，单元测试要考虑它和外界的联系，必须在一定的环境下进行，这些环境可以是模拟的。模拟环境是单元测试常用的。

所谓模拟环境就是在单元测试中，用一些辅助模块去模拟与被测模块的相联系的其他模块，即为被测试模块设计和搭建驱动模块和桩模块，如图 11.21 所示。

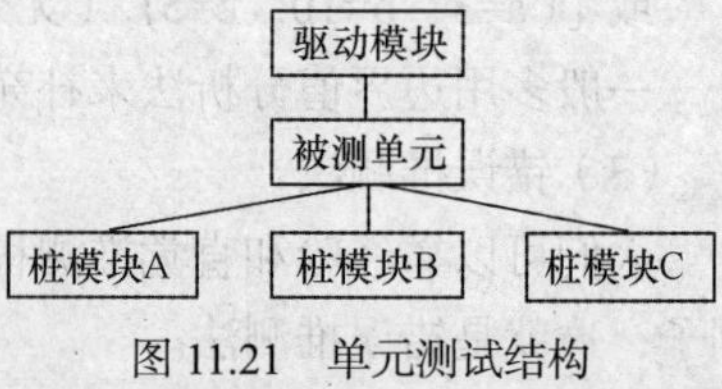

图 11.21　单元测试结构

其中，驱动（Driver）模块相当于被测模块的主程序。它接收测试数据，并传给被测试模块，输出实际测试结果。桩（Stub）模块通常用于代替被模块调用的其他模块，其作用仅做少量的数据操作，是一个模拟子程序，不必将子模块的所有功能带入。

2．集成测试

集成测试是测试和组装软件的过程。它是把模块在按照设计要求组装起来的同时进行测试，主要目的是发现与接口有关的错误。集成测试的依据是总体设计说明书。

集成测试所涉及的内容包括：软件单元的接口测试、全局数据结构测试、边界条件和非法输入的测试等。

集成测试时将模块组装成程序通常采用两种方式：非增量方式组装与增量方式组装。

非增量方式也称为一次性组装方式。将测试好的每一个软件单元一次组装在一起再进行整体测试。

增量方式是将已经测试好的模块逐步组装成较大系统，在组装过程中边连接边测试，以发现连接过程中产生的总是最后通过增殖、逐步组装至所要求的软件系统。

增量方式包括自顶向下、自底向上、自顶向下与自底向上相结合的混合增量方法。

（1）自顶向下的增量方式

将模块按系统程序结构，从主控模块（主程序）开始，沿控制层次自顶向下地逐个把模块连接起来。自顶向下的增量方式在测试过程中能较早地验证主要的控制和判断点。

自顶向下的过程与步骤如下。

① 主控模块作为测试驱动器。直接附属于主控模块的各模块全都用桩模块代替。

② 按照一定的组装次序，每次用一个真模块取代一个附属的桩模块。

③ 当装入每个真模块时都要进行测试。

④ 做完每一组测试后再用一个真模块代替另一个桩模块。

⑤ 可以进行回归测试（即重新再做过去做过的全部或部分测试），以便确定没有新的错误发生。

【例 11.5】对如图 11.22（a）所示程序结构进行自顶向下的增量方式组装测试。

自顶向下的增量方式的组装过程如图 11.22（b）～（f）所示。

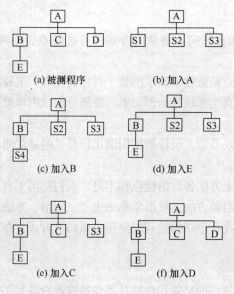

图 11.22　自顶向下的增量测试

（2）自底向上的增量方式

自底向上集成测试方法是从软件结构中最底层的、最基本的软件单元开始进行集成和测试。在模块的测试过程中需要从了模块得到的信息可以直接运行子模块得到。由于在逐步向上组装过程中下层模块总是存在的，因此不再需要桩模块，但是需要调用这些模块的驱动模块。

自底向上集成的过程与步骤如下。

① 低层的模块组成簇，以执行某个特定的软件子功能。

② 编写一个驱动模块作为测试的控制程序，和被测试的簇连在一起，负责安装排测试用例的输入及输出。

③ 对簇进行测试。

④ 拆去各个小簇的驱动模块，把几个小簇合并成大簇，再重复做②、③及④。

【例 11.6】对如图 11.23（a）所示程序结构进行自底向上的增量方式的组装测试。

自底向上的增量方式的组装过程如图 11.23（b）至图 11.23（d）所示。

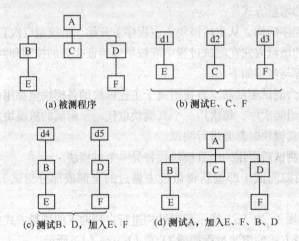

图 11.23 自底向上的增量测试

（3）混合增量方式

自顶向下增量的方式和自底向上增量的方式各有优缺点，一种方式的优点是另一种方式的缺点。

自顶向下测试的主要优点是能较早显示出整个程序的轮廓，主要缺点是当测试上层模块时使用桩模块较多，很难模拟出真实模块的全部功能，使部分测试内容被迫推迟，直至换上真实模块后再补充测试。

自底向上测试从下层模块开始，设计测试用例比较易，但是在测试的早期不能显示出程序的轮廓。

针对自顶向下、自底向上方法各自的优点和不足，人们提出了自顶向下和自底向上相结合、从两头向中间逼近的混合式组装方法，被形象称之为"三明治"方法。这种方式，结合考虑软件总体结构的良好设计原则，在程序结构的高层使用自顶向下方式，在程序结构的低层使用自底向上方式。

3. 确认测试

确认测试的任务是验证软件的功能和性能及其他特性是否满足了需求说明中确定的各需求，以及软件配置是否完全、正确。

确认测试的实施首先运用黑盒测试方法，对软件进行有效性测试，即验主被测试软件各说明确认的标准。复审的目的在于保证软件配置齐全、以及软件配置所有成分的完备性、一致性、准确性和可操作性，并且包括软件维护所必需的细节。

4. 系统测试

系统测试是将通过测试确认的软件，作为整个基于计算机系统的一个元素，与计算机硬件、外设、支持软件、数据和人员等其他系统元素组合在一起，在实际运行（使用）环境下对计算机系统进行一系列的集成测试和确认测试。由此可知，系统测试必须在目标环境下运行，其功用在于评估系统环境下软件的性能，发现和捕捉软件中潜在的错误。

系统测试的目的是在真实的系统工作环境下检验软件是否与系统正确连接，发现软件与系统需求不一致的地方。

系统测试的具体实施一般包括功能测试、性能测试、操作测试、配置测试、外部接口测试、安全性测试等。

11.5　程序的调试

在对程序进行了成功的测试之后将进入程序调试（通常称 Debug，即排错）。程序调试的任务是诊断和改正程序中的错误。它与软件测试不同，软件测试是尽可能多地发现软件中的错误。先要发现软件的错误，然后借助于一定的调试工具去执行出软件错误的具体位置。软件测试贯穿整个软件生命期，调试主要在开发阶段。

11.5.1　基本概念

由程序调试的概念可知，程序调试活动由两部分组成：其一是根据错误的迹象确定程序中错误的确切性质、原因和位置；其二是对程序进行修改，排除这个错误。

1. 程序调试的基本步骤

（1）错误定位

从错误的外部表现形式入手，研究有关部分的程序，确定程序中出错位置，找出错误的内在原因。确定错误位置占据了软件调试绝大部分的工作量。

从技术角度来看，错误的特征和查找错误的难度在于以下几点。

① 现象与原因所处的位置可能相距很远。就是说，现象可能出现在程序的一个部位，而原因可能在离此很远的另一个位置。高耦合的程序结构中这种情况更为明显。

② 当纠正其他错误时，这一错误所表现出的现象可能会消失，但并未实际排除。

③ 现象可能并不是由错误引起的（如舍入误差）。

④ 现象可能是由于一些不容易发现的人为错误引起的。

⑤ 错误现象可能时有时无。

⑥ 现象是由于难于再现的输入状态（例如实时应用中输入顺序不确定）引起。

⑦ 现象可能是周期出现的。如在软件、硬件结合的嵌入式系统中常常遇到。

（2）修改设计和代码，以排除错误

排错是软件开发过程中一项艰苦的工作，这也决定了调试工作是一个具有很强技术性和技巧性的工作。软件工程人员在分析测试结果的时候会发现，软件运行失效或出现问题，往往只是潜在错误的外部表现，而外部表现与内在原因之间常常没有明显的联系。如果要找出真正的原因，排除潜在的错误，不是一件易事。因此可以说，调试是通过现象找出原因的一个思维分析的过程。

（3）进行回归测试，防止引进新的错误

因为修改程序可能带来新的错误，重复进行暴露这个错误的原始测试或某些有关测试，以确认该错误是否被排除、是否引进了新的错误。如果所做的修正无效，则撤消这次活动，重复上述过程，直到找到一个有效的解决办法为止。

2．程序调试的原则

在软件调试方面，许多原则实际上是心理学方面的问题。因为调试活动由对程序中错误的定性、定位和排错两部分组成，因此调试原则也从以下两个方面考虑。

（1）确定错误的性质和位置时的注意事项

① 分析思考与错误征兆有关的信息。

② 避开死胡同。如果程序调试人员在调试中陷入困境，最好暂时把问题抛开，留到后面适当的时间再去考虑，或者向其他人讲解这个问题，去寻求新的解决思路。

③ 只把调试工具当做辅助手段来使用。利用调试工具，可以帮助思考，但不能代替思考。因为调试工具给人提供的是一种无规律的调试方法。

④ 避免用试探法，最多只能把它当作最后手段。这是一种碰运气的盲目的动作，它的成功机率很小，而且还常把新的错误带到问题中来。

（2）修改错误的原则

① 在出现错误的地方，很可能还有别的错误。经验表明，错误有群集现象，当在某一程序段发现有错误时，在该程序段中还存在别的错误的概率也很高。因此，在修改一个错误时，还要观察和检查相关的代码，看是否还有别的错误。

② 修改错误的一个常见失误是只修改了这个错误的征兆或这个错误的表现，而没有修改错误本身。如果提出的修改不能解释与这个错误有关的全部现象，那就表明了只修改了错误的一部分。

③ 注意修改一个错误的同时有可能会引入新的错误。人们不仅需要注意不正确的修改，而且还要注意看起来是正确的修改可能会带来的副作用，即引进新的错误。因此在修改了错误之后，必须进行回归测试。

④ 修改错误的过程将迫使人们暂时回到程序设计阶段。修改错误也是程序设计的一种形式。一般说来，在程序设计阶段所使用的任何方法都可以应用到错误修改的过程中来。

⑤ 修改原代码程序，不要改变目标代码。

11.5.2 软件调试方法

调试的关键在于推断程序内部的错误位置及原因。从是否跟踪和执行程序的角度，类似于软件测试，软件测试可以分为静态调试和动态调试。软件测试中讨论的静态分析方法同样使用静态调试。静态调试主要指通过人的思维来分析源程序代码和排错，是主要的调试手段，而动态调试是辅助静态调试的。主要的调试方法可以采用以下几种方法。

1．强行排错法

作为传统的调试方法，其过程可概括为：设置断点、程序暂停、观察程序状态、继续运行程序。这是目前使用较多、效率较低的调试方法。涉及的调试技术主要是设置断点和监视表达式。例如：

① 通过内存全部打印来排错。

② 在程序特定部位设置打印语句——即断点法。输出存储器内容，就是在程序执行到某一行的时候，计算机自动停止运行，并保留这时各变量的状态，方便检查，校对。

③ 自动调试工具。可供利用的典型的语言功能有打印出语句执行的追踪子程序调用，以及指定变量的变化情况。自动调试工具的功能是设置断点，当程序执行到某个特定的语句或某个特定的变量植改变时，程序暂停执行。程序员可在终端上观察程序此时的状态。

应用以上任何一种技术之前，都应当对错误的征兆进行全面彻底的分析，得出对出错位置及错误性质的推测，再使用一种适当的排错方法来检验推测的正确性。

2. 回溯法

该方法适合于小规模程序的排错。即一旦发现了错误，先分析错误征兆，确定最先发现"症状"的位置。然后，从发现"症状"的地方开始，沿程序的控制流程，逆向跟踪源程序代码，直到找到错误根源或确定错误产生的范围。

回溯法对于小程序很有效，往往能把错误范围缩小到程序中的一小段代码，仔细分析这段代码不难确定出错的准确位置。但随着源代码行数的增加，潜在的回溯路径数目很多，回溯会变得很困难，而且实现这种回溯的开销大。

3. 原因排除法

原因排除发是通过演绎和归纳，以及二分法来实现的。

演绎法是一种从一般原理或前提出发，经过排除和精化的过程来推导出结论的思考方法。演绎法排错是测试人员首先根据已有的测试用例，设想及枚举出所有可能出错的原因作为假设。然后再用原始测试数据或新的测试，从中逐个排除不可能正确的假设。最后，再用测试数据验证余下的假设确定出错的原因。

归纳法是一种从特殊推断出一般的系统化思考方法。其基本思想是从一些线索（错误征兆或与错误发生有关的数据）着手，通过分析寻找到潜在的原因，从而找出错误。

二分法实现的基本思想是：如果已知每个变量在程序中若干个关键点的正确值，则可以使用定值语句（如赋值语句、输出语句等）在程序中的某点附近给这些变量赋正确值，然后运行程序并检查程序的输出。如果输出结果是正确的，则错误原因在程序的前半部分；反之，错误原因在程序的后半部分。对错误原因所在的部分重复使用这种方法，直到将出错范围缩小到容易诊断的程度为止。

上面的每一种方法都可以使用调试工具来辅助完成。例如，可以使用带调试功能的编译器、动态调试器、自动测试用例生成器以及交叉引用工具等。

需要注意的一个实际问题是，调试的成果是排错，为了修改程序中错误，往往会采用"补丁程序"来实现，而这种做法会引起整个程序质量的下降，但是从目前程序设计发展的状况看，对大规模的程序的修改和质量保证，又不失为一种可行的方法。

习题十一

一、选择题

1. 在软件生命周期中，能准确地确定软件系统必须做什么和必须具备哪些功能的阶段是（　　）。

    A. 总体设计　　　　B. 详细设计　　　　C. 可行性分析　　　　D. 需求分析

2. 下面不属于软件工程的 3 个要素的是（　　　）。

    A. 工具　　　　　　　B. 过程　　　　　　　C. 方法　　　　　　　D. 环境

3. 检查软件产品是否符合需求定义的过程称为（　　　）。

    A. 确认测试　　　　　B. 集成测试　　　　　C. 验证测试　　　　　D. 验收测试

4. 数据流图用于抽象描述一个软件的逻辑模型，数据流图由一些特定的图符构成。下列图符名标识的图符不属于数据流图合法图符的是（　　　）。

    A. 控制流　　　　　　B. 加工　　　　　　　C. 数据存储　　　　　D. 源和潭

5. 下面不属于软件设计原则的是（　　　）。

    A. 抽象　　　　　　　B. 模块化　　　　　　C. 自底向上　　　　　D. 信息隐蔽

6. 程序流程图（PFD）中的箭头代表的是（　　　）。

    A. 数据流　　　　　　B. 控制流　　　　　　C. 调用关系　　　　　D. 组成关系

7. 下列工具中为需求分析常用工具的是（　　　）。

    A. PAD　　　　　　　B. PFD　　　　　　　C. N-S　　　　　　　D. DFD

8. 在结构化方法中，软件功能分解属于下列软件开发中的阶段是（　　　）。

    A. 详细设计　　　　　B. 需求分析　　　　　C. 总体设计　　　　　D. 编程测试

9. 软件调试的目的是（　　　）。

    A. 发现错误　　　　　　　　　　　　　　　B. 改正错误

    C. 改善软件的性能　　　　　　　　　　　　D. 挖掘软件的潜能

10. 软件需求分析阶段的工作，可以分为四个方面：需求获取，需求分析，编写需求规格说明书，以及（　　　）。

    A. 阶段性报告　　　　　　　　　　　　　　B. 需求评审

    C. 总结　　　　　　　　　　　　　　　　　D. 都不正确

二、填空题

1. 软件是程序、数据和＿＿＿＿＿＿＿＿＿＿的集合。

2. Jackson 方法是一种面向＿＿＿＿＿＿＿＿＿＿的结构化方法。

3. 软件工程研究的内容主要包括＿＿＿＿＿＿＿＿＿＿技术和软件工程管理。

4. 数据流图的类型有＿＿＿＿＿＿＿＿＿＿和事务型。

5. 软件开发环境是全面支持软件开发全过程的＿＿＿＿＿＿＿＿＿＿集合。

第12章
数据库设计基础

在计算机应用的科学计算、数据处理和过程控制三大领域中，数据处理约占其70%，而数据库技术就是作为一门数据处理技术发展起来的。本章首先介绍数据库系统的基础知识，然后对基本数据模型进行讨论，特别是概念模型中的E-R模型和逻辑模型中的关系模型，之后介绍关系代数及其在关系数据库中的应用，最后讨论数据库的设计过程。

12.1 数据库系统概述

随着计算机科学与技术的发展，计算机应用的深入与拓展，数据库在计算机应用中的地位与作用日益重要，它在商业中、事务处理中占有主导地位。近年来在统计领域、多媒体领域、智能化应用领域以及网络应用中的地位与作用也变得十分重要，数据库系统已成为构成一个计算机应用系统的重要的支持性软件。

12.1.1 数据库系统的基本概念

1. 数据（Data）

数据实际上就是描述事物的符号记录，是数据库中存储的基本对象。如学生的姓名、性别、年龄等都可存储为数据。为了在计算机中存储和处理事物信息，要将与事物感兴趣的特征组合成一个记录来描述。如在学生档案关系模型中，将姓名、性别、年龄，所属院系、政治面貌等属性组成一条记录如下：（李平，男，20，计算机学院，党员）。这条记录是整合的数据。

计算机中的数据按其生存周期分为两部分：一部分与程序仅有短时间的交互关系，随着程序的结束而消失，它们称为临时性（Transient）数据，这类数据一般存放于计算机内存中；另一部分数据则对系统起着长期持久的作用，它们称为持久性（Persistent）数据。数据库系统中处理的就是这种持久性数据。

数据有型（Type）与值（Value）之分，数据的型给出了数据表示的类型，如整型、实型、字符型等，而数据的值给出了符合给定型的具体值，如学生成绩的型可以是整型数，它的值是95。随着应用需求的扩大，数据的型有了进一步的扩展，它包括了将多种相关数据以一定结构方式组合构成特定的数据框架，这样的数据框架称为数据结构（Data Structure），数据库在特定条件下称为数据模式（Data Schema）。

在过去的软件系统中以程序为主体，而数据则以私有形式从属于程序，数据在系统中是分散、凌乱的，存在数据冗余度高，数据一致性、安全性差等诸多弊病。数据库系统及数据库应用系统中数据已占有主体地位，程序已退居附属地位。在数据库系统中需要对数据进行集中统一的管理，以达到数据被多个应用程序共享的目标。

2. 数据库（Database，简称 DB）

数据库是存放数据的仓库，是长期存放在计算机存储介质内统一、有组织并可共享的数据集合。

数据是按数据库提供的数据模式存放的，它能构造复杂的数据结构以建立数据间内在联系与复杂的关系，从而构成数据的全局结构模式。数据库中的数据具有"集成"、"共享"的特点。

3. 数据库管理系统（Database Management System，简称 DBMS）

数据库管理系统是位于用户与操作系统间负责数据库管理的一种系统软件。数据库中的数据是海量级的，并且其结构复杂，因此需要提供管理工具。数据库管理系统是数据库系统的核心。数据库管理系统还有为用户提供服务的服务性（Utility）程序，包括数据初始装入程序、数据转存程序、性能监测程序、数据库再组织程序、数据转换程序、通信程序等。

目前流行的 DBMS 均为关系数据库系统，比如 ORACLE、Sybase 的 PowerBuilder 及 IBM 的 DB2、微软的 SQ LServer 等，它们均为严格意义上的 DBMS 系统，另外有一些小型的数据库，如微软的 Visual FoxPro 和 Access 等，它们只具备数据库管理系统的一些简单功能。

DBMS 所使用的数据语言按其使用方式具有两种结构形式。

交互式命令语言：它的语言简单，能在终端上即时操作，它又称为自含型或自主型语言。

宿主型语言：它可嵌入某些宿主语言(Host Language)中，如 C，C++和 COBOL 等高级过程性语言中。

4. 数据库管理员（Database Administrator 简称 DBA）

由于数据库的共享性，因此对数据库的规划、设计、维护、监视等需要专人管理，称他们为数据库管理员。DBA 主要通过 DBMS 与操作系统完成以下功能：

（1）数据库设计（Database Design）

DBA 的主要任务之一是数据库设计，具体的说是进行数据模式的设计。由于数据库的集成与共享性，因此由 DBA 对多个应用的数据需求作全面的规划、设计与集成。

（2）数据库维护

DBA 必须对数据库中的数据安全性、完整性、并发控制及系统恢复、数据定期转存等进行实施与维护。

（3）改善系统性能，提高系统效率

DBA 必须随时监视数据库运行状态，不断调整内部结构，使系统保持最佳状态与最高效率。当效率下降时，DBA 需采取适当的措施，如进行数据库的重组、重构等。

5. 数据库系统（Database System 简称 DBS）

数据库系统是在系统软、硬件平台基础上，加上数据库(数据)，数据库管理系统(软件)、数据库管理员(人员)构成的一个以数据库为核心的完整的运行实体。

（1）硬件平台

硬件平台包括：计算机与网络过去数据库系统一般建立在单机上，今后将以网络为主，其结构形式又以客户／服务器(C／S)方式与浏览器／服务器(B／S)方式为主。

（2）软件平台

软件平台包括：操作系统、数据库系统开发工具和接口软件操作系统为 UNIX、LINUX、WINDOWS 等；数据库系统开发工具为开发数据库应用程序所提供的工具，它包括过程性程序设计语言如 C，C++等，也包括可视化开发工具 VB、PB、Delphi 等，它还包括近期与 INTERNET

有关的 HTML 及 XML 等以及一些专用开发工具；接口软件：在网络环境下应用程序通过接口软件与数据库联接，接口软件包括 ODBC、JDBC、OLEDB、CORBA、COM、DCOM 等。

6.　数据库应用系统（Database　Application　System 简称 DBAS）

利用数据库系统进行应用开发可构成一个数据库应用系统。数据库应用系统是在数据库系统再加上应用软件及应用界面这二者所组成。其中应用软件是由数据库系统所提供的数据库管理系统(软件)及数据库系统开发工具所书写而成，而应用界面大多由相关的可视化工具开发而成。

数据库应用系统的各个部分以一定的逻辑层次结构方式组成一个有机的整体。如果不计数据库管理员(人员)并将应用软件与应用界面组成应用系统，则数据库应用系统的结构如图 12.1 所示。

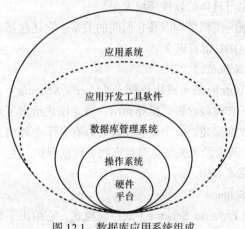

图 12.1　数据库应用系统组成

12.1.2　数据库系统的发展

数据管理发展至今已经历了三个阶段：人工管理阶段、文件系统阶段和数据库系统阶段。

关于数据管理三个阶段中的软硬件背景及处理特点，如表 12.1 所示。

表 12.1　　　　　　　　　　　　　　　数据管理的三个阶段

		人工管理	文件系统	数据库系统
背景	应用背景	科学计算	科学计算、管理	大规模管理
	硬件背景	无直接存取设备	磁盘、磁鼓	大容量磁盘
	软件背景	没有操作系统	文件系统	数据库管理系统
	处理方式	批处理	联机实时处理 批处理	联机实时处理 分布处理 批处理
特点	数据管理者	人	文件系统	数据库管理系统
	数据面向对象	某个应用程序	某个应用程序	现实世界
	数据共享程度	无共享 冗余度大	共享性差 冗余度大	共享性高 冗余度小
	数据独立性	不独立，完全依赖程序	独立性差	具有高度的物理独立性和一定的逻辑独立性
	数据结构化	无结构	记录内有结构 整体无结构	整体结构化，用数据模型描述
	数据控制能力	应用程序自己控制	应用程序自己控制	由 DBMS 提供数据安全性、完整性、并发控制和恢复

12.1.3　数据库系统的内部结构

数据模式是数据库系统中数据结构的一种表示形式，它具有不同的层次与结构方式。数据库系统结构如图 12.2 所示，系统内部结构中具有三级模式及二级映射。

1.　数据库系统的三级模式

（1）概念模式（Conceptual Schema）

简称为模式或逻辑。概念模式是数据库系统中全局数据逻辑结构的描述，仅涉及数据型的描述，不涉及具体的值，是全体用户(应用)公共数据视图。此种描述是一种抽象的描述，它不涉及具体的硬件环境与平台，也与具体的软件环境无关。

概念模式主要描述数据的逻辑结构以及它们间的关系，它还包括一些数据间的语义约束，对它的描述可用 DBMS 中的 DDL 语言定义。

（2）外模式（External Schema）

外模式也称子模式（Subschema）或用户模式（User's Schema）它是用户的数据视图，也就是用户所见到的数据模式，它由概念模式推导而出。概念模式给出了系统全局的数据描述而外模式则给出每个用户的局部数据描述。一个概念模式可以有若干个外模式，每个用户只关心与它有关的模式，这样不仅可以屏蔽大量无关信息而且有利于数据保护。在一般的 DBMS 中都提供有相关的外模式描述语言（子模式 DDL）。

（3）内模式（Internal Schema）

内模式又称物理模式（Physical Schema）或存储模式，它给出了数据库物理存储结构与物理存取方法，如数据存储的文件结构、索引、集簇及 Hash 等存取方式与存取路径，内模式的物理性主要体现在操作系统及文件级上，它还未深入到设备级上（如磁盘及磁盘操作）。内模式对一般用户是透明的，但它的设计直接影响数据库的性能。DBMS 一般提供相关的内模式描述语言（内模式 DDL）。

概念模式为框架所组成的数据库叫概念数据库（Conceptual Database），以外模式为框架所组成的数据库叫用户数据库（User's Database），以内模式为框架所组成的数据库叫物理数据库（Physical Database）。这三种数据库中只有物理数据库是真实存在于计算机外存中，其他两种数据库并不真正存在于计算机中，而是通过两级映射由物理数据库映射而成。

模式的三个级别层次反映了模式的三个不同环境以及它们的不同要求，其中内模式处于最底层，它反映了数据在计算机物理结构中的实际存储形式，概念模式处于中层，它反映了设计者的数据全局逻辑要求，而外模式处于最外层，它反映了用户对数据的要求。

2.　数据库系统的两级映射

数据库系统的三级模式是对数据的三个级别抽象，它把数据的具体物理实现留给物理模式，使用户与全局设计者不必关心数据库的具体实现与物理背景；同时，它通过两级映射建立了模式间的联系与转换，使得概念模式与外模式虽然并不具备物理存在，但是也能通过映射而获得其实体。此外，两级映射也保证了数据库系统中数据的独立性。

（1）外模式到概念模式的映射

概念模式是一个全局模式而外模式是用户的局部模式。一个概念模式中可以定义多个外模式，而每个外模式是概念模式的一个基本视图。外模式到概念模式的映射给出了外模式与概念模式的对应关系，这种映射一般也是由 DBMS 来实现的。

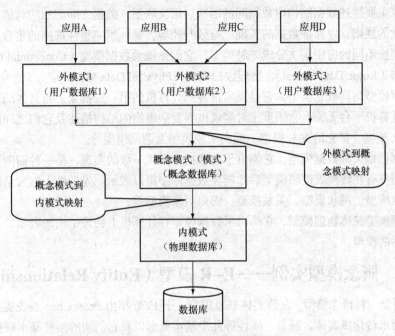

图 12.2　数据库系统内部结构体系

（2）概念模式到内模式的映射

该映射给出了概念模式中数据的全局逻辑结构到数据的物理存储结构间的对应关系，此种映射一般由 DBMS 实现。

12.2　数据模型

12.2.1　数据模型的基本概念

模型是现实世界特征的模拟抽象。数据模型是现实世界数据特征的抽象，这个抽象过程分为两个阶段：首先将现实世界通过人脑的思维抽象形成概念模型；然后将概念模型转化为计算机内部的机器世界。

数据模型从抽象层次上描述了系统的静态特征、动态行为和约束条件，为数据库系统的信息表示与操作提供一个抽象的框架。数据模型包括了数据结构、数据操作与数据约束三部分内容。

（1）数据结构

数据模型中的数据结构主要描述数据的类型、内容、性质以及数据间的联系等，是所研究对象类型的集合，是系统静态特征的描述，是数据模型的基础，数据操作与约束均建立在数据结构上。所以一般按数据结构命名数据模型。

（2）数据操作

数据操作主要描述在相应数据结构上的操作类型与操作方式，主要包括检索、更新（插入、删除、修改）两类操作。

（3）数据约束

数据约束主要描述数据结构内数据间的语法、语义联系，数据之间的制约与依存关系，以及数据动态变化的规则，以保证数据的正确、有效与相容，是一组完整性规则的集合。

数据模型按不同的应用层次分成三种类型，它们是概念数据模型（Conceptual Data Model）、逻辑数据模型（Logic Data Model）、物理数据模型（Physical Data Model）。

概念数据模型简称概念模型，它是现实世界到计算机的第一层抽象，与具体的数据库管理系统、具体的计算机平台无关。它侧重于对客观世界复杂事物的结构描述及它们之间的内在联系的刻画。如 E-R 模型、扩充的 E-R 模型、面向对象模型及谓词模型等。

逻辑数据模型又称数据模型，它侧重于在数据库系统一级的实现，是一种面向数据系统的模型。概念模型只有在转换成逻辑模型后才能在数据库中得以表示。先后被人们大量使用过的逻辑模型有：层次模型、网状模型、关系模型、面向对象模型等。

物理数据模型又称物理模型，它给出了数据模型在计算机上物理结构的表示，是一种面向计算机物理表示的模型。

12.2.2　概念模型实例——E-R 模型（Entity Relationship Model）

E-R 模型是一种概念模型，又称实体联系模型，于 1976 年由 Peter Chen 首先提出。该模型将现实世界的要求转化成实体、联系、属性等几个基本概念以及它们间的两种基本连接关系，并用一种 E-R 图的形式非常直观地表示出来。

1. E-R 模型的基本概念及相应的 E-R 图

（1）实体

现实世界中的事物可以抽象成为实体，实体是概念世界中的基本单位，它们是客观存在的且又能相互区别的事物。凡是有共性的实体可组成一个集合称为实体集（Entity Set）。如 Tom、John 是两个实体，他们又均是学生而组成一个 Student 实体集。

在 E-R 图中用矩形表示实体集，在矩形内写上该实体集的名字。如学生实体集（Student）、课程实体集（Course），如图 12.3 所示。

（2）属性

属性刻画了实体的特征。一个实体往往可以有若干个属性。每个属性可以有值，一个属性的取值范围称为该属性的值域（Value Domain）或值集（Value Set）。如 Tom 作为一个学生实体，有姓名、年龄、性别等属性，年龄的取值为 20，性别的取值为男等。

在 E-R 图中用椭圆形表示属性，在椭圆形内写上该属性的名称。如学生实体有学号（Sno）、姓名（Sname）、年龄（Sage）等属性，用图 12.4 表示。

（3）联系

概念世界中的联系反映了实体集间的一定关系，如师生关系、学生与所选课程关系等。

在 E-R 图中用菱形(内写上联系名)表示联系。如学生与课程联系 SC，用图 12.5 表示。

就实体集的个数而言实体集间的联系有以下几种。

① 一个实体集内部的联系。一个实体集内有若干个实体，它们之间的联系称为实体集内部联系。如教师这个实体集内部可以有上、下级联系。

② 两个实体集间的联系。是最常见的，如前面师生关系。

③ 多个实体集间的联系。这种联系包括三个及三个以上实体间的联系。如教师、课程、学生这三个实体集间存在着教师讲授课程为学生服务的联系。

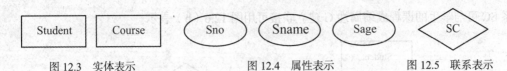

图 12.3　实体表示　　　　　　图 12.4　属性表示　　　　　图 12.5　联系表示

实体集间联系的个数可以是单个可以是多个。如教师与学生之间有教学联系，另外还可以有管理联系。两个实体集间的联系实际上是实体集间的函数关系，这种函数关系可以有下面几种。

一对一（One to One）的联系，简记为 1：1。这种函数关系是常见的函数关系之一，如学校与校长间的联系，一个学校与一个校长间一一对应。

一对多（One to Many）或多对一（Many to One）联系，简记为 1：M（1：m）或 M：1（m：1）。这两种函数关系实际上是一种函数关系，如学生与其宿舍房间的联系是多对一的联系，即多个学生对应一个房间。反之，则为一对多联系。

多对多（Many to Many）联系，简记为 M：N 或 m：n。这是一种较为复杂的函数关系，如教师与学生这两个实体集间的教与学的联系是多对多的，因为一个教师可以教授多个学生，而一个学生又可以受教于多个教师。

2．E-R 模型三个基本概念之间的连接关系

E-R 模型由上面三个基本概念实体、联系、属性组成，三者结合起来才能表示现实世界。三者间存在两种基本联接关系：

（1）实体集（联系）与属性间的连接关系

一个实体可以有若干个属性，实体以及它的所有属性构成了实体的一个完整描述。因此实体与属性间有一定的联接关系。如学生档案中每个学生（实体）可以有：学号、姓名、性别、年龄、院系、政治面貌等若干属性，它们组成了一个有关学生（实体）的完整描述，称为实体的型。一个实体的所有属性取值组成了一个值集叫元组（Tuple），即实体的值。在概念世界中，可以用元组表示实体，也可用来区别不同的实体。如在学生档案表 12.2 中，每一行表示一个实体，这个实体可以用一组属性值表示。比如：（200401101，李平，男，20，计算机，党员），（200402102，王红，女，110，中文，团员），这两个元组分别表示两个不同的实体。相同型的实体构成了实体集，表 12.2 内的各学生实体构成了一个学生实体集。

表 12.2　　　　　　　　　　　　　　　　学生档案表

学号	姓名	性别	年龄	院系	政治面貌
200401101	李　平	男	20	计算机	党员
200402101	王　红	女	110	中文	团员
200403202	周海燕	女	111	物理	团员
200404301	于　洋	男	110	历史	党员
200401206	陈晓瑜	女	111	计算机	团员

联系也可以附有属性，联系和它的所有属性构成了联系的一个完整描述，因此，联系与属性间也有联接关系。如有教师与学生两个实体集间的教与学的联系，该联系尚可附有教室、课程等属性。

在 E-R 图中实体集（或联系）与属性间的联接关系可用联接这两个图形间的无向线段表示（一般情况下可用直线）。如实体集 Student 有属性 Sno（学号）、Sname（姓名）及 Sage（年龄），此时它们可用图 12.6（a）表示联接关系。联系与属性之间也有联接关系，也可用无向线段表示。如

联系 SC 可与学生的课程成绩属性 G 建立联接可用图 12.6（b）表示。

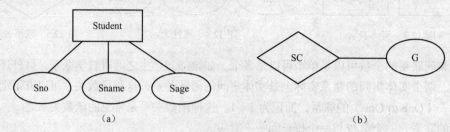

图 12.6　实体集（联系）与属性的连接

（2）实体（集）与联系间的联接关系

一般而言实体集间无法建立直接关系，它只能通过联系才能建立起联接关系。如教师与学生之间无法直接建立关系，只有通过"教与学"的联系才能在相互之间建立联接关系。在 E-R 图中实体集与联系间的联接关系可用联接这两个图形间的无向线段表示。如实体集 Student 与联系 SC 间有联接关系，实体集 Course 与联系 SC 间也有联接关系，因此它们之间可用无向线段相联，如图 12.7（a）所示。为了进一步刻画实体间的函数关系，还可在线段边上注明其对应函数关系，如 1:1，1:n，n:m，Student 与 Course 间有多对多联系。

实体集与联系间的联接可以有多种，上面所举例子均是两个实体集间的联系叫二元联系，也可以是多个实体集间联系，叫多元联系。如工厂、产品与用户间的联系 FPU 是一种三元联系，此种联接关系可用图 12.7（b）所示。

实体集间可有多种联系。如教师（T）与学生（S）之间可以有教学（E）联系也可有管理（M）联系，此种联接关系可用图 12.7（c）表示。

一个实体集内部可以有联系。如吉林师范大学教师（Teacher）之间上、下级管理（Manage）的联系，此时，其联接关系可用图 12.7（d）表示。

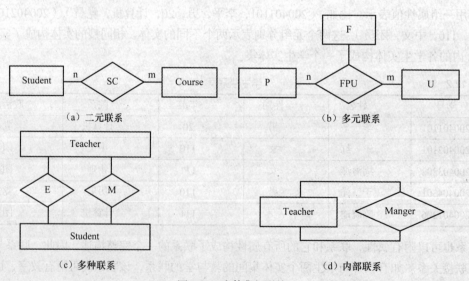

（a）二元联系　　　　　　　　　　　　　　（b）多元联系

（c）多种联系　　　　　　　　　　　　　　（d）内部联系

图 12.7　实体集间联接

由矩形、椭圆形、菱形以及按一定要求相互间联接的线段构成了一个完整的 E-R 图。

【例 12.1】前面所述的实体集 Student，Course 以及附属于它们的属性和它们间的联系 SC 以及附属于 SC 的属性 G 构成了一个学生课程联系的概念模型，可用如图 12.8 所示的 E-R 图表示。

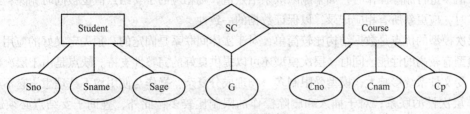

图 12.8　E-R 图实例

在概念上，E-R 模型中的实体，属性与联系是三个有明显区别的不同概念。但是在分析客观世界的具体事物时，对某个具体数据对象，究竟它是实体，还是属性或联系，则是相对的，所做的分析设计与实际应用的背景以及设计人员的理解有关。

12.2.3　数据模型简介

这里介绍常用的三种数据模型：层次模型、网状模型、关系模型。

1. 层次模型

层次模型（Hierarchical Model）是最早发展起来的数据库模型，它采用树形结构表示各类实体间的联系，如家族结构、行政组织结构，图 12.9 给出了吉林师范大学组织结构的简化 E-R 图，略去了其中的属性。

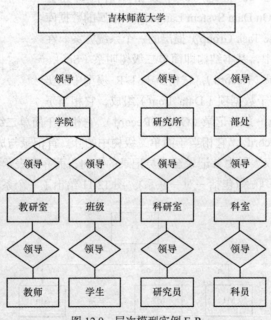

图 12.9　层次模型实例 E-R

由图论中树的性质可知，任一树形结构均有下列特性。

① 每棵树有且仅有一个无双亲结点，称为根（Root）。

② 树中除根外所有结点有且仅有一个双亲。因此，树结构是受到一定限制的，从 E-R 模型的观点看，它对于联系也加上了许多限制。

层次数据模型支持的操作主要有查询、插入、删除和更新，在对层次模型进行新操作时，要满足层次模型的完整性约束条件。如进行插入操作时，如果没有相应的双亲结点值就不能插入子女结点值；进行删除操作时，如果删除双亲结点值，则相应的子女结点值也被同时删除；进行更新操作时，应更新所有相应记录，以保证数据的一致性。

层次模型的优点是数据结构比较简单，对于实体间联系是固定的、预先定义好的应用系统，层次模型有较高的性能。同时，层次模型还可以提供良好的完整性支持。缺点是由于层次模型形成早，受文件系统影响大，模型受限制多，物理成分复杂，操作与使用均不甚理想，它不适合于表示非层次性的联系；对于插入和删除操作的限制比较多；此外，查询子女结点必须通过双亲结点。

层次模型的代表是 1968 年 IBM 公司推出的 IMS 数据库管理系统。

2. 网状模型

网状模型（Network Model）是一个不加任何条件限制的无向图，在结构上不像层次模型那样要满足严格的条件，允许结点有多个双亲，两个结点可以有多种联系。图 12.10 是学校行政机构图中学校与学生联系的简化 E-R 图。

在实现中，网状模型将通用的网络拓扑结构分成一些基本结构——二级树，即只有两个层次的树。这种树是由一个根及若干个叶子所组成。一般规定根结点与任意叶子结点间的联系均是一对多的联系(包含一对一联系)。

网状结构的标准是 20 世纪 70 年数据库语言研究会 CODASYL（Conference On Data System Language）下属的数据库任务组 DBTG（Data Base Task Group）提出的一个系统方案。在网状模型的 DBTG 标准中，基本结构即简单二级树叫系（Set），系的基本数据单位是记录（Record），它相当于 E-R 模型中的实体（集）。记录又可由若干数据项（Data Item）组成，它相当于 E-R 模型中的属性。系有一条首记录（Owner Record），它相当于简单二级树的根；系同时有若干成员记录（Member Record），它相当于简单二级树中的叶。首记录与成员记录之间的联系用有向线段表示（线段方向仅表示由首记录至成员记录的方向，而并不表示搜索方向），在系中首记录与成员记录间是一对多联系(包括一对一联系)。图 12.11 给出了一个系的实例。

图 12.10 网状模型实例 E-R 图

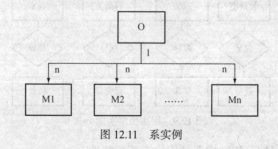

图 12.11 系实例

3. 关系模型

关系模型采用由行和列组成的二维表来表示，简称表，如表 12.2 所示的学生档案表。

关系（Relation）：一个关系通常对应一张表。

元组（Tuple）：表中的每一行数据称为一个元组。元组个数称为表的基数（Cardinality）。

属性（Attribute）：表的每一列称为一个属性。每个元组分量是元组数据在每个属性的投影值。属性的个数称为属性元数（Arity），每个属性有一个取值范围称为值域（Domain），所有属性的集合称为关系框架（Frame）。

构成关系的二维表一般满足下面性质：

① 元组个数有限性；

② 元组属性唯一，属性的次序无关，同一属性的值域相同；

③ 元组的次序无关性。

在二维表中凡能唯一标识元组的最小属性集称为该表的键（Key）或码。二维表中可能有若干个键，它们称为该表的候选码或候选键（Candidate Key）。从二维表的所有候选键中选取一个作为用户使用的键称为主键（Primary Key），简称为键或码。表 A 中的某属性集（非表 A 的主键）是某表 B 的键，则称该属性集为表 A 的外键（Foreign Key）或外码。表中一定要有键，因为如果表中所有属性的子集均不是键，则表中属性的全集必为键（称为全键，All Key），因此也一定有键。

在关系元组的分量中允许出现空值（Null Value）以表示信息的空缺。空值用于表示未知的值或不可能出现的值，一般用 NULL 表示。一般关系数据库系统都支持空值，但是有两个限制：关系的主键中不允许出现空值，因为如主键为空值则失去了其元组标识的作用，需要定义有关空值的运算。

关系框架与关系元组构成了一个关系。一个语义相关的关系集合构成一个关系数据库（Relational Database）。关系的框架称为关系模式，而语义相关的关系模式集合构成了关系数据库模式（Relational Database Schema）。关系模式支持子模式，关系子模式是关系数据库模式中用户所见到的那部分数据模式描述。子模式也是二维表结构，关系子模式对应用户数据库称为视图（View）。

关系模型的数据操纵一般有查询、增加、删除及修改四种操作。总结四种基本关系操纵可进一步分解成以下六种基本操作：

① 关系的属性指定；

② 关系的元组选择；

③ 两个关系合并；

④ 一个关系的查询；

⑤ 关系中元组的插入；

⑥ 关系中元组的删除。

关系模型允许定义三类数据约束：

（1）实体完整性约束（Entity Integrity Constraint）

该约束要求关系的主键中属性值不能为空值，这是数据库完整性的最基本要求，因为主键是唯一决定元组的，如为空值则其唯一性就成为不可能的了。

（2）参照完整性约束（Reference Integrity Constraint）

该约束是关系之间相关联的基本约束，它不允许关系引用不存在的元组：即在关系中的外键要么是所关联关系中实际存在的元组，要么就为空值。比如在关系 S（Sno、Sname、Sdep、Sage）与 SC（Sno、Cno、G）中，SC 中主键为（Sno, Cno）而外键为 Sno，SC 与 S 通过 Sno 相关联，参照完整性约束要求 SC 中的 Sno 的值必在 S 中有相应元组值，如有 SC（S13，C10，70），则必在 S 中存在 S（S13，…）。

实体完整性约束和参照完整性约束是关系数据库所必需遵守的规则，在任何一个关系数据库管理系统（RDBMS）中均由系统自动支持。

（3）用户定义的完整性约束（User Defined Integrity Constraint）

这是针对具体数据环境与应用环境由用户具体设置的约束，它反映了具体应用中数据的语义要求。

对于用户定义的完整性约束，是由关系数据库系统提供完整性约束语言，用户利用该语言写出约束条件，运行时由系统自动检查的。

12.3　关系代数

关系代数（Relation Algebra）与关系演算（Relational Calculus）是关系模型数据操作的数学理论，已经证明两者在功能上是等价的。下面将介绍其中的关系代数。

12.3.1　关系模型的基本运算

由于关系代数中的操作是对关系的运算，而关系是有序组的集合，因此，可以将操作看成是集合的运算。对关系模型有插入、删除、修改和查询四种操作，对应四种运算。

1．插入

在关系 R 插入若干元组，要插入的元组组成关系 R′，则插入可用集合并运算表示为：

$$R \cup R'$$

2．删除

在关系 R 需删除一些元组，要删除的元组组成关系 R′，则删除可用集合差运算表示：

$$R - R'$$

3．修改

修改关系 R 内的元组内容可用下面的方法实现：

① 设需修改的元组构成关系 R′，则先做删除得：R-R′；

② 设修改后的元组构成关系 R″，此时将其插入即得到结果：(R-R′)∪R″。

4．查询

由于用于查询的三个操作无法用传统的集合运算表示，需要引入一些新的运算。

① 投影（Projection）运算

关系 R 上的投影运算是从 R 中选择若干属性列组成新的关系 R′ 的运算，是从列的角度进行的运算。一个关系通过投影运算（并由该运算给出所指定的属性）后仍为一个关系，它是 R 中投影运算所指出的那些域的列所组成的关系。设 R 有 n 个域：A1，A2，…，An，则在 R 上对域 Ai1，Ai2，…，Aim（Aij ∈ {A1，A2，…，An}）的投影可表示成为下面的一元运算：

$$\pi_{Ai1, Ai2, \cdots, Aim}(R)$$

② 选择（Selection）运算

又称限制（Restriction），是在关系 R 中选择符合逻辑条件的元组组成一个新关系 R′ 的运算，是从行的角度进行的运算。关系 R 通过选择运算（并由该运算给出所选择的逻辑条件）后仍为一个关系。这个关系是由 R 中那些满足逻辑条件的元组所组成。设选择的逻辑条件为 F，则 R 满足

F 的选择运算为：$\sigma_F(R)$

逻辑条件 F 是一个逻辑表达式，如查询所有年龄为 20 的学生信息的逻辑条件可表示为 Sage = 20。逻辑条件 F 的组成规则如下：

F 具有 $\alpha\,\theta\,\beta$ 的形式，其中 α、β 是域（变量）或常量，但 α、β 又不能同为常量；θ 是比较符，它可以是 <、>、=、$\leq$、$\geq$、$\neq$。$\alpha\,\theta\,\beta$ 叫基本逻辑条件。由若干个基本逻辑条件经逻辑运算 $\wedge$（并且、与）、$\vee$（或者、或）及 $\sim$（否、非）构成复合逻辑条件。

有了上述两个运算后，我们对一个关系内的任意行、列的数据都可以方便地找到。

③ 笛卡尔积（Cartesian　Product）运算

对于两个关系的合并操作可以用笛卡尔积表示。设有 n 元关系 R 及 m 元关系 S，它们分别有 P 和 q 个元组，则关系 R 与 S 经笛卡尔积记为 R×S。该关系是一个 n+m 元关系，元组个数是 p ×q，由 R 与 S 的有序组逐一组合而成。表 12.3 给出了两个关系 R、S 的实例以及 R 与 S 的笛卡尔积 T=R×S。

有关查询运算具体操作由后面的例 12.5 加以说明。

表 12.3　　　　　　　　　　　　　关系 R S 的笛卡尔积 T=R×S

R1	R2
A	B
C	D
E	F

S1	S2
G	H
I	J
K	L

T=R×S

R1	R2	S1	S2
A	B	G	H
A	B	I	J
A	B	K	L
C	D	G	H
C	D	I	J
C	D	K	L
E	F	G	H
E	F	I	J
E	F	K	L

12.3.2　关系代数中的扩充运算

关系代数中除了上述几个最基本的运算外，为操纵数据方便还需增添一些运算，这些运算均可由基本运算导出。常用的扩充运算有交、除、连接及自然连接等。

1. 交（intersection）运算

关系 R 与 S 经交运算后所得到的关系是由那些既在 R 内又在 S 内的有序元组所组成，记为 R ∩S。表 12.4 给出了两个关系 R 与 S 及它们经交运算后得到的关系 T。

交运算可由基本运算推导而得：

$$R\cap S=R-(R-S)$$

表 12.4　　　　　　　　　　　　　关系 R、S 的交 T=R∩S

R

A	B	C	D
1	2	3	4
5	6	7	10
1	2	3	11

S

A	B	C	D
2	2	3	4
5	7	11	0
1	2	3	4

R∩S

A	B	C	D
1	2	3	4

2. 除（division）运算

定义关系 R（X，Y）和 S（Y，Z），其中 X、Y、Z 为属性组（可能不只一个属性），R 中 Y

与 S 中 Y 可有不同的属性名，但必须有相同域集。R 与 S 的除法运算的商为关系 T（X），是 R 中满足下列条件的元组在 X 属性上的投影：元组在 X 上的分量值 x 的象集 Yx 包含了 S 在 Y 上投影的集合 πy（S）。除法运算记为 R÷S 或 R／S：

$$T = R \div S = \{ tr[X] | tr \in R \wedge \pi y (S) \subseteq Yx \}$$

其中 Yx 为 x 在 R 中的象集，分量值 x = tr[X]。

在除运算中 T 的域由 R 中那些不出现在 S 中的域所组成，对于 T 中任一有序组，由它与关系 S 中每一个有序组所构成的有序组均出现在关系 R 中。

表 12.5 给出了关系 R 及一组 S，对这一组不同的 S 给出了经除法运算后的商 R／S，从中可以清楚地看出除法的含义及商的内容。

R 中，属性组 AB 的取值有 {1，2}、{7，10}，其中 {1，2} 的象集为 {3，4}、{5，6}、{4，2}；{7，10} 的象集 {5，6}、{3，4}。第一组 S 在 CD 属性上的投影为 {3，4}、{5，6}，即包含在 {1，2} 的象集中，又包含在 {7，10} 的象集中，所以商 T 的值为 {1，2}{7，10} 两个元组。同理，第三组 S 的投影只包含在 {1，2} 的象集中，商 T 的值为 {1，2} 一个元组。

除法运算不是基本运算，它可以由基本运算推导而出。设关系 R 有域 A1，A2，…，An，关系 S 有域 An-s+1，An-s+2，…，An，此时有：

$$T = R \div S = \pi_{A1, A2, \cdots, An-s}(R) - \pi_{A1, A2, \cdots, An-s}((\pi_{A1, A2, \cdots, An-s}(R) \times S) - R)$$

除法的定义虽然较复杂，但在实际中，除法的意义还是比较容易理解的。

表 12.5   除法运算 T=R/S

R

A	B	C	D
1	2	3	4
7	10	5	6
7	10	3	4
1	2	5	6
1	2	4	2

T

A	B
1	2
7	10

A	B
1	2
7	10

A	B
1	2

S

C	D
3	4
5	6

C	D
3	4

C	D
3	4
5	6
4	2

【例 12.2】设关系 R 给出了学生修读课程的情况，关系 S 给出了所有课程名称，分别如表 12.6 所示。试找出选修所有课程的学生号。

解： 修读所有课程的学生号可用 T=R／S 表示，结果如表 12.6 所示。

表 12.6　　　　　　　　　　　　　选修课关系表

R	
Sno	Cname
200401101	数据库
200401101	信息学
200402201	数据库
200402201	信息学
200402201	计算机网络
200403101	数据库

S
Cname
数据库
信息学
计算机网络

T
Sno
200402201

3. 连接（Join）与自然连接（Natural Join）运算

在用笛卡尔积建立两个关系间的连接得到的关系庞大，而且数据大量冗余。为此引入了在一定条件下进行的两个关系的连接与自然连接运算。

连接运算又可称为 θ－连接运算，记为：$R|\times|S$ 它的含义为：R 与 S 的连接是由 R 与 S 的笛

卡尔积中满足限制的元组构成的关系，即 $R|\times|_{i\theta j}S = \sigma_{i\theta j}(RXS)$，其中，θ 的含义同前，i 为 R 中

的域，j 为 S 中的域，i 与 j 需具有相同域，否则则无法作比较。

在 θ 连接中如果 θ 为 "="，就称此连接为等值连接，如 θ 为 "<" 称为小于连接；如 θ 为 ">"时称为大于连接。

【例 12.3】设有关系 R、S 分别如表 12.7 所示，$T_1=R|\times|_{D>E}S$，$T_2=R|\times|_{D=E}S$，结果如表 12.7 所示的关系。

表 12.7　　　　　　　　　　R、S 及其两种连接运算

R					S			T1							T2					
A	B	C	D		E	F		A	B	C	D	E	F		A	B	C	D	E	F
1	2	3	4		1	11		1	2	3	4	1	11		6	11	3	1	1	11
4	3	1	10		7	3		4	3	1	10	1	11							
6	11	3	1		5	6		4	3	1	10	7	3							
								4	3	1	10	5	6							

自然连接是两个关系通过公共域的等值进行的特殊连接。记为 $R|X|S$。设有关系 R、S，R有域 A1，A2，…，An，S 有域 B1，B2，…，Bm，并且相同域 Aij，Bj，此时它们自然连接的含义可用下式表示；

$$R|X|S = \pi_{A1,\cdots,An,B1,\cdots,Bm}(\sigma_{A1i=B1,\cdots,Aij=Bj}(RXS))$$

【例 12.4】设关系 R、S 分别如表 12.8 所示，则 T=R|X|S 结果如表 12.10 所示的关系。

表12.8 R、S 及其直接联接运算

R

A	B	C	D
1	2	3	4
4	3	1	10
6	11	3	1
3	6	11	2

S

D	E
10	11
1	3
5	6
1	6

T

A	B	C	D	E
4	3	1	10	11
6	11	3	1	3
6	11	3	1	6

在以上基本运算与扩充运算中最常用的是投影运算、选择运算、自然连接运算、并运算及差运算。

4. 关系代数的应用实例

关系代数虽然形式简单，但它已经足以表达对表的查询、插入、删除及修改等要求。在所有这些操作中，查询是最复杂的操作。关系数据库的查询语言一般是非过程语言，即仅仅说明要查询的要求，而不说明如何去进行查询。通过查询优化技术解决了查询效率低下的问题，而对于查询语句(即代数表达式)本身的优化(即代数优化)是最基本的技术。下面通过一个例子来说明如何将关系代数应用于查询。

【例12.5】 建立一个学生选课的关系数据库，它由下面三个关系模式组成：

S（Sno，Sname，Ssex，Sage，Scollege）；

C（Cno，Cname，Cpno，Ccredit）；

SC（Sno，Cno，Grade）。

写出对关系模式 S、C 和 SC 中的下述查询表达式。

（1）检索学生所有情况：

检索结果为整个表 S

（2）检索学生年龄大于等于 20 岁的学生姓名：

π_{Sname}（$\sigma_{Sage \geq 20}$（S））；结果为 S 表中的第一个元组在 Sname 上的投影值｛李平｝；

（3）检索先行课号为 5 的课程的课程号：

π_{Cno}（$\sigma_{Cpno=6}$（C））；结果为{1}；

（4）检索课程号为 2，且成绩为 90 的所有学生姓名：

π_{Sname}（$\sigma_{Cno=2 \wedge Grade=90}$（S|X|SC））；结果为｛王红｝

注意：这是一个涉及两个关系的检索，此时需用连接运算。

表12.9 关系表

S

学号 Sno	姓名 Sname	性别 Ssex	年龄 Sage	院系 Scollege
200401101	李 平	男	20	计算机
200402101	王 红	女	18	物理
200403202	周海燕	女	19	中文
200404301	于 洋	男	17	历史
200401206	陈晓瑜	女	19	计算机

C

课程号 Cno	课程名 Cname	先行课 Cpno	学分 Ccredit
1	数据库	5	4
2	信息系统	1	2
3	高等数学		2
4	操作系统	2	4
5	数据结构	3	4

SC

学号 Sno	课程号 Cno	成绩 Grade
200401101	1	92
200401101	2	85
200401101	3	86
200402101	2	90
200402101	3	82

（5）检索 200401101 所修读的所有课程名及其预修课程号：

$\pi_{Cname,\ Cpno}$ （ $\sigma_{Sno=200401101}$ （C|X|SC））；结果为{数据库，5}，{信息系统，1}，{高等数学，}三条记录。

（6）检索年龄为 18 岁的学生所修读的课程名：

π_{Cname} （ $\sigma_{Sage=18}$ （S|X|SC|X|C））；结果为{信息系统}｛高等数学｝；

这是涉及到三个关系的检索。

（7）检索至少修读 200402101 所修读的一门课的学生姓名。

这个例子比较复杂，需作一些分析。将问题分以下三步解决

第 1 步：取得 200402101 修读的课程号，它可以表示为：

R=π_{Cno} （ $\sigma_{Sno=200402101}$ （SC））；结果为{2}，{3}

第 2 步：取得至少修读 200402101 修读的一门课的学号：

W=π_{Sno}(SC|X|R)；结果为{200401101}

第 3 步：最后结果为： π_{Sname} （S|X|W），即｛李平｝。

分别将 R、w 代入后即得检索要求之表达式：

π_{Sname} （S|X| （ π_{Sno} （ SC|X| （ π_{Cno} （ $\sigma_{Sno=200402101}$ （SC））））））

对于一般较为复杂的查询，都是通过这样多步来解决的，过程中产生一些中间的表，优化中一般应尽可能使这些中间表比较小。

12.4 数据库设计与管理

数据库设计是数据库应用的核心。本节讨论数据库设计的任务特点、基本步骤和方法，重点

介绍数据库的需求分析、概念设计及逻辑设计三个阶段，并用实际例子说明如何进行相关的设计。

12.4.1 数据库设计概述

数据库设计（Database Design）核心问题就是设计一个能满足用户要求，性能良好的数据库。数据库设计的基本任务是根据用户对象的信息需求，处理需求和数据库的支持环境（包括硬件、操作系统与 DBMS）设计出数据模式。其中信息需求主要是指用户对象的数据及其结构，它反映了数据库的静态要求；处理需求则表示用户对象的行为和动作，它反映了数据库的动态要求。数据库设计中有一定的制约条件，它们是系统设计平台，包括系统软件、工具软件以及设备、网络等硬件环境等因素。

在数据库设计中有两种方法：一种是以信息需求为主，兼顾处理需求，称为面向数据的方法（Data Oriented Approach）；另一种是以处理需求为主，兼顾信息需求，称为面向过程的方法（Process Oriented Approach）。这两种方法目前都有使用，在早期由于应用系统中处理多余数据，因此以面向过程的方法使用较多，而近期由于大型系统中数据结构复杂，数据量庞大，而相应处理流程趋于简单，因此用面向数据的方法较多。由于数据在系统中稳定性高，数据已成为系统的核心，因此面向数据的设计方法已成为主流设计方法。

数据库设计目前一般采用生命周期（Life Cycle）法，即将整个数据库应用系统的开发分解成目标独立的若干阶段。它们是：需求分析阶段——分析用户要求；概念设计阶段——信息分析和定义；逻辑设计阶段——设计的实现；物理设计阶段——物理数据库设计。此外还有编码阶段、测试阶段、运行阶段、进一步修改阶段。在数据库设计中采用上面几个阶段中的前四个阶段，并且重点以数据结构与模型的设计为主线，如图 12.12 所示。

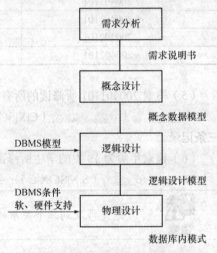

图 12.12　数据库设计过程

12.4.2 需求分析

需求收集和分析是数据库设计的第一阶段，这一阶段收集到的基础数据和一组数据流图（Data Flow Diagram 简记为 DFD）是下一步设计概念结构的基础。概念结构是整个组织中所有用户关心的信息结构，对整个数据库设计具有深刻影响。而要设计好概念结构，就必须在需求分析阶段用系统的观点来考虑问题、收集和分析数据。

需求分析阶段的任务是通过详细调查现实世界要处理的对象（组织、部门、企业等），充分了解原系统的工作概况，明确用户的各种需求，然后在此基础上确定新系统的功能。新系统必须充分考虑今后可能的扩充和改变，不能仅按当前应用需求来设计数据库。

调查的重点是"数据"和"处理"，通过调查要从中获得每个用户对数据库的如下要求。

① 信息要求：指用户需要从数据库中获得信息的内容与性质。由信息要求可以导出数据要求，即在数据库中需存储哪些数据；

② 处理要求：指用户要完成什么处理功能，对处理的响应时间有何要求，处理的方式是批

处理还是联机处理；

③ 安全性和完整性的要求。

为了很好地完成调查的任务，设计人员必须不断地与用户交流，逐步与用户达成共识，强调用户的参与，以便逐步确定用户的实际需求，然后分析和表达这些需求。需求分析是整个设计活动的基础，也是最困难、最花时间的一步。需求分析人员既要懂得数据库技术，又要对应用环境的业务比较熟悉。

需求分析经常采用的方法有结构化分析方法和面向对象的方法。结构化分析（Structured Analysis，简称 SA 方法）方法是用数据流图表达了数据和处理过程的关系，用数据字典对系统中数据的详尽描述，自顶向下、逐层分解的分析系统的方法。数据字典是进行详细的数据收集和数据分析所获得的主要结果，是各类数据属性的清单，通常包括 5 个部分：数据项，数据的最小单位；数据结构，若干数据项有意义的集合；数据流，可以是数据项，也可以是数据结构，表示某一处理过程的输入或输出；数据存储，处理过程中存取的数据，常常是手工凭证、手工文档或计算机文件；处理过程。数据字典是在需求分析阶段建立，在数据库设计过程中不断修改、充实、完善的。

12.4.3　数据库概念设计

1. 数据库概念设计概述

数据库概念设计是将需求分析得到的用户需求抽象为信息结构，即概念模型的过程。概念设计的方法有以下两种。

（1）集中式模式设计法

这是一种统一的模式设计方法，它根据需求由一个统一机构或人员设计一个综合的全局模式。这种方法设计简单方便，它强调统一与一致，适用于小型或并不复杂的单位或部门，而对大型的或语义关联复杂的单位则并不适合。

（2）视图集成设计法

这种方法是将一个单位分解成若干个部分，先对每个部分作局部模式设计，建立各个部分的视图，然后以各视图为基础进行集成。在集成过程中可能会出现一些冲突，这是由于视图设计的分散性形成的不一致所造成的，因此需对视图作修正，最终形成全局模式。 视图集成设计法是一种由分散到集中的方法，它的设计过程复杂但它能较好地反映需求，适于大型而复杂的单位，避免设计的粗糙与不周到，目前此种方法使用较多。

2. 数据库概念设计的过程

使用 E-R 模型与视图集成法进行设计时，需要按以下三个步骤进行。

（1）选择局部应用

根据系统的具体情况，在多层的数据流图中选择一个适当层次的数据流图，让这组图中每一部分对应一个局部应用，以这一层次的数据流图为出发点，设计 E-R 图。

（2）局部视图设计

局部视图设计一般有三种设计次序，它们是自顶向下、由底向上、由内向外。

① 自顶向下。这种方法是先从抽象级别高且普遍性强的对象开始逐步细化、具体化与特殊化，如学生这个视图可先从一般学生开始，再分成大学生、研究生等，进一步再由大学生细化为大学本科与专科，研究生细化为硕士生与博士生等，还可以再细化成学生姓名，年龄、专业等细节。

② 由底向上。这种设计方法是先从具体的对象开始，逐步抽象、普遍化与一般化，最后形成一个完整的视图设计。

③ 由内向外。这种设计方法是先从最基本与最明显的对象着手逐步扩充至非基本、不明显的其他对象。如学生视图可从最基本的学生开始逐步扩展至学生所读的课程、上课的教室与任课的教师等其他对象。

以上 3 种方法为局部视图设计提供了具体的操作方法，设计者可根据实际情况灵活掌握，即可单独使用，又可混合使用。在设计时，实体与属性是相对而言的。同一事物，在一种应用环境中作为"属性"，在另一种应用环境中就必须作为"实体"。但是，在给定的应用环境中，属性必须是不可分的数据项，属性不能与其他实体发生联系，联系只发生在实体之间。

【例 12.6】学籍管理局部应用中主要涉及的实体包括学生、宿舍、档案材料、班级、班主任。这些实体之间的联系有：

① 一个宿舍可以住多个学生，一个学生只能住在一个宿舍中，因此宿舍与学生之间是 1∶N 的联系；

② 一个班有若干名学生，一个学生只能属于一个班级，因此班级与学生之间也是 1∶N 的联系；

③ 班主任与学生之间是 1∶N 的联系；

④ 学生和他自己的档案材料之间是 1∶1 的联系；

⑤ 班级与班主任之间是 1∶1 的联系；

于是，省略了实体的属性后学籍管理的 E-R 图如图 12.13 所示。

对应于各实体的属性分别为（带下划线的是实体的码）：

学生：{学号，姓名，出生日期}

档案材料：{档案号，…}

班级：{班级号，学生人数)

班主任；{职工号，姓名，性别，…}

宿舍：{宿舍编号，地址，人数}

教室：{教室编号，地址，容量}

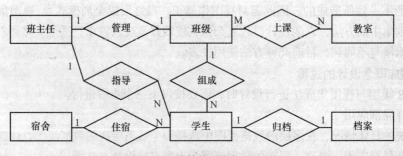

图 12.13　学籍管理局部 E-R 图

（3）局部视图集成

局部视图集成的实质是将所有的局部视图统一与合并成一个完整的数据模式。在进行视图集成时，最重要的工作便是解决局部设计中的冲突。在集成过程中由于每个局部视图在设计时的不一致性因而会产生矛盾，引起冲突，常见冲突有下列几种。

① 命名冲突。命名冲突有同名异义和同义异名两种。如上面的实例中学生属性"何时入学"

与"入学时间"属同义异名。

② 概念冲突。同一概念在一处为实体而在另一处为属性或联系。

③ 域冲突。相同的属性在不同视图中有不同的域，如学号在某视图中的域为字符串而在另一个视图中可为整数，有些属性采用不同度量单位也属于域冲突。

④ 约束冲突。不同的视图可能有不同的约束。

视图经过合并生成的是初步 E-R 图，其中可能存在冗余的数据和冗余的实体间联系。冗余数据和冗余联系容易破坏数据库的完整性，给数据库维护增加了困难。同时，对于视图集成后所形成的整体的数据库概念结构还必须进行进一步验证，确保它能够满足下列条件。

① 整体概念结构内部必须具有一致性，即不能存在互相矛盾的表达。

② 整体概念结构能准确地反映原来的每个视图结构，包括属性、实体及实体间的联系。

③ 整体概念结构能满足需求分析阶段所确定的所有要求。

④ 整体概念结构最终还应该提交给用户，征求用户和有关人员的意见，进行评审，把它确定下来，作为数据库的概念结构，是进一步设计数据库的依据。

12.4.4 数据库的逻辑设计与物理设计

早期设计系统采用网状模型和层状模型，这里仅介绍现在普遍使用的关系模型 RDBMS 的逻辑设计，它包括以下三方面内容。

1. 从 E-R 图向关系模式转换

数据库的逻辑设计主要工作是将 E-R 图转换成指定 RDBMS 中的关系模式。从 E-R 图到关系模式的转换是比较直接的，E-R 图中实体与联系转化为关系元组，属性也可以转换成关系的属性，实体集也可以转换成关系。

由 E-R 图转换成关系模式时会遇到的一些具体转换问题。

（1）命名与属性域的处理

关系模式中的命名可以用 E-R 图中原有命名，也可另行命名，但是应尽量避免重名，RDBMS 一般只支持有限种数据类型而 E-R 中的属性域则不受此限制，如出现有 RDBMS 不支持的数据类型时则要进行类型转换。

（2）非原子属性处理

E-R 图中允许出现非原子属性，但在关系模式中一般不允许出现非原子属性，非原子属性主要有集合型和元组型。如出现此种情况时可以进行转换，其转换办法是集合属性纵向展开而元组属性则横向展开。例如学生实体有学号、学生姓名及选读课程，其中前两个为原子属性而后一个为集合型非原子属性，因为一个学生可选读若干课程，设有学生 200401101，李平，他修读数据库、操作系统及计算机网络三门课，此时可将其纵向展开为三个元组，每门课对应一个元组。

（3）联系的转换

在一般情况下联系可用关系表示，但有时可把联系归并到相关的实体中。

2. 逻辑模式规范化及调整、实现

（1）规范化

在逻辑设计中还需对关系做规范化验证。

（2）RDBMS 优化

对逻辑模式进行调整以满足 RDBMS 的性能，存储空间等要求，同时对模式做适应 RDBMS 限制条件的修改，它们包括如下内容：

① 调整性能以减少连接运算；

② 调整关系大小，使每个关系数量保持在合理水平，从而可以提高存取效率；

③ 尽量采用快照（Snapshot），因在应用中经常仅需某固定时刻的值，此时可用快照将某时刻值固定，并定期更换，此种方式可以显著提高查询速度。

3. 关系视图设计

关系视图的设计，又称为外模式设计，是在关系模式基础上所设计的直接面向操作用户的视图，它可以根据用户需求随时创建，一般 RDBMS 均提供关系视图的功能。

关系视图的作用大致有如下几点。

（1）提供数据逻辑独立性

使应用程序不受逻辑模式变化的影响。关系视图则起了逻辑模式与应用程序之间的隔离墙作用，有了关系视图后建立在其上的应用程序就不会随逻辑模式修改而产生变化，此时变动的仅是关系视图的定义。

（2）能适应用户对数据的不同需求

每个数据库有一个非常庞大的结构，可用关系视图屏蔽了用户所不需要的模式，而仅将用户感兴趣的部分呈现出来。

（3）有一定数据保密功能

关系视图为每个用户划定了访问数据的范围，从而在应用的各用户间起了一定的保密隔离作用。

4. 数据库的物理设计

数据库物理设计的主要目标是对数据库内部物理结构作调整并选择合理的存取路径，以提高数据库访问速度及有效利用存储空间。在现代关系数据库中已大量屏蔽了内部物理结构，因此留给用户参与物理设计的余地并不多，一般的 RDBMS 中留给用户参与物理设计的内容大致有如下几种：索引设计、集簇设计和分区设计。

习题十二

一、选择题

1. 在数据管理技术的发展过程中，经历了人工管理阶段、文件系统阶段和数据库系统阶段，其中数据独立性最高的阶段是（   ）。

　　A. 数据库系统　　　　B. 文件系统　　　　C. 人工管理　　　　D. 数据项管理

2. 下述关于数据库系统的叙述中正确的是（   ）。

　　A. 数据库系统减少了数据冗余

　　B. 数据库系统避免了一切冗余

　　C. 数据库系统中数据的一致性是指数据类型一致

　　D. 数据库系统比文件系统能管理更多的数据

3. 数据库系统的核心是（   ）。

　　A. 数据库　　　　　　　　　　　　B. 数据库管理系统

　　C. 数据模型　　　　　　　　　　　D. 软件工具

4. 用树形结构来表示实体之间联系的模型称为（   ）。

A. 关系模型　　　B. 层次模型　　　C. 网状模型　　　D. 数据模型

5. 关系表中的每一横行称为一个（　　）。

A. 元组　　　　　B. 字段　　　　　C. 属性　　　　　D. 码

6. 按条件 f 对关系 R 进行选择，其关系代数表达式是（　　）。

A. R|x|R　　　　B. R|x| R　　　　C. σ f(R)　　　　D. π f(R)

7. 关系数据库管理系统能实现的专门关系运算包括（　　）。

A. 排序、索引、统计　　　　　　　B. 选择、投影、连接

C. 关联、更新、排序　　　　　　　D. 显示、打印、制表

8. 在关系数据库中，用来表示实体之间联系的是（　　）。

A. 树结构　　　　B. 网结构　　　　C. 线性表　　　　D. 二维表

9. 数据库设计包括两个方面的设计内容，它们是（　　）。

A. 概念设计和逻辑设计　　　　　　B. 模式设计和内模式设计

C. 内模式设计和物理设计　　　　　D. 结构特性设计和行为特性设计

10. 将 E-R 图转换到关系模式时，实体与联系都可以表示成（　　）。

A. 属性　　　　　B. 关系　　　　　C. 键　　　　　　D. 域

二、填空题

1. 一个项目只有一个项目主管，一个项目主管可管理多个项目，则实体"项目主管"与实体"项目"的联系属于＿＿＿＿＿＿的联系。

2. 数据独立性分为逻辑独立性与物理独立性。当数据的存储结构改变时，其逻辑结构可以不变，因此，基于逻辑结构的应用程序不必修改，称为＿＿＿＿＿＿。

3. 数据库系统中实现各种数据管理功能的核心软件称为＿＿＿＿＿＿。

4. 关系模型的完整性规则是对关系的某种约束条件，包括实体完整性、＿＿＿＿＿＿和自定义完整性。

5. 在关系模型中，把数据看成一个二维表，每一个二维表称为一个＿＿＿＿＿＿。